# 光子晶体生化传感器

孟子晖　邱丽莉　薛　敏　乔　宇　著

科学出版社
北　京

## 内 容 简 介

本书系统论述了光子晶体原理、制备方法和作为生化传感器的应用，分别介绍了一维、二维、三维光子晶体基本概念、设计原理、广泛使用的材料，以及在爆炸物、有机磷、环境污染物、食品中有害物质的残留(如药物、抗生素、重金属等)、VOC气体、生物大分子等检测中的应用。此外，对光子晶体作为温度和压力传感器、可穿戴设备，以及其在诊断中的应用和仿生光子晶体的研究现状做了系统性总结。

本书可供从事光子晶体理论和应用研究的科技人员参考，也可供高等院校化学、化工、物理和光学工程专业的本科生和相关专业的研究生阅读。

**图书在版编目(CIP)数据**

光子晶体生化传感器／孟子晖等著．—北京：科学出版社，2021.6
ISBN 978-7-03-069221-4

Ⅰ．①光…　Ⅱ．①孟…　Ⅲ．①光学晶体-传感器　Ⅳ．①O7

中国版本图书馆CIP数据核字（2021）第113034号

责任编辑：杨　震　霍志国　孙　曼　付　瑶／责任校对：杜子昂
责任印制：吴兆东／封面设计：东方人华

科学出版社 出版
北京东黄城根北街16号
邮政编码：100717
http://www.sciencep.com
北京中石油彩色印刷有限责任公司 印刷
科学出版社发行　各地新华书店经销
*
2021年6月第　一　版　开本：720×1000　1/16
2021年6月第一次印刷　印张：14 1/2
字数：292 000

**定价：118.00元**

（如有印装质量问题，我社负责调换）

# 前　言

光子晶体（photonic crystal，PC）是一种新型的超材料，又称光子带隙（photonic bandgap，PBG）材料，由不同介电常数、规则形状的介质通过周期性排列而成，其规则有序的纳米结构赋予其独特的结构色。自然界中普遍存在的蛋白石、热带鱼的皮肤、孔雀的羽毛、变色龙的皮肤等都是这一类材料。当光子晶体材料受到外界刺激，如环境条件改变、物质附着、承受载荷等时，容易引发自身晶体结构或有效折射率发生变化，从而引起光学禁带和结构色的改变。光子晶体已经在光学器件、光纤、光电变色器件、机械力致变色、化学传感器等方面得到了广泛的应用。21 世纪初，匹兹堡大学的 Sanford Asher 教授将光子晶体技术应用于生化传感器，实现了对葡萄糖、重金属等目标化合物的裸眼检测。光子晶体生化传感技术为食品安全、环境污染、公共安全等领域提供了一种新的快速检测技术。

撰写本书的初衷是作者本身的工作需要经常性地翻阅手头收集的大量文献数据，而所需信息在这些资料中非常分散，查阅时感到十分费时和不便，于是利人利己的双赢动机促成了本书的写作。更关键的是，作者课题组在国家自然科学基金支持下长期以来致力于光子晶体生化传感技术的研发，先后研究了利用光子晶体对爆炸物、有机磷毒剂、抗生素、雌激素等多种目标化合物的裸眼检测，本书也是对作者课题组十多年来在光子晶体生化传感领域研究的一个总结。本书由北京理工大学化学与化工学院应用化学所诸位老师，以及作者课题组齐丰莲、王哲、张文鑫、胡志伟、张峰、李琪、李琳、李凯丽、毕文迪、徐旭等研究生参与，孟子晖负责统稿，李琳同学对全书进行了排版和校对。

由于作者水平有限，书中纰漏和不妥之处在所难免，敬请广大读者批评指正。

作　者

2021 年 5 月

# 目 录

# 第 1 章　光子晶体原理与材料设计

## 1.1　引　　言

1987 年，John 和 Yablonovitch 分别提出了基于半导体晶体的特性和电子带隙的光子晶体（photonic crystal，PC）的概念[1,2]。人工光子晶体的制造研究开始吸引越来越多研究者的关注。作为现代光子学中的新型超材料，光子晶体是由不同介电材料在空间呈交替排列的周期性结构，介电材料的周期性调制会在光子带结构中产生一个禁带，也就是光子带隙（photonic band gap，PBG）[3]。所谓光子带隙，是指一定频率范围内的波不能在周期性结构中进行传播，这个被禁止的频率范围形成阻带。如果阻带在所有方向上都存在，则该材料就是完整的光子带隙（CPBG）材料，此类光子带隙材料通常称为光子晶体。

虽然“光子晶体”这个概念提出不过 30 多年，但是相关的研究可以追溯到 17 ~ 18 世纪早期，罗伯特·胡克（Robert Hooke）和艾萨克·牛顿（Isaac Newton）观察到孔雀尾羽和珍珠母中的结构颜色。近年来通过电子显微镜研究揭示出在自然界中存在着从一维（1D）到三维（3D）光子晶体的各种纳米光子结构[4,5]。例如，尖翅蓝闪蝶（学名：*Morpho rhetenor*）的翼翅就是自然界生物结构色的典型代表（图 1.1），当光源的入射角或周围环境介质发生变化时，翅膀的颜色和亮度会做出相应的变化。光子晶体所展示的结构色，是光与生物材料周期性排列的微结构之间相互作用的结果。动态结构色在自然界中很少见，其功能包括伪装、特定识别、掠食、信号通信和交配等行为。它涉及在纳米层次结构中入射宽带光（太阳光）的衍射，可以在从紫外到近红外（NIR）区域（200 ~ 1000nm）的光谱范围内进行周期性调节。例如，在长角甲虫[4]中观察到了 1D 动态结构色，该虫在鞘翅中表现出颜色随湿度变化的现象。另一种天然光子晶体是珍贵的蛋白石[5]，蛋白石中发现的周期性微观结构由直径为 150 ~ 350nm 的二氧化硅胶体组成，在这种晶体中，无定形二氧化硅胶体纳米球的密集区域产生了明亮的颜色，这些胶体球是在高硅质的水池中产生的，在流体静力和重力的作用下，经过多年的沉淀和压缩，组装成高度有序的阵列。

图 1.1　尖翅蓝闪蝶：(a) 将乙醇倒在蝴蝶右翼上后，对其进行摄影；
(b) 蝶翅横截面的透射电子显微镜 (TEM) 照片；(c) 翼鳞横截面的 TEM 照片
(b) 和 (c) 的比例尺分别为 1.8μm 和 1.3μm

通过环境刺激引起 PC 结构光子带隙发生改变，并发生肉眼可见的结构色变化，从而实现裸眼识别。例如，晶体胶体阵列 (crystalline colloidal array，CCA)[6] 光子晶体传感器 (图 1.2) 就是通过交联将 CCA 嵌入水凝胶网络而形成的，并经过分子识别剂对水凝胶功能化，特定分子识别剂可以与特定分析物相互作用 (或者压敏、热敏材料受压受热等) 使水凝胶收缩或溶胀。通过改变 CCA 间隔，相应地改变了衍射波长和衍射颜色，实现分析识别的功能。

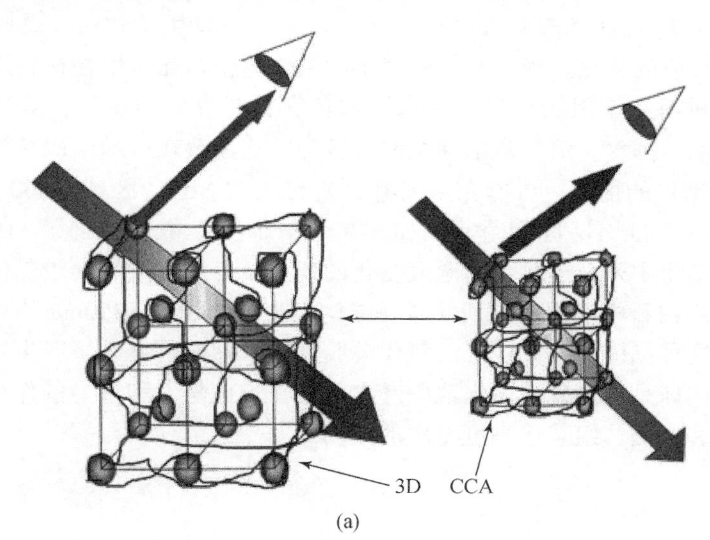

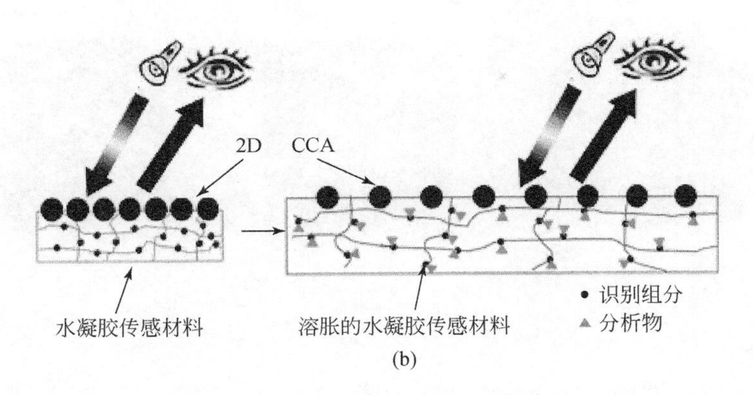


图1.2　(a) 由于粒子之间的静电排斥作用，自组装的3D CCA，间距约为200nm，因此它们会衍射可见光；(b) 通过将2D CCA附着到包含功能化识别基团的水凝胶上来形成2D CCA感测材料

这种检测方式用结构色变化取代传统的复杂仪器检测，直接将信号转换为光学信号。由于光子晶体材料具有很高的灵敏度、选择性和实时监测能力，因此在生物化学和生物医学领域[7]备受重视。光子晶体传感器已用于不同领域，在检测气体、压力、温度、pH、环境污染物以及生物化学分子等探测领域都体现出较高的应用价值。

## 1.2　光子晶体基本原理

光子晶体可以描述为具有不同介电常数的规则结构，大部分为透明材料的周期性排列，这种排列可以是1D光子晶体、2D光子晶体、3D光子晶体（图1.3）。通过对材料进行理论设计，使得特定波长的光才能通过这种规则排列的结构。1D光子晶体也被称为布拉格反射器或布拉格堆叠，它们反射一个特定的波长，是光子晶体的最简单几何形状，其由高折射率层和低折射率层的交替层组成。它们通常通过如逐层沉积、多次旋涂或光刻技术制备。激光干涉光刻技术与卤化银化学方法相结合[4]，提供了一种经济高效的方法来创建具有高衍射效率的可控布拉格堆叠。而旋涂也是较为简单地制造光子晶体的方法，有研究通过在聚乙烯醇[8]涂覆的聚二甲基硅氧烷（PDMS）片顶部上依次交替旋涂和用紫外线固化高折射率层和低折射率层而制备1D光子晶体膜。现在已经有包含1D光子晶体结构的产品并在长期使用，如防反射涂层、分布式布拉格反射器。2D光子晶体的特征在于其在两个空间方向上的周期性，其主要是通过复杂的自上而下的方法生产的，如光刻和蚀刻技术，也可利用化学自组装[5]的方式进行构建，这些研究包括2D胶体晶体阵列的垂直扩散。纳米结构的形式、顺序、大小和缺陷均可以进行改变，以控制其性能。

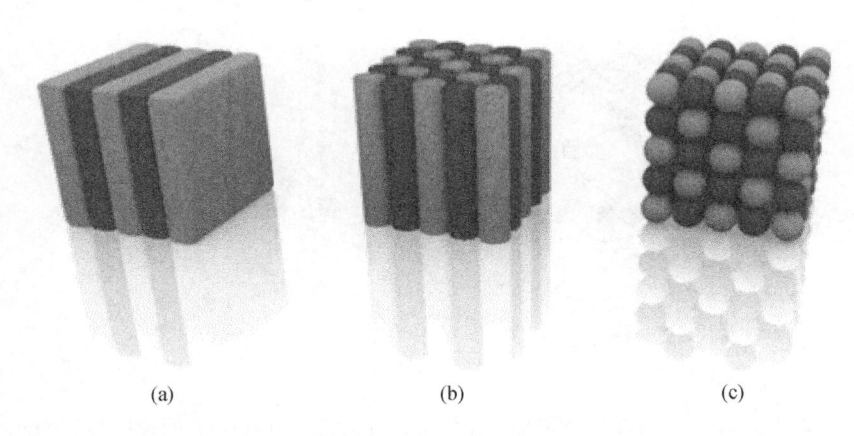


图 1.3 三种光子晶体的示意图[9]
(a) 1D 光子晶体；(b) 2D 光子晶体；(c) 3D 光子晶体；不同的深浅程度代表具有不同介电常数的材料

3D 光子晶体则是在三个维度上显示周期性，三维结构的例子是蛋白石和反蛋白石。基于对自然界中精致的分层动态结构的理解，已经开发了几种“自下而上”和“自上而下”的纳米制造方法来制造刺激响应光子晶体[10]。“自上而下”的方法通常使用传统的微制造方法，如光刻[4]和蚀刻技术。“自上而下”的方法需要复杂且昂贵的激光光学器件和装置，而且易造成纳米粒子光散射、粒子衰减和对记录介质的损坏。“自下而上”的方法具有效率高、成本低和可扩展的生产优势，但要精确控制光子晶体结构的尺寸和几何形状却很困难。使用的主要方法是将纳米单分散球自组装成光子晶体主体。Stöber 工艺为制造二氧化硅基胶体小球开辟了一条途径，特别是在通过自组装二氧化硅或二氧化硅基杂化胶体来制造蛋白石结构方面。胶体自组装主要是由宏观力或微观力的协同作用引起的，如液体表面张力、毛细作用力、范德瓦耳斯力、化学键、外场（如磁场、重力场、离心立场）等。获得周期性 PBG 结构的最有效且运用最多的方法是自组装技术[5]。与微制造的光学装置相比，自组装光学结构有较高的有效性和较低的成本。这种方法利用一种或多种胶体颗粒，这些胶体颗粒在适当的条件下通过定向排列形成周期性的阵列结构，如 ZnO 和 $TiO_2$ 以及聚合胶体[11]，聚苯乙烯（PS）、聚甲基丙烯酸甲酯（PMMA）和 PS/PMMA 衍生的共聚物球［如聚苯乙烯-甲基丙烯酸甲酯-丙烯酸（P(St-MMA-AA)）］。刺激性响应材料经常被加入到光学结构中以使它们的晶格常数、晶体阵列的空间对称性或折射率发生变化。例如，折射率可变的氧化性材料，如 $WO_3$、$VO_2$ 和 $BaTiO_3$ 已经被用于这些阵列，产生对电场或温度敏感的光学结构。

自从 Yablonovitch 和 John 提出了一些基于折射率（RI）变化的超材料后，人们就致力于这一类材料的研究中。胶体系统由于其特有的性质而被用作设计光子晶体的材料，因此胶体系统在该领域的研究中占有重要地位。由于 RI 的对比度是光子晶体周期性排列结构中的关键问题，因此关于材料的 RI 引起一些争议，因为更高 RI 的材料提供了更好的光子带隙性能，但同时更高的折射率会造成更大的损耗。

众所周知，光子晶体是具有光子带隙特性的材料，可以通过外部刺激进行调谐。为了制造这种材料，刺激-反应机制需要与光子晶体结构耦合。一个关于光子晶体材料设计的关键问题是什么会导致光子晶体带隙的变化。周期阵列的衍射特性可以用布拉格定律描述：

$$m\lambda=2(n_l d_l+n_h d_h) \tag{1.1}$$

式中，$m$ 为衍射级；$n_l$ 和 $n_h$ 分别为低和高折射率材料的折射率；$d_l$ 和 $d_h$ 分别为两种低、高 RI 材料各自的厚度。布拉格堆叠的反射率 $R$ 取决于 RI 的对比度和构成堆叠的双层数（$N$）：

$$R=\left[\frac{n_0-n_s(n_l/n_h)^{2N}}{n_0+n_s(n_l/n_h)^{2N}}\right]^2 \tag{1.2}$$

式中，$n_0$ 和 $n_s$ 分别为周围介质和衬底的 RI。

如果假设光子带隙的中心波长是 $\lambda_0$，那么也可以计算光子阻带的带宽 $\Delta\lambda_0$：

$$\Delta\lambda_0=\frac{4\lambda_0}{\pi}\arcsin\left(\frac{n_h-n_l}{n_h+n_l}\right) \tag{1.3}$$

通常，布拉格定律是设计光子晶体材料的原理，从这些方程式可以看出，光子晶体的光学特性取决于折射率对比度、层的数量和厚度以及入射光的角度，厚度和某些波长的反射率可通过某些应变进行调整，而且还取决于整个堆栈的结构和周围环境介质的特性。光在每个界面处都会被部分折射、反射和透射（图 1.4）。晶格间距和层折射率定义了反射（透射）光束之间在特定波长下的干涉情况，进而定义了 PBG 的光谱区域。在透明光谱范围内，折射率通常在 $n=1.3\sim1.7$ 范围内的材料非常适合于感测、发光控制和激射[12]。

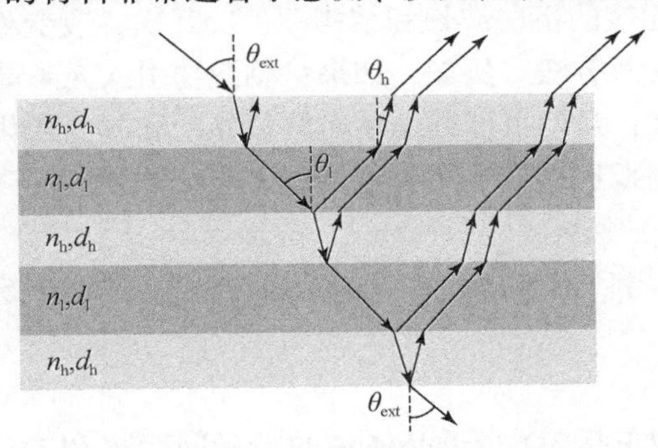


图 1.4　光的反射、折射和透射（$n_h>n_l$）

如果任何外部刺激可以引起任何这些参数的变化，则可以预期光子晶体中光子特性也可以做出相应的变化。现在已经有许多根据介电层的厚度或折射率的可逆变化设计1D响应光子晶体的报道。例如，通过控制激光烧蚀制造用金纳米颗粒制成的壳聚糖全息图在近红外区检测葡萄糖[13]的植入式设备。采用了有限元方法对多层结构进行建模和研究，当增加布拉格堆叠中的材料之间的相对折射率时[4]会同时增加反射率和带宽，并且增加层的厚度会使衍射波长红移。除了改变布拉格衍射的参数之外，还可以通过引入具有不同光学厚度的缺陷层来破坏周期性结构，通过简单地构建响应于外部刺激的缺陷层来实现可调谐的光子特性。

类似的分析可以应用于更复杂的情况，如2D和3D光子晶体。3D胶体光子晶体衍射特定波长的光可以由布拉格定律确定：

$$m\lambda = 2nd\sin\theta \tag{1.4}$$

式中，$m$ 为衍射级；$\lambda$ 为入射光的波长；$n$ 为由胶体和空隙组成的系统的平均折射率（有效折射率）；$d$ 为晶格平面之间的间距；$\theta$ 为入射光与衍射晶体平面之间的夹角。在实际情况下，胶体球被嵌入溶剂和聚合物之类的基质材料中，考虑到实际的有效指标，布拉格定律可以近似表示为

$$m\lambda = \sqrt{\frac{8}{3}}D\left(\sum_{i}^{n} n_i^2 v_i - \sin^2\phi\right)^{1/2} \tag{1.5}$$

式中，$D$ 为最接近的球体之间的中心距；$n_i$ 和 $v_i$ 分别为每个成分的折射率和体积分数；$\phi$ 为入射光和样品法线之间的角度。

这些方程式[14]为设计响应式光子晶体传感器提供了指导。理论上在布拉格定律中出现并能够随外部刺激响应而影响衍射波长的任何参数[15]都可以用于制造光子带隙，可将其用于光子晶体设计。

首先，晶格常数往往是调整光子晶体光学性能使用最广泛的参数。在实际情况下，胶体颗粒通常嵌入聚合物基体中，如水凝胶和弹性聚合物[5,16,17]，可以将其拉伸或收缩以调整光子晶体晶格间的距离。因此，可以通过施加各种刺激（如溶剂溶胀）来调节相应的衍射波长和结构颜色。其次，改变相对折射率也是制造响应型光子晶体的有效方法。例如，如果将刺激物引入光子晶体系统中，则晶格距离和折射率会增加，从而可以预期反射波长移动和颜色变化。除了更改布拉格衍射中的参数外，周期性结构还可能受光子结构（如晶体结构、PC的相对取向以及PC内的有序度）影响。

可以用来调整影响光子晶体特性的常用参数如下（图1.5）。

### 1. 晶格常数

晶体的晶格常数包括3D光子晶体中的粒子间距离和1D布拉格堆叠中的层厚度，是最广泛用于调协光子特性的参数。对于1D光子晶体，通常由具有膨胀/

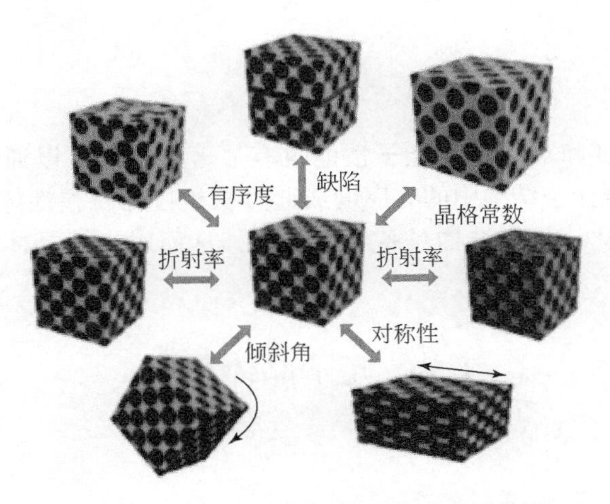


图1.5　在3D光子晶体结构中调谐的参数示意图

收缩特性的材料组成。对于3D光子晶体而言，胶体晶体可嵌入可以膨胀或收缩的聚合物基质中，如水凝胶和弹性聚合物。可以通过施加各种刺激来调节光子晶体的晶格常数，进而调节光子晶体传感器的衍射，这些刺激[11,14]包括水凝胶溶胀、热诱导的聚合物体积变化或相变、机械变形以及电荷诱导的膨胀和收缩。在3D光子晶体的制备中有一个很重要的步骤就是如何将3D胶体晶体嵌入水凝胶基质中。形成的蛋白石复合结构在经受溶剂溶胀时显示出可调谐的衍射，其衍射波长取决于水凝胶的溶胀程度，如式（1.6）所示：

$$m\lambda = \sqrt{\frac{8}{3}}D(d/d_0)\left(\sum_i^n n_i^2 v_i - \sin^2\phi\right)^{1/2} \quad (1.6)$$

式中，$d$ 和 $d_0$ 分别为在特定条件下和参考状态下处于平衡状态的凝胶的尺寸。

2. 有效折射率

改变有效折射率也是设计光子晶体传感器的重要方法。通常折射率的变化伴随着相变过程或新物质的引入，例如可以通过强光照射、高温相变、电场、气体分子的选择性或非选择性吸收或渗透等[18]。

3. 晶格缺陷

具有响应特性的缺陷可以引入光子晶体结构中，以实现光子特性的可调性。典型的缺陷[19]可能包括线缺陷、点缺陷、干燥裂纹、球体位置的随机变化。例如，可以通过在布拉格堆叠中夹入液晶或其他响应性聚合物来构造光子晶体传感器。通过不同刺激可以引起光子晶体结构厚度或折射率的变化。由于可以将具有各种响应行为的许多材料引入晶体中作为缺陷层，因此该方法显著增强了操纵光子特性的工具的多样性。

4. 晶体结构

晶体的有序度和对称性对光子性能也有显著影响。可以通过施加外部刺激（如光照）来控制光子结构中的有序度或通过机械拉伸将弹性体嵌入晶体，使晶体对称性发生变化，晶体结构具备各向异性，从而对光子晶体实现一定程度的调谐。

# 1.3　光子晶体材料

## 1.3.1　无机材料

1. 非金属氧化物

一般来说，无机化合物可以承受较高的温度，其化学性质与有机化合物非常不同。其中，亚微米尺寸的二氧化硅（$SiO_2$）颗粒是最为常见的无机材料（图 1.6）。多孔硅[20]已被确立为光学检测有害化学物质和生物分子相互作用［如脱氧核糖核酸（DNA）杂交、抗原/抗体结合和酶促反应］的绝佳传感平台。但是较大的粒径容易破坏晶体晶格[21]。仿真结果表明，如果粒径在标准偏差的 2% 以内，则可以形成高质量的胶体晶体。随着尺寸分布的增加，禁带的反射强度迅速降低。当粒径的标准偏差大于等于 5% 时，结构中的 PBG 会完全消失。

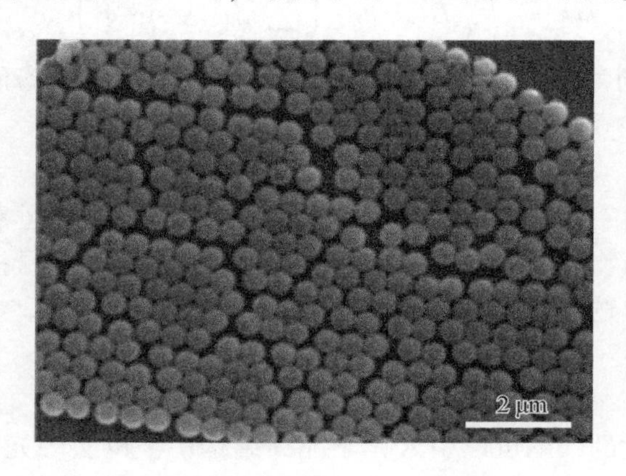


图 1.6　$SiO_2$ 颗粒的电子显微镜照片

单分散的二氧化硅颗粒是使用 Stöber 方法通过四乙氧基硅烷（TEOS）前体的溶胶-凝胶反应合成的。通过添加三甲氧基硅烷（RTMS）制备了尺寸分布窄

(<±2%）的杂化二氧化硅颗粒，其中有机取代基R代表甲基、苯基、辛基和乙烯基（图1.7），也可以三乙氧基硅烷（RTES）代替RTMS。

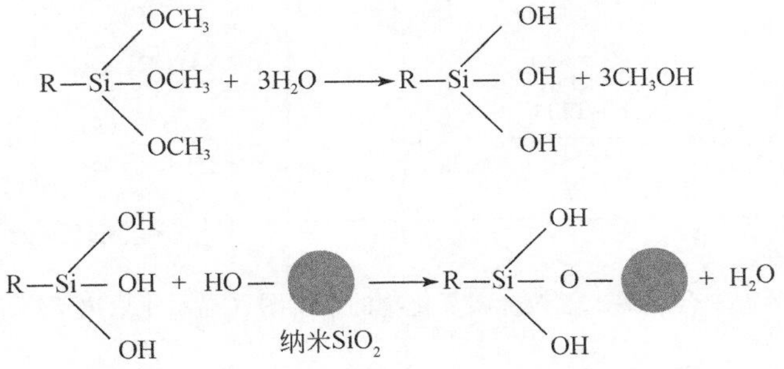

$$R-Si(OCH_3)_3 + 3H_2O \longrightarrow R-Si(OH)_3 + 3CH_3OH$$

$$R-Si(OH)_3 + HO-\text{纳米}SiO_2 \longrightarrow R-Si(OH)_2-O-SiO_2 + H_2O$$



图1.7　二氧化硅颗粒杂化反应

除此之外，对于需要定制的光子晶体传感器设计而言，多孔硅也是非常有吸引力的材料[22]。大孔硅通常通过以下方法获得：使用标准的光刻方法对硅晶片进行预构图，然后在背面照射下在含氢氟酸的溶液中进行电化学蚀刻。通过控制孔隙率来控制多孔结构折射率的方式为多孔硅在光子晶体传感器方面创造了无数的可能性。

2. 过渡金属氧化物纳米材料

过渡金属氧化物纳米材料在催化、传感、能量存储和转换、光学和电子领域的应用很有吸引力。一般可以通过表面活性剂控制或者溶剂控制[23]这些简单、稳定且经济的合成方法来控制纳米颗粒金属氧化物材料的尺寸、形状和结晶度。表面活性剂可以介入纳米颗粒的生长并覆盖纳米颗粒表面，提供了如形状控制、胶体稳定性和表面功能性的优点，从而可以根据需要调整表面性质和在各种溶剂中的溶解度。表面活性剂还可以对金属氧化物纳米颗粒的单分散性进行令人印象深刻的控制。而溶剂控制则可以通过常见的有机溶剂充当反应物以及成核和生长介质合成高纯度纳米材料。

在不同的醇溶剂（ROH）中制备ZnO和$Fe_2O_3$金属氧化物纳米粒子（图1.8），R=Me、Et、*n*-Pr、*i*-Pr和*t*-Bu。合成的金属氧化物纳米粒子的尺寸调整是通过简单地改变醇溶剂来实现的。这提供了一种控制纳米颗粒薄膜特性（如薄膜厚度、折射率、比孔隙率、孔径分布和表面积）的方法。将ZnO和$Fe_2O_3$纳米颗粒分散体旋涂到硅晶圆上，加入聚乙二醇（PEG）以改善纳米颗粒与基材的黏附力，并确保良好的薄膜质量。用于调整ZnO和$Fe_2O_3$纳米粒子尺寸及其薄膜性质的方法可以扩展到其他金属氧化物纳米粒子系统。

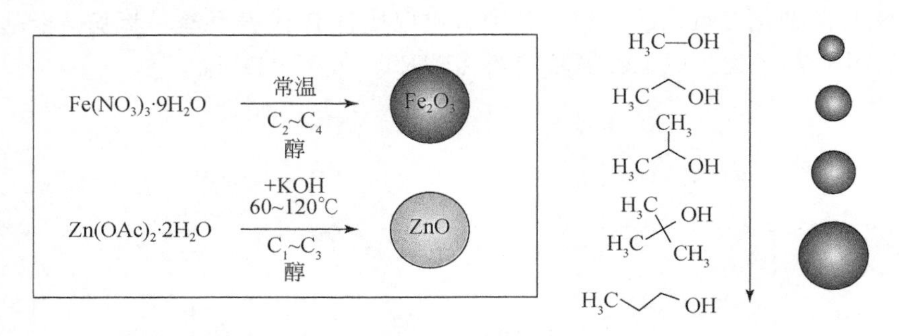


图 1.8 在醇溶剂中合成纳米颗粒金属氧化物的示意图（显示了取决于溶剂的尺寸效应）

除了 ZnO 和 $Fe_2O_3$ 纳米颗粒，有人开发了 $Fe_2O_3$ 纳米颗粒与聚（*N*-异丙基丙烯酰胺）（PNIPAM）结合的近红外诱导响应型 PC 复合材料[24]。还可通过交替使用不同类型的纳米粒子[25]（如 $TiO_2$-$SiO_2$），并控制每一层的孔隙度来达到折射率的周期性调制，将水、异丙醇、乙二醇、甲苯和氯苯渗入这种多层结构内能够引起反射峰不同程度的位移。

3. 金属纳米颗粒材料

通过掺杂制备了有金属纳米粒子的聚合物的 PC 复合材料，由于其相对容易和灵活，以及在光子或光电设备、生物传感器等方面的应用性能提高，最近引起了广泛的关注。金（Au）纳米颗粒和银（Ag）纳米颗粒已经使用化学还原法合成。通过掺入金属或介电纳米颗粒，可以改变聚合物的几种性能，如孔隙率和机械性能、光学性能或电学性能。除此之外，金属纳米颗粒还用于增强 PC 中的光–物质相互作用。

为了限制掺入纳米颗粒引起的散射，纳米颗粒的尺寸应小于 100nm。由于纳米颗粒的尺寸很小（几十纳米），它们均匀地分散在聚合物的微区中，因此建立了利用焓和熵相互作用的手段，从而影响了复合材料的宏观行为。

1）银纳米颗粒

Ag 纳米颗粒（AgNPs）会显著影响复合物光学性能。在银乳液形成过程[11]中，可以使用硝酸银与卤化物一起处理，形成不溶的卤化银，这种不溶的卤化银能够与明胶一起使用形成乳液。高氯酸银是另外一种能形成卤化银和银纳米粒子的银溶液。由于溴化银能产生高的空间分辨率和高衍射效率，所以溴化银是最常用的银试剂。由于溴化银必须吸收足够多的能量才能移走溴离子中的一个电子，而溴化银只对光谱的紫外区域敏感，所以使用溴化银时可以在乳液中加入能够吸收不同波长的染料分子，以提高溴化银对光的敏感性。通常用花青染料进行处理，可以使溴化银粒子对其通常不吸收的某一光谱区域的光敏感。激光干涉光刻与卤化银系统[4]结合制造 PC，通过使用低成本便携式激光光源以 Denisyuk 反射模式在光敏 P(AM-*co*-PEGDA) 水凝胶薄膜内产生周期性干涉图样，从而在水凝胶薄膜中形成周期性的 AgBr NC 多层结构。

有报道[26]采用重力沉降法通过自组装工艺制备了高浓度 Ag 纳米颗粒的聚苯乙烯胶体 PC（图 1.9）。在 PS 纳米球自组装成有序结构的过程中，Ag 纳米颗粒主要依靠静电相互作用随机分布在 PS 纳米球表面上。高浓度 Ag 纳米颗粒沉积在基底底部，作为黑色材料吸收背景和散射光。由于吸收了非相干散射光，结构色明亮度得到增强。但当 Ag 纳米颗粒浓度过高时，Ag 纳米颗粒也可能会通过氢键等其他分子力覆盖在 PS 纳米球的表面，反而会导致亮度损失。

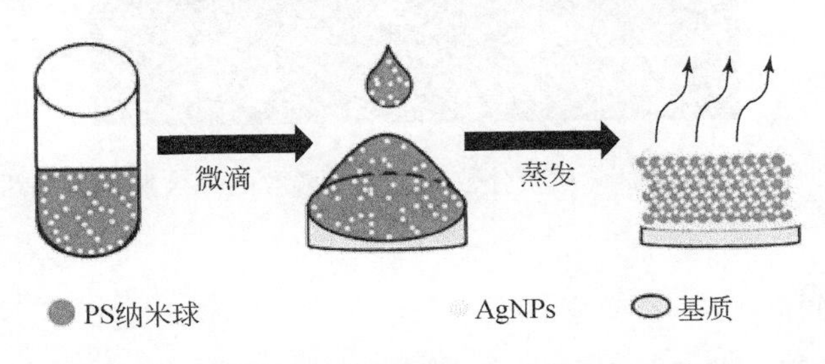


图 1.9　热辅助重力沉降法自组装过程示意图

2）金纳米颗粒

金纳米颗粒除了金属纳米粒子的特性外，由于其固有等离子体共振性可被用于增强光的捕获而受到广泛关注[24]。Zhang 等[27]基于溶液加工制造了金纳米粒子的金属光子晶体。通过干涉光刻，将金纳米粒子胶体悬浮液通过旋涂的方法，在铟锡氧化物（ITO）玻璃基板上制造一维结构光子晶体。除此之外，Shukla 等[28]还基于生物相容性和可生物降解的材料壳聚糖制备了一维光子晶体生物传感器。利用三水合氯化金（Ⅲ）溶液，通过激光烧蚀使金盐原位化学还原生成的金纳米颗粒，将金纳米颗粒掺杂在壳聚糖-4-甲酰基苯基硼酸聚合物中，制造了 1D 光子晶体的周期性结构，并实现了在可见光和近红外光下响应。这种利用金纳米颗粒构建的一维全息传感器是一种强大的工具，进一步将可以检测不同分析物的敏感材料修饰在壳聚糖上以检测人体内的其他生物成分。

Shukla 等[28]使用多干扰束光刻（MIL）和反应离子束蚀刻（RIE）制造了大面积（直径为 1cm 的圆形）胶体金纳米颗粒（$<10$nm）掺杂在 SU8 光敏聚合物中的 2D 光子晶体结构。拍摄暗场显微镜图像显示胶体金纳米颗粒在聚合物基质中均匀分散（图 1.10）。

除此之外，也有报道将金纳米颗粒掺杂在三维有序的 $SiO_2$ 上[29]，通过煅烧形成了含金纳米颗粒的多孔 $SiO_2$ 反蛋白石结构，且可以控制烧结温度，将金纳米颗粒的尺寸有效地从 6nm 调整到 30nm。

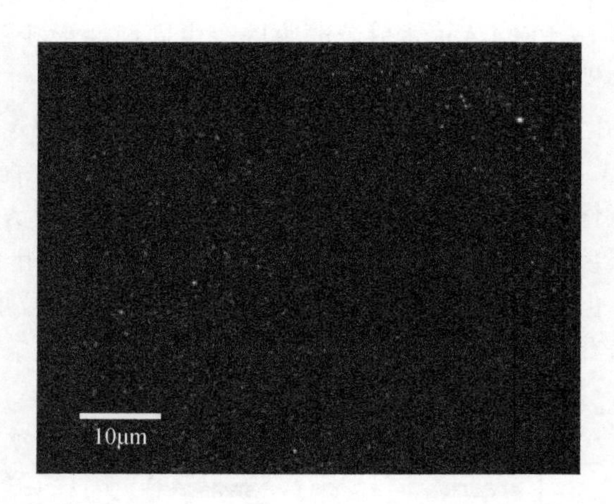


图 1.10 掺有 1% (质量分数) 金纳米颗粒的 SU8 膜的暗场照片

### 1.3.2 有机材料

在用于形成蛋白石结构的面心立方 (FCC) 排列的单分散微球组装材料中，使用最多就是聚合物，主要是 PS 和 PMMA。为了制备这些微粒小球，大多在聚合作用下进行，但是采用了不同的方法[30]，如沉淀聚合、乳液聚合、分散聚合、种子聚合、反相乳化、溶胀聚合以及悬浮聚合等。含有这些有机颗粒的凝胶微球在光子晶体传感应用方面非常有吸引力。要制造高质量的光子晶体有时也需要将超小纳米粒子掺杂到聚合物中。例如，闫丹等[31,32]提出了一种可穿戴的丝素蛋白/纤维素复合柔性光子材料。该材料通过嵌入 3D (2D) PMMA 或 PS 纳米胶体阵列进行结构化染色和功能化，以形成蛋白石和反蛋白石丝甲基纤维素 (SMC) 光子晶体膜 (SMPCF) (图 1.11)，可以通过肉眼识别颜色变化来检测湿度和有机溶剂中的痕量水 (0.02%)。同时，这种复合材料具有用于可穿戴实时传感材料的潜力。

聚 (*N*-异丙基丙烯酰胺) (PNIPAM) 也是研究较多的水溶胀性微凝胶体系[30]。在室温下，水可以作为合适的溶剂与酰胺基团进行氢键键合。氢键在加热时会被破坏，导致水起不良溶剂的作用，从而链逐渐断裂。这种热敏聚合物在 32℃左右时具有体积相变，因此在高温下粒径会减小。浓缩 PNIPAm 颗粒溶液的热退火可以使颗粒在返回溶胀状态时实现颗粒自组装。该方法提供了一种方便的方法来快速制造晶体材料，并且能够通过改变聚合物的体积分数来简单地调节光学性能。

水凝胶[16,17]也已被广泛用于制备光子晶体材料，因为它们可以响应外部刺激 (如 pH 和温度、电势、化学物质和生物制剂) 而在体积和形状上显示出较大

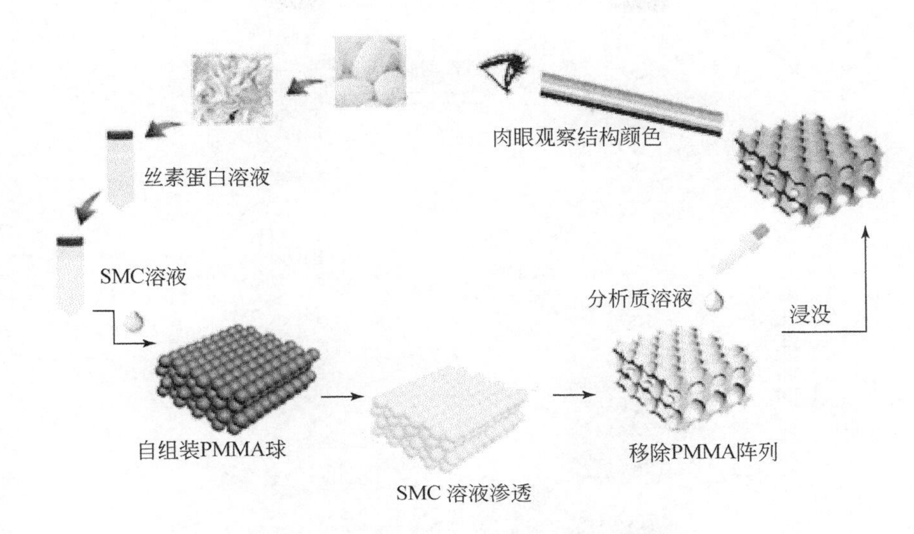


图1.11　SMPCF的制备流程示意图

的变化。水凝胶是由交联的亲水性大分子（如生物分子、合成聚合物）构成的三维网络，能够在其多孔结构中吸收和保留大量的水。水凝胶由聚合的CCA组成，会根据环境条件的变化而改变体积，衍射波长根据布拉格定律［式（1.4）］移动。

例如，聚乙烯醇（PVA）由于其生物相容性、无毒、无致癌性和透水性而成为备受关注的水溶性半结晶聚合物[33]。众所周知，大多数PVA溶液（如PVA/水）会形成热可逆凝胶，因为PVA的羟基会产生分子间氢键。有人报道了一种基于PVA水凝胶的3D PC结构的便捷制备方法（图1.12）[17]。凝胶晶体胶体阵列（GCCA）材料可以有效地衍射可见光，并且用裸眼可以轻松地区分由拉伸应力引起的结构颜色变化。根据布拉格定律，当拉伸或压缩PC水凝胶时，嵌入的PS CCA的晶格间距会发生变化，从而改变PC的衍射色。这种方法的缺点仍然在于仅允许制备薄膜。

除此之外，还有聚（甲基丙烯酸2-羟乙酯-甲基丙烯酸甲酯）（PMMA-PHEMA）[21]共聚物等水凝胶类材料构建类似的CCA，以实现对化学和生物分子的检测。在这些类似共聚物中还可以引入多种类型的官能团（如丙烯酸、甲基丙烯酸缩水甘油酯和丙烯酰胺），以实现可调性和功能性不同的3D水凝胶结构。

### 1.3.3　核壳球体

核壳颗粒的合成是成功制备具有不同组成和形态的新型材料的方法，这些粒子被合成后用于多个领域，如光学器件、传感器等。它可以由各种无机或有机材

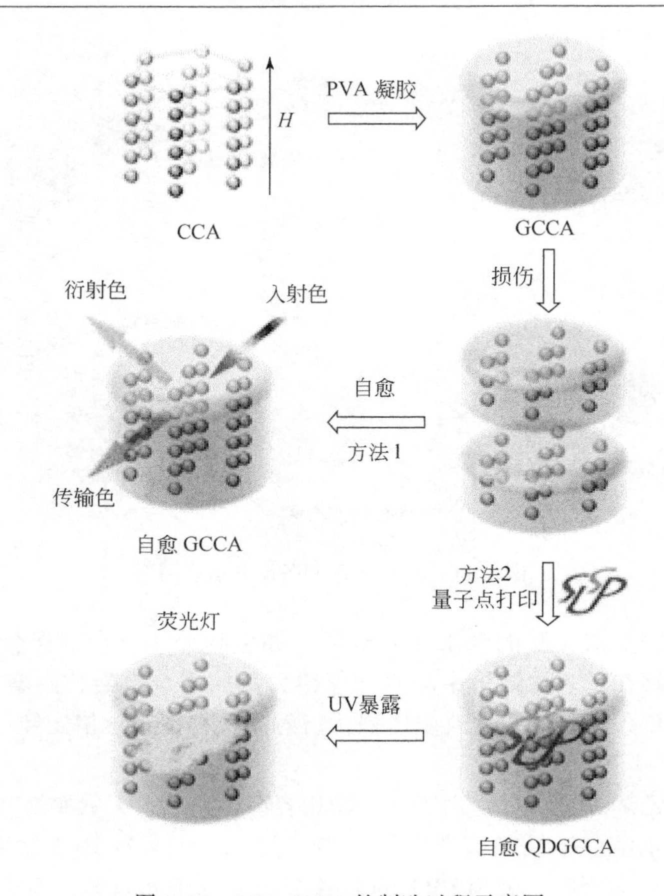


图 1.12　PVA GCCA 的制造过程示意图

料以不同的组合来制备核壳结构。有报道将核壳[34]（即高折射率核、低折射率壳）体系结构合并到 PC 中，通过改变介电材料的分布，从而使光子带隙宽度增加一倍以上。带相反电荷的带电物质被吸附到粒子表面，涂层的厚度可以通过带相反电荷的物质的交替吸附来进行调节。溶胶–凝胶法也是简便且易于控制壳厚度的常用方法。另外，还可以通过化学转化法直接制备核壳结构。例如，高表面电荷强度的聚（苯乙烯–马来酸酐）-Ag（PSMA-Ag）核壳微球[35]。用聚乙烯亚胺（PEI）改性单分散 PSMA 球，采用 $Na_4EDTA$ 作为还原剂，通过自组装 PSMA-Ag 核壳微球制备 PSMA-Ag PC 膜，实现对 4-氨基硫酚（4-ATP）的检测，检测限（LOD）低至 $10^{-8}$mol/L，且具有良好的均匀性和可重复性（图 1.13）。

通过使用活性球体材料作为反应物和模板，可以制造一系列类似材料。Velikov 等[36]已经将二氧化硅的稳定壳层通过 TEOS 与氨的缓慢水解而沉积在乙醇溶液中的 ZnS 胶体上。

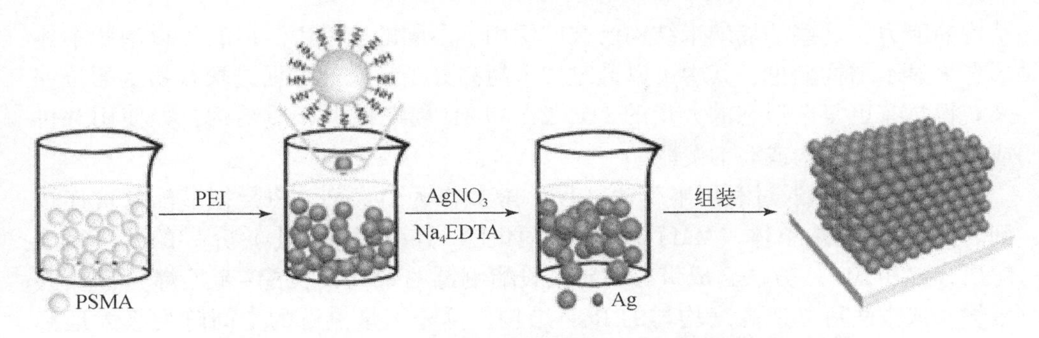


图1.13　PSMA-Ag核壳微球的制备及自组装示意图

空心壳是核壳结构的一个比较特殊例子，使用对流组装方法[34]将聚电解质稳定的ZnS基胶体自组装为有序的胶体晶体，再通过400℃下烧毁PS-ZnS的PS核获得空心ZnS壳胶体晶体。除此之外，陈伟等报道了一种使用二氧化硅纳米球作为消除基质来合成分子印迹中空心球阵列（MIHSA）的简单方法（图1.14），并将其用于蛋白质检测[37]和固相提取β-雌二醇[38]。

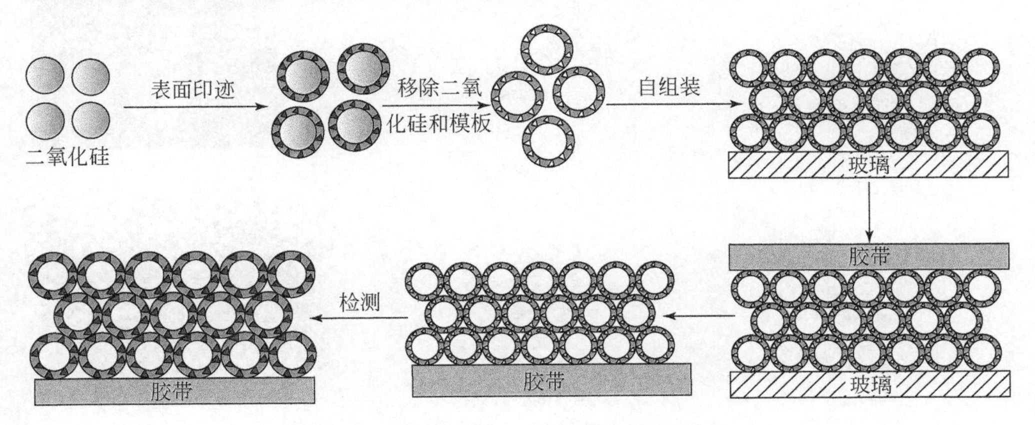


图1.14　MIHSA的制造示意图

该方法是在二氧化硅表面形成了交联的聚合物壳后，使用氢氟酸（HF）除去二氧化硅核。然后将空心球分别用水和乙醇洗涤以除去残留的HF和溶解的二氧化硅。该方法可以比较快捷地产生具有快速传质速率的单分散MIHS，并且已成功通过垂直沉积方法将MIHS自组装为高度有序的3D光子结构。

### 1.3.4　嵌段共聚物

嵌段共聚物（BCP）由两种或更多种化学上不同的聚合物（或嵌段）组成，它们在相邻嵌段的连接处通过共价连接在一起。它们具有自组装成多种功能纳米结构的能力，这些功能纳米结构已被广泛用于不同的应用中。BCP[39]以层状本体形态来显示结构颜色，其中可以通过掺入超高分子量或通过促进聚合物链的拉伸来获得具有更复杂形态的大量的1D、2D和3D周期性电介质结构，如使用共价或超分子梳状结构或溶剂溶胀。

Miyake等[40]通过利用半茂钛（Ⅳ）醇盐作为引发剂，将异氰酸酯共价连接到丙交酯-苯乙烯单体（MM）的醇盐基团上，再利用钌（Ⅰ）介导的开环复分解聚合（ROMP）方法合成带有多异氰酸酯侧链的聚（丙交酯-苯乙烯）嵌段共聚物。该方法可制造高度均匀的BCP结构，低分子量侧链的空间阵列极大地抑制了链缠结，并使主链呈现高度伸长的构象。这些BCP迅速自组装为由丙交酯和苯乙烯（St）结构域交替层的堆叠薄片，从而形成1D PC结构（图1.15）。

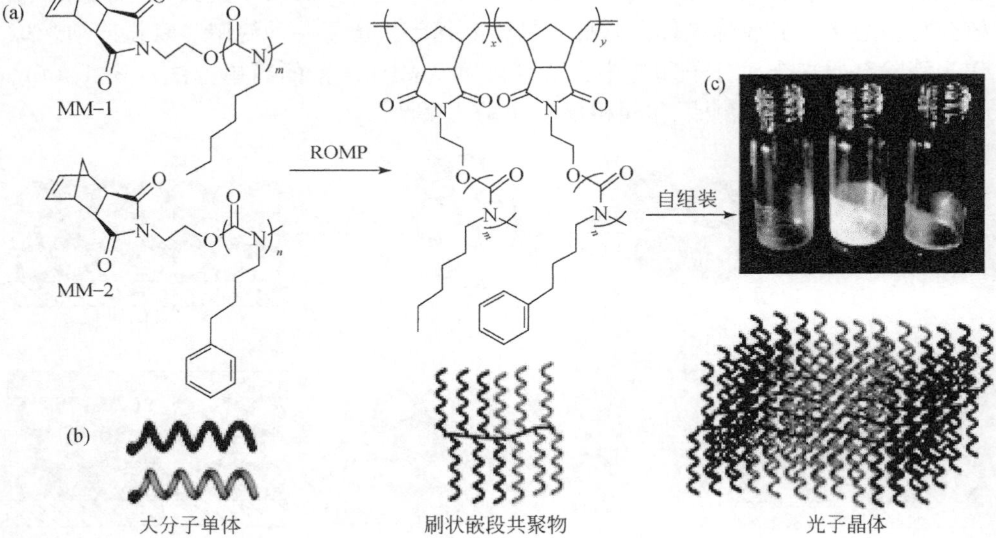

图1.15 （a）基于异氰酸酯的MM及其ROMP到嵌段共聚物的结构；（b）从刚性杆螺旋大分子单体合成嵌段共聚物及自组装一维光子晶体的示意图；（c）反射紫光、绿光和红光的光子晶体的照片

MM-1：异氰酸己酯（HICN）；MM-2：4-苯基丁基异氰酸酯（PBICN）

Yusuf等[41]也展示了一种分次自组装方法，通过连续的自组装步骤形成含量子点（QD）的3D光子阵列（图1.16）。第一步自组装（SA1）是两性聚苯乙烯-聚丙烯酸（PS-PAA）BCP加入乙酸镉的有机溶剂中的自组装，形成具有$Cd^{2+}$的核心和疏水性PS电晕的反胶束，然后在每个胶束核心中将镉离子转换为单个硫化镉（CdS）QD，以产生纳米级的稳定嵌段共聚物量子点（BCP-QD）；第二

步自组装（SA2）通过PS的相分离引发二次自组装，疏水性BCP-QD在相对极性的有机溶剂二甲基甲酰胺（DMF）中与两亲性PS-PAA稳定链混合，形成量子点复合胶束（QDCM）；在最后的第三次自组装步骤（SA3）中，将QDCM的水分散体缓慢蒸发，以形成具有周期性的QDCM的3D阵列。

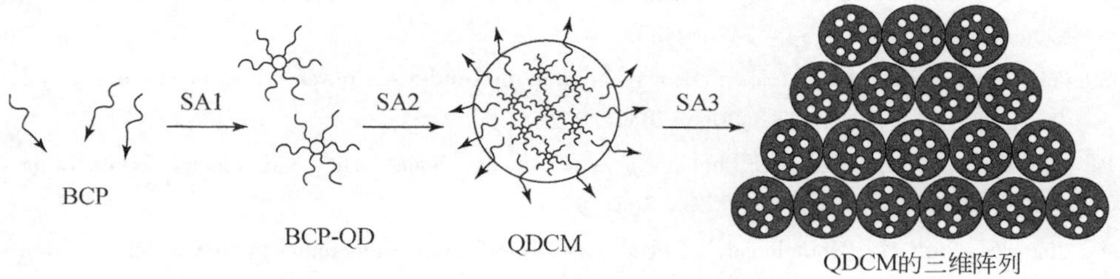

图1.16　含QD的光子阵列的分层自组装示意图
箭头段代表聚丙烯酸；波浪线段表示聚苯乙烯；点状核代表硫化镉

BCP形态的理论分析[21]表明，在这些BCP结构中存在定向PBG。实际应用中BCP的一个主要缺点是，这些自组装结构通常会陷入非平衡状态，从而使能垒最小化，因此很难实现具有长程有序的所需结构，这是对于许多实际应用至关重要的。但是BCP的一个突出优点是它可以灵活地调节光子性能。

## 1.4　总结与展望

近年来，人类一直在不断探索新颖的材料，光子晶体由具有不同介电常数的材料的周期性排列组成，人们对探索新的PC结构和研究相关的新现象非常感兴趣。基于PC的生物传感器也已经是一类新兴热门领域。本章简略地阐述了光子晶体的基本概念、设计原理以及广泛使用的一些材料。这种带有特定周期性结构的光子晶体的设计主要依据布拉格定律。理论上，只要能够影响光衍射的任何因素都可以用来设计光子晶体结构，但大多数还是从晶体的晶格常数和折射率两个方面考虑。从提出光子晶体至今，已经有许多人在该方面做出了大量研究，用于设计这种周期性结构的材料种类也更加多样化，基本上分为无机材料、有机材料和有机-无机聚合组合材料三大类。无机材料包括典型二氧化硅、金属氧化物、多孔硅以及金银等单元素纳米颗粒；有机材料包括聚苯乙烯、聚甲基丙烯酸甲酯、聚（*N*-异丙基丙烯酰胺）、聚乙烯醇以及一些混合聚合物、核壳球体和嵌段共聚物等。

基于PC的生物传感器代表了一类新颖的高级光学传感器，并在短时间内引起了相当大的关注。这不仅是因为PC材料具有独特的光子特性，而且得益于化学和生物学的结合，这为 PC 开发提供了良好的指导。相信由于 PC 材料具有独特的光学特性，它们将在生物医学和临床应用中拥有光明的前景。

## 参 考 文 献


[1] John S. Strong localization of photons in certain disordered dielectric superlattices. Physical Review Letters，1987，58（23）：2486-2489.

[2] Yablonovitch E. Inhibited spontaneous emission in solid-state physics and electronics. Physical Review Letters，1987，58（20）：2059-2062.

[3] De La Rue R M，Seassal C. Photonic crystal devices：Some basics and selected topics. Laser & Photonics Reviews，2012，6（4）：564-597.

[4] Jiang N，Butt H，Montelongo Y，et al. Laser interference lithography for the nanofabrication of stimuli-responsive bragg stacks. Advanced Functional Materials，2017，28（24）：1702715.

[5] Tang W，Chen C. Hydrogel-based colloidal photonic crystal devices for glucose sensing. Polymers（Basel），2020，12（3）：625.

[6] Cai Z，Smith N L，Zhang J T，et al. Two-dimensional photonic crystal chemical and biomolecular sensors. Analytical Chemistry，2015，87（10）：5013-5025.

[7] Inan H，Poyraz M，Inci F，et al. Photonic crystals：Emerging biosensors and their promise for point-of-care applications. Chemical Society reviews，2017，46（2）：366-388.

[8] Schedl A E，Howell I，Watkins J J，et al. Gradient photonic materials based on one-dimensional polymer photonic crystals. Macromol Rapid Commun，2020，41（8）：e2000069.

[9] Fenzl C，Hirsch T，Wolfbeis O S. Photonic crystals for chemical sensing and biosensing. Angewandte Chemie：International Edtion in English，2014，53（13）：3318-3335.

[10] Zheng H，Ravaine S. Bottom-up assembly and applications of photonic materials. Crystals，2016，6（5）：54 .

[11] Yetisen A K，Naydenova I，da Cruz Vasconcellos F，et al. Holographic sensors：Three-dimensional analyte-sensitive nanostructures and their applications. Chemical Reviews，2014，114（20）：10654-10696.

[12] Lova P，Manfredi G，Comoretto D. Advances in functional solution processed planar 1D photonic crystals. Advanced Optical Materials，2018，6（24）：1800730.

[13] Vezouviou E，Lowe C R. A near infrared holographic glucose sensor. Biosens Bioelectron，2015，68：371-381.

[14] Ge J，Yin Y. Responsive photonic crystals. Angewandte Chemie：International Edtion in English，2011，50（7）：1492-1522.

[15] Chen H，Lou R，Chen Y，et al. Photonic crystal materials and their application in biomedicine. Drug Delivery，2017，24（1）：775-780.

[16] Chen J，Xu L，Yang M，et al. Highly stretchable photonic crystal hydrogels for a sensitive mechanochromic sensor and direct ink writing. Chemistry of Materials，2019，31（21）：8918-8926.

[17] Wang X, Qiu Y, Chen G, et al. Self-healable poly (vinyl alcohol) photonic crystal hydrogel. ACS Applied Polymer Materials, 2020, 2 (5): 2086-2092.

[18] Ruda H, Matsuura N. Nano-engineered tunable photonic crystals//Kasap S, Capper P. Handbook of Electronic and Photonic Materials, Springer, 2017: 1.

[19] Campos H G, Furlan K P, Garcia D E, et al. Effects of processing parameters on 3D structural ordering and optical properties of inverse opal photonic crystals produced by atomic layer deposition. International Journal of Ceramic Engineering & Science, 2019, 1 (2): 68-76.

[20] Arshavsky-Graham S, Massad-Ivanir N, Segal E, et al. Porous silicon-based photonic biosensors: Current status and emerging applications. Analytical Chemistry, 2019, 91 (1): 441-467.

[21] Moon J H, Yang S. Chemical aspects of three-dimensional photonic crystals. Chemical Reviews, 2010, 110 (1): 547-574.

[22] Pacholski C. Photonic crystal sensors based on porous silicon. Sensors (Basel), 2013, 13 (4): 4694-4713.

[23] Redel E, Mirtchev P, Huai C, et al. Nanoparticle films and photonic crystal multilayers from colloidally stable, size-controllable zinc and iron oxide nanoparticles. ACS Nano, 2011, 5 (4): 2861-2869.

[24] Venditti I. Gold nanoparticles in photonic crystals applications: A review. Materials (Basel, Switzerland), 2017, 10 (2): 97.

[25] Colodrero S, Ocaña M, Míguez H. Nanoparticle-based one-dimensional photonic crystals. Langmuir, 2008, 24 (9): 4430-4434.

[26] Lai C F, Wang Y C. Colloidal photonic crystals containing silver nanoparticles with tunable structural colors. Crystals, 2016, 6 (5): 61.

[27] Zhang X, Sun B, Friend R H, et al. Metallic photonic crystals based on solution-processible gold nanoparticles. Nano Letters, 2006, 6 (4): 651-655.

[28] Shukla S, Baev A, Jee H, et al. Large-area, near-infrared (IR) photonic crystals with colloidal gold nanoparticles embedding. ACS Applied Materials Interfaces, 2010, 2 (4): 1242-1246.

[29] Cai Z, Liu Y J, Lu X, et al. *In situ* "doping" inverse silica opals with size-controllable gold nanoparticles for refractive index sensing. The Journal of Physical Chemistry C, 2013, 117 (18): 9440-9445.

[30] Galisteo-Lopez J F, Ibisate M, Sapienza R, et al. Self-assembled photonic structures. Advanced Materials, 2011, 23 (1): 30-69.

[31] Yan D, Qiu L, Shea K J, et al. Dyeing and functionalization of wearable silk fibroin/cellulose composite by nanocolloidal array. ACS Applied Materials Interfaces, 2019, 11 (42): 39163-39170.

[32] 闫丹，邱丽莉，孟子晖，等．微米级胶体晶体可控制备与红外波段光学特征研究．高分子学报，2018，(06)：733-740.

[33] Chen C, Zhu Y, Bao H, et al. Physically controlled cross-linking in gelated crystalline colloidal array photonic crystals. ACS Applied Materials Interfaces, 2010, 2 (5): 1499-1504.

[34] Hosein I D, Liddell C M. Homogeneous, core-shell, and hollow-shell ZnS colloid-based photonic crystals. Langmuir, 2007, 23 (5): 2892-2897.

[35] Bi J, Fan G, Wu S, et al. Fabrication of poly (styrene-*co*-maleic anhydride) @ Ag spheres with high surface charge intensity and their self-assembly into photonic crystal films. ChemistryOpen, 2017, 6 (5): 637-641.

[36] Velikov K P, van Blaaderen A. Synthesis and characterization of monodisperse core-shell colloidal spheres of zinc sulfide and silica. Langmuir, 2001, 17 (16): 4779-4786.

[37] Chen W, Xue M, Shea K J, et al. Molecularly imprinted hollow sphere array for the sensing of proteins. Journal of Biophotonics, 2015, 8 (10): 838-845.

[38] Chen W, Xue M, Xue F, et al. Molecularly imprinted hollow spheres for the solid phase extraction of estrogens. Talanta, 2015, 140: 68-72.

[39] Poutanen M, Guidetti G, Gröschel T I, et al. Block copolymer micelles for photonic fluids and crystals. ACS Nano, 2018, 12 (4): 3149-3158.

[40] Miyake G M, Weitekamp R A, Piunova V A, et al. Synthesis of isocyanate-based brush block copolymers and their rapid self-assembly to infrared-reflecting photonic crystals. Journal of the American Chemical Society, 2012, 134 (34): 14249-14254.

[41] Yusuf H, Kim W G, Lee D H, et al. A hierarchical self-assembly route to three-dimensional polymer-quantum dot photonic arrays. Langmuir, 2007, 23 (10): 5251-5254.

(毕文迪 孟子晖)

# 第2章　光子晶体的制备

## 2.1 引　　言

近几十年来，人工光子晶体的制备经历了快速的发展。目前，光子晶体材料的制备主要包括两种方法。一种是由传统的光刻技术衍生而来的“自上而下”（top-down）法，主要通过光刻或微打印技术形成具有周期性的亚微米结构。这种方法制备得到的光子晶体结构完整，缺陷较少，但对设备和原料均有着较高的要求。另一种方法为“自下而上”（bottom-up）法，通过处于亚微米尺度的介质单元层层堆积而形成周期性结构。其中最典型的胶体光子晶体是以单分散性胶体颗粒为介质单元自组装形成的长程有序纳米结构。与“自上而下”法相比，通过胶体自组装得到的光子晶体制备成本低、所需设备简单且易于功能化，现已成为制备光子晶体最常用的手段之一。本章主要从一维、二维及三维光子晶体结构出发，侧重于通过胶体自组装制备光子晶体的方法，并着重介绍制备方法的新发展及新型光子晶体结构。

## 2.2　一维光子晶体的制备

一维光子晶体又被称为布拉格反射器或者布拉格堆。在胶体自组装过程中，通过电荷或表面张力作用很难保证得到只在一个维度具有周期的光学结构。而对于本身具有磁性的高分散性胶体纳米粒子，可通过控制样品溶液浓度，利用外加磁场诱导自组装法制备一维链状光子晶体。对具有各向异性的纳米粒子进行组装设计，可得到具有特殊结构的一维手性光子晶体。此外，通过引入电子刻蚀或光刻蚀技术，也可实现对体系的一维周期性设计。大部分具有像镜子一样的平滑表面的一维光子晶体则可通过旋涂法制备得到。

### 2.2.1　磁场诱导自组装法

由于具有制备速度快、光学信号易调节等优势，磁场诱导自组装法近年来在制备一维光子晶体中引起了巨大的关注。2007年，加利福尼亚大学河滨分校殷亚东组首次制备了兼备超顺磁性和强磁性的纯 $Fe_3O_4$ 纳米颗粒（胶体纳米簇，CNC）[1]。在带负电荷的表面活性剂PAA的修饰下，得到的粒径在30～180nm范

围的 $Fe_3O_4$胶体纳米簇在水中具有很强的分散性，因此可在外加磁场下制备磁响应性一维链状胶体光子晶体[2,3]。此外，Guan 等通过在磁性纳米簇表面包覆中性且具有较大分子量的聚乙烯吡咯烷酮（PVP），利用其空间位阻作用构建了一种可在水和多种有机溶剂中组装的磁响应性一维光子晶体[4]。通过对 $Fe_3O_4$胶体纳米簇进行 $SiO_2$壳层的包覆并在 $SiO_2$表面用带电荷的物质进行修饰，殷亚东课题组还制备了能在烷醇类试剂[5]和非极性溶剂[6]中组装的磁响应性一维光子晶体。$Fe_3O_4$@ $SiO_2$纳米球的组装机理及微观结构如图 2. 1 所示，在纳米球间的静电斥力和外加磁场的作用下，$Fe_3O_4$@ $SiO_2$纳米球在溶液中组装为在平行于磁场方向上折射率具有周期性的一维长链状结构。此外，通过引入具有各向异性结构的磁性纳米立方体，李志伟等[7]设计了一种立方体边对边组装的新型磁性一维光子晶体构象，并对材料光学信号的角度依赖性进行了分析研究（图 2. 2）。将磁组装

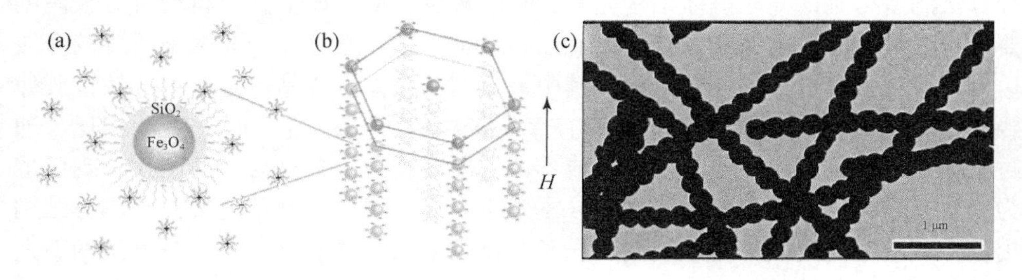


图 2. 1　表面引入负电荷的 $Fe_3O_4$@ $SiO_2$ 磁性纳米粒子（a）及其在非极性溶剂中的自组装行为示意图（b）[6]；（c）通过再次 $SiO_2$ 包覆法固定得到的基于 $Fe_3O_4$@ $SiO_2$ 纳米球的一维光子晶体链[13]

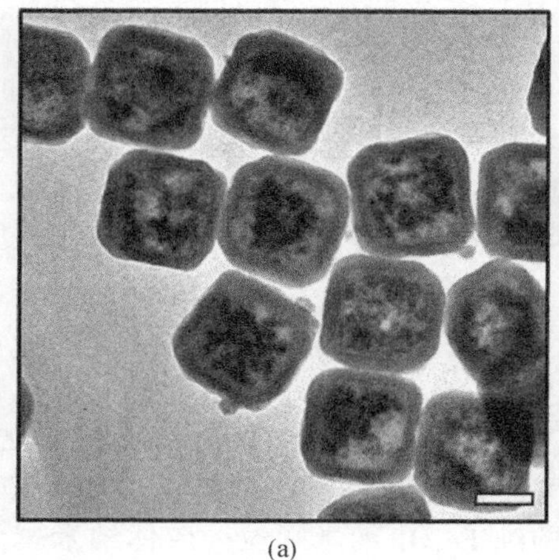
(a)

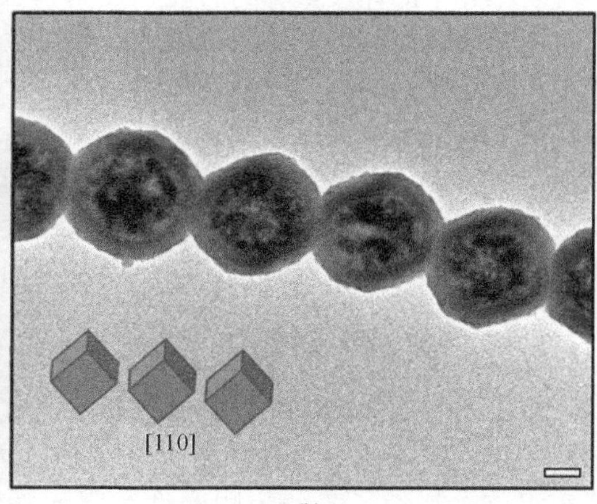

(b)

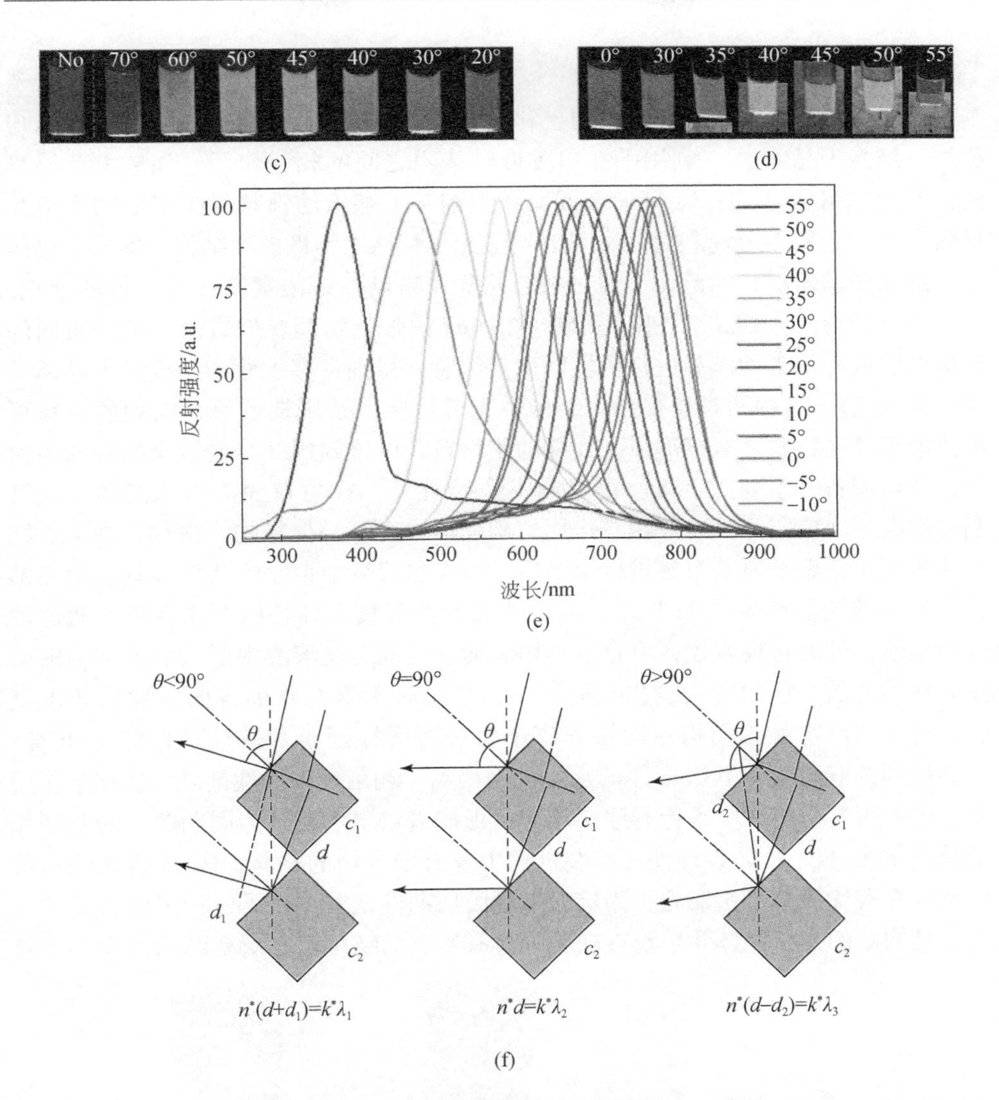


图 2.2　$Fe_3O_4$@$SiO_2$纳米立方体（a）和组装得到的新型边对边一维类链状结构（b）的 SEM 照片（标尺：100nm）；（c）$Fe_3O_4$@$SiO_2$胶体溶液不加磁场和加磁场后在不同观测角度下的光学照片；（d）$Fe_3O_4$@$SiO_2$胶体溶液在不同磁场方向下的光学照片；（e）不同外加磁场方向下反射光谱的变化情况；（f）定量光学射线模式下预测三种特定情况下的光程差[7]

技术与微流控和实时光聚技术结合，可将一维磁性纳米链固定在微米球中，制备具有结构色可调的图案[8]或磁致变色光学开关[9]。基于以上自组装研究，磁性一维光子晶体还被进一步应用于图案设计及传感研究领域[10-12]。

### 2.2.2 相互作用力诱导自组装法

基于纳米颗粒间的相互作用力，科研工作者也制备得到了一系列具有特殊构象的一维光子晶体[14]。利用手性物质带电基团之间的相互作用，加拿大英属哥伦比亚大学 Mark J. MacLachlan 教授课题组制备了基于纺锤状纤维素的纳米液晶材料[15-18]。这种液晶材料是一种具有明显光学特性的手性向列结构，本质上仍属于一维光子晶体材料的范畴。通过对自然界中得到的纤维素微纤维进行酸处理，可得到直径为 5～30nm、长度为 100～250nm 的带电纺锤状纤维素。结构表面的电荷可促进纤维素纳米晶进行手性向列自组装，得到具有手性的一维光子晶体结构（图 2.3）。这种同时具有介孔结构、光学性质以及周期性手性向列的材料可不依赖于基底材料，直接形成无支撑的膜材料。以得到的纤维素纳米晶结构为模板，还可制备一系列衍生光功能材料[15,17]。此外，在材料表面引入配体，也可利用静电斥力或空间阻力等相互作用力构建一维光子晶体结构。例如，在 ZrP 纳米片表面用低聚端氨基聚醚进行修饰后，可在水溶液中自发组装得到具有明亮结构色的一维光子晶体[19]。此外，由于表面活性剂具有独特的两亲性质，通过浓度和其他条件的合理调控，可直接利用表面活性剂实现溶液中层状纳米结构的构建。在最近的一项研究中，Niu 等[20]制备了一种无聚合物的各向异性层状水凝胶，这种双层水凝胶结构由两层非离子型表面活性剂十六烷基马来酸（HGM）组装得到的双层膜将 100nm 厚的水层包围得到。利用表面活性剂之间的相互作用力，可实现层与层之间平行有序的堆积，形成以双层水凝胶为周期单元的新型光子晶体结构（图 2.4）。即使在组装过程中没有聚合物的参与，HGM 构建的水凝胶层也具有优异的吸水能力，为层状水凝胶周期性调节提供了一种灵活快速的方式，且构建的光子晶体几乎没有缺陷，具有明亮的结构色。层状结构表面的平整

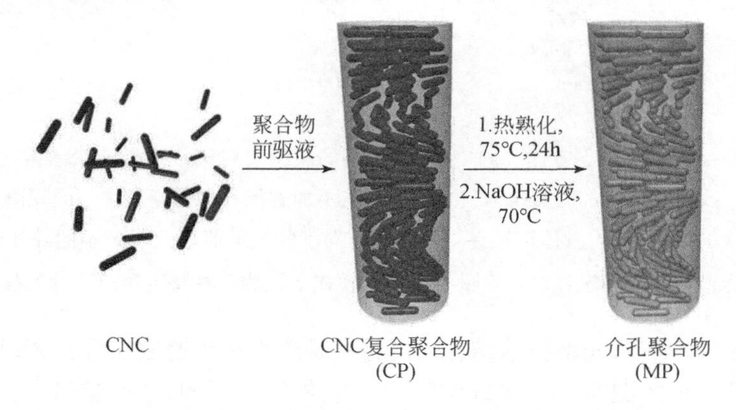


图 2.3 胶体纳米簇利用物质间的手性结合能力自组装制备介孔手性向列液晶材料的过程示意图[22]

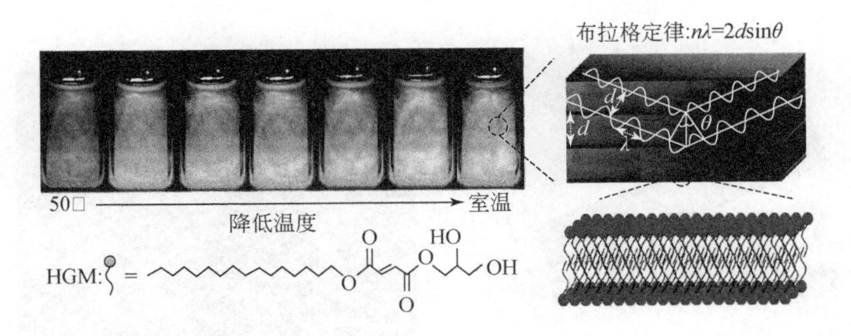


图 2.4　利用表面活性剂 HGM 间的相互作用力和吸水性构成的层状胶体溶液随温度变化时的颜色变化实物图及 HGM 水凝胶结构示意图[20]

也为提高光学信号的强度提供了机会，而通过这种方法构建的一维光子晶体结构可通过控制温度同时实现结构色和相态（液态/凝胶态）的快速转变，也揭示了水凝胶层状光子晶体在传感应用方面的巨大潜力[21]。

### 2.2.3　刻蚀法

通过对光敏感材料采用全息光刻技术进行刻蚀，可得到周期有序的层状或条纹状全息光子晶体[23,24]。传统的全息光子晶体主要借助于卤化银法[25]，但制备方法和后处理过程过于繁琐，在一定程度上限制了全息技术在光子晶体制备过程中的进一步发展。在此基础上，剑桥大学 Vasconcellos 等利用制备过程更加简单的激光烧蚀法设计了一种可产生明亮结构色的全息墨水[26]。他们将一种具有光吸收功能的墨水涂覆于基底表面，利用脉冲激光的干涉现象对基底表面进行烧蚀以记录全息表面光栅。相干激光光源产生的干涉驻波将会在局部特定区域产生热源，通过热作用使部分墨水蒸发消失，最终在基底上形成了有序的条纹结构，即一维全息光子晶体（图 2.5）。此外，加利福尼亚大学圣迭戈分校的 Michael J. Sailor 教授课题组通过电子刻蚀技术制备得到了一维有机硅材料[27]。为了在有机硅片中形成周期性结构，他们利用周期性电流波进行刻蚀，因而可以在垂直于硅材料表面的方向上形成有序的孔层。通过电流对孔的尺寸进行合理优化，可以得到反射峰在可见光区域的一维多孔硅。Kelly 等制备了一种单组分光学传感器用于检测百万分之一浓度范围内的有机物蒸气[28]。这种光学传感器由三种不同孔径的介孔硅作为基础单元构建了光子晶体异质结构（图 2.6）。由于多孔硅光子晶体具有较大的比表面积、高兼容性以及易功能化等特点，一维多孔硅材料已被广泛应用于传感领域[29-31]。

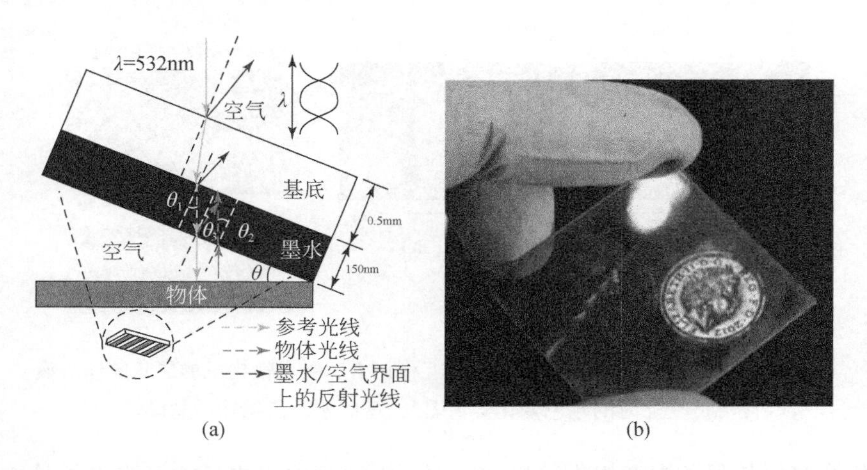


图 2.5 反射模式下的全息光刻法制备条纹状全息光子晶体干涉原理示意图（a）及以硬币为物体得到的表面全息图（b）[26]

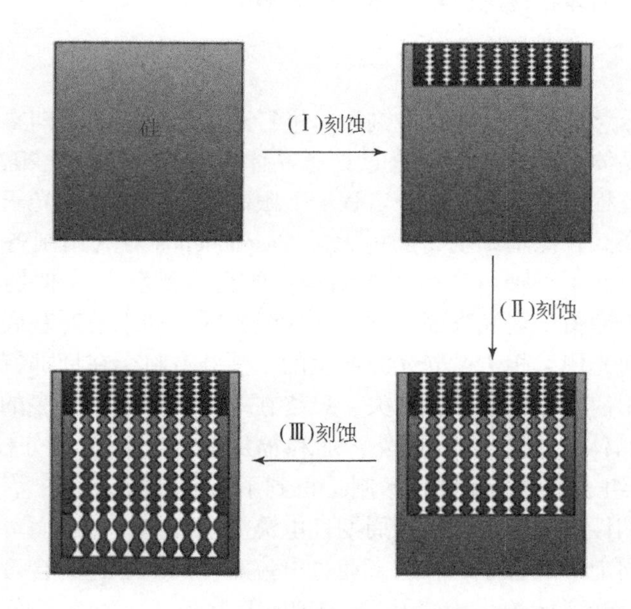


图 2.6 多孔硅光子晶体异质结构的制备过程示意图[28]

### 2.2.4 旋涂法

旋涂法是常用的一种制备层状一维光子晶体的自组装方法。通过交替旋涂厚度固定且尺度合适的具有不同折射率的两种材料，可得到以层状结构为周期单元堆积而成的一维光子晶体结构[32]。将功能性材料如黏土[33]、金属有机框架

(MOF)[34-36]和水凝胶[37,38]等引入一维光子晶体，可将材料的化学敏感性和光学多层体系可调的结构色相结合，解决普通一维光子晶体缺少动力学可调节性的问题，实现光子晶体材料在传感领域的应用。如图2.7所示，将聚（丙烯酰胺-*N*，*N′*-亚甲基双丙烯酰胺）［P(AM-MBA)］纳米凝胶和$TiO_2$纳米粒子交替旋涂组装，可制备得到对湿度敏感的层状一维光子晶体。此外，随着周期性单元的进一步发展，具有各向异性的纳米线被用作构成具有方向性层状结构的基本单元。通过将旋涂法与Langmuir-Schaefer组装法相结合，可制备手性一维光子晶体[39]。如图2.8所示，通过精确控制每层纳米线长轴的方向并逐层旋涂转移，得到了一

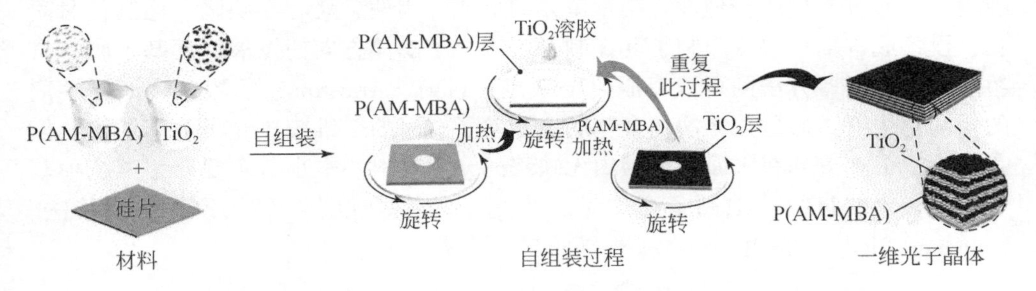


图2.7　通过旋涂法制备层状一维光子晶体传感器的过程示意图[38]

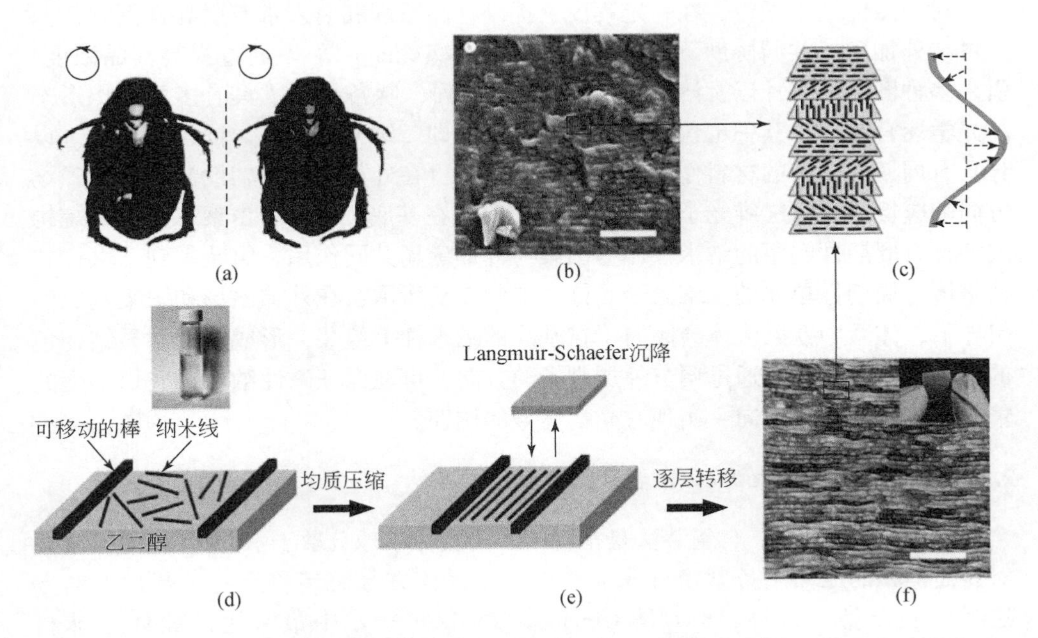


图2.8　(a)~(c)自然界中的手性一维光子晶体；(d)~(f)通过旋涂法与Langmuir-Schaefer组装法共同作用制备仿生手性光子晶体过程示意图及SEM照片（比例尺：2μm）[39]

种具有周期性螺旋结构的手性光子晶体结构。在右旋圆形偏振片的观测下，此光子晶体可观测到明显的结构色。通过调节螺距，还可实现对结构色的控制和调节。这种具有独特手性性质的胶体光子晶体在防伪和显示材料方向上均具有极大的应用价值。

## 2.3 二维光子晶体的制备

在二维光子晶体发展早期，光刻法是常用的制备方法之一。通过相应的程序控制，可通过光刻法合理设计纳米单元的形式、周期、尺寸和缺陷，但制备时间长、设备成本高等缺点限制了其在制备二维光子晶体方向的发展。而基于胶体自组装过程的制备方法则可以克服以上缺点。目前，Armstrong 等[40]在表面活性剂的辅助作用下，通过拉涂法在金基底上制备了有序的二维胶体光子晶体结构，但是拉涂法很难得到在大面积范围内无缺陷的光学材料。本小节主要介绍了三种基于胶体粒子的自组装法制备高质量二维光子晶体的方法：磁场诱导自组装法、Langmuir-Blodgett 自组装法和尖端导流自组装法。

### 2.3.1 磁场诱导自组装法

对于磁性纳米颗粒，在一定程度上提高样品浓度和引入带有引导性图案的基片可在外加磁场共同协助下制备二维光子晶体。Zhang 等[41]通过提高样品浓度、引入多种图案的基片以及溶胶–凝胶法固定阵列，制备得到了具有多种堆积形态的光学迷宫结构，其中也包括平整的面结构，即二维光子晶体。同样地，通过设计具有周期性图案的材料作为组装用的基片，可在外加磁场下辅助制备具有磁场方向响应性的柱状二维光子晶体。Chang 等[42]在基底上设计了由聚二甲硅氧烷构成的具有周期性间距的纳米柱作为图案与外加磁场共同作用，组装得到了以柱状铁磁体为周期性单元的二维光子晶体。如图 2.9 所示，在外加磁场和图案基底的引导下，体系中铁磁流体会倾向于在基片的纳米柱上组装，形成具有明显结构色的有序磁性纳米柱。通过调节外加磁场的方向，可在保证磁性纳米柱底部不变的情况下改变其长轴方向，实现对光学信号的调控。

### 2.3.2 Langmuir-Blodgett 自组装法

Langmuir-Blodgett 自组装法是指将疏水的胶体小球分散于水/空气界面，通过对界面体积的压缩制备紧密堆积的单层光子晶体并最终转移至特定基片上的方法[43]。由于易于改性，$SiO_2$是 Langmuir-Blodgett 技术中最常用的胶体小球材料[43-45]。例如，Guo 等[45]以表面活性剂十六烷基三甲基溴化铵（CTAB）改性后的 $SiO_2$小球作为组装单元，通过在展开溶液中加入十八酸和甲醇分别作为共表面

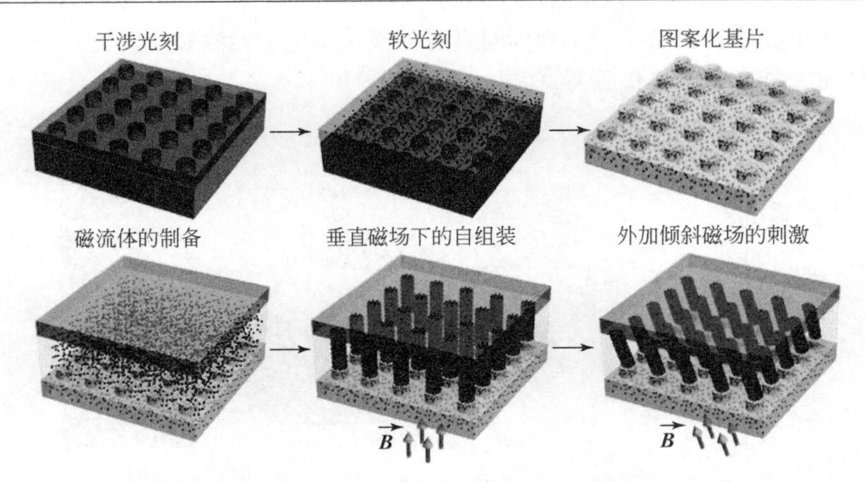


图2.9　模板印刷法制备具有周期性图案的基片（FFPDMS模板）及铁磁体在外加磁场和模块诱导下的自组装和磁响应行为示意图[42]

活性剂和共溶剂，在水/空气界面自组装得到了单层光子晶体阵列。由于十八酸和甲醇可提高胶体粒子间的斥力和粒子-水的相互作用力，通过调节展开溶液中两种组分的含量还可对组装过程进行优化。具有疏水性质的聚苯乙烯小球也可利用Langmuir-Blodgett技术构建二维单层光子晶体结构[46]。此外，通过控制捞取阵列的类型和次数，还可制备特殊的光学功能材料，如光子晶体异质结构[47]和层数可控的三维胶体光子晶体[44]。Langmuir-Blodgett技术制备得到的光子晶体具有较低的机械强度和热稳定性，但是从制备大面积密堆积光子晶体材料的角度来看，Langmuir-Blodgett技术仍然具有高重复性和低成本等明显优势。然而，对纳米粒子表面的疏水处理仍会对材料在亲水环境中的应用造成很大的影响。

### 2.3.3　尖端导流自组装法

由于操作简单快速且无需对样品进行其他改性，通过尖端导流自组装法制备二维光子晶体在近几年得到科研工作者们的广泛关注[48-50]。不同于Langmuir-Blodgett技术中通过人为干预缩小水/空气界面，尖端导流法直接利用展开溶剂与水之间的表面张力差诱导分散在展开溶剂中纳米粒子在水面上完全扩展，得到高质量的密堆积单层光子晶体结构[48,51]。例如，匹兹堡大学Asher课题组[52]利用大粒径（>500nm）的亲水性纳米小球通过尖端导流法在水/空气界面扩散自组装，形成单层光子晶体（图2.10）。与其他一维和三维光子晶体材料相比，制备得到的以大粒径小球为基础的单层二维光子晶体不仅具有明显的光学信号，还可利用简易自制的装置检测德拜衍射环信号，环的直径与粒子间的晶格常数具有对应关系，可用作光子晶体周期变化的定量方式。Asher课题组还将功能性凝胶引入单层光子晶体，制备了一系列同时具有可视化半定量检测和简易定量检测方式的功能化二维光子晶体传感器[53,54]。

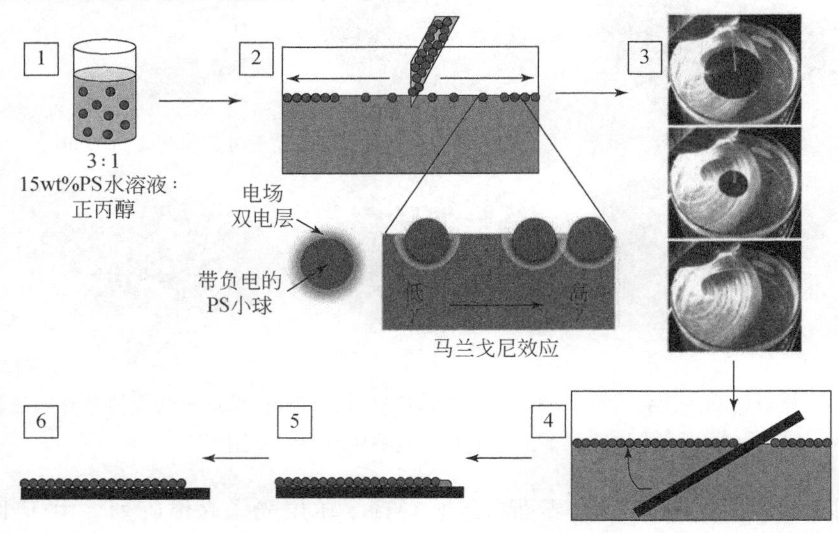


图 2.10　通过尖端导流自组装法在水/空气界面制备二维光子晶体阵列的示意图及组装过程照片[52]

在二维光子晶体阵列的基础上，还可制备一些具有特殊形貌的光学材料。通过尖端导流自组装法还可制备以半球性结构为单元的单层不对称自支撑二维光子晶体[55]和光学信号更加复杂和多样的二维光子晶体异质结构[56]。例如，薛飞等[56]扩展了该法，用已经制备出的 PMMA 二维光子晶体阵列为“基底”，重复利用该法捞取具有不同微球尺寸的单层二维光子晶体阵列，可制备得到含有多层不同晶格参数的二维胶体晶体异质结构(图 2. 11)。通过这种方法制备得到的二维光子晶体异质结构有序度高，而且将其中每层二维光子晶体的光学性质进行了有机整合，因此，这种基于二维光子晶体的胶体晶体异质结构丰富了光子晶体结构功能化的方法，为充分发挥光子晶体光学性质提供了新的途径。

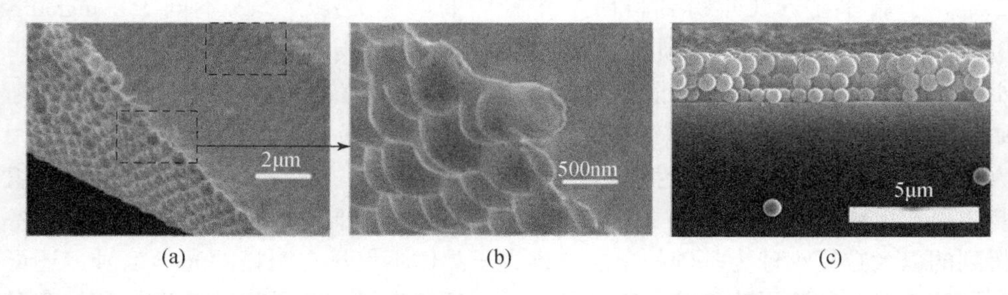


图 2. 11　(a) 和 (b) 半球型不对称自支撑二维光子晶体膜侧面 SEM 照片[55]；(c) 三层二维光子晶体异质结构横截面 SEM 照片[56]

## 2.4　三维光子晶体的制备

三维光子晶体是在自然界中最常见的一类光子晶体结构，如蝴蝶的翅膀、甲壳虫的外壳、变色龙以及某些鸟类的羽毛。如图2.12所示，以自然界的光子晶体为基质，可通过模板法对结构进行反向复制来制备人工三维光子晶体[57,58]。传统的自上而下法，如激光扫描全息光刻法[59]、电子束光刻法[60]以及纳米打印技术[61]也可用于制备高质量无裂纹的三维光子晶体结构。而在胶体自组装过程中，小球的材质主要由$SiO_2$、$ZnO_2$、$TiO_2$或有机聚合物（聚苯乙烯或聚甲基丙烯酸甲酯）组成。在早期的胶体自组装中，通过重力沉降法[62]、剪切力自组装法[63,64]以及离心力诱导法[65]均可得到密堆积三维胶体光子晶体。此外，在二维单层光子晶体的基础上，通过多次Langmuir-Blodgett自组装法或尖端导流自组装法在同一基底上叠加捞取二维光子晶体，也可制备厚度可控的三维光子晶体[66,67]。本小节主要介绍最近发展较快的几种基于胶体自组装制备三维光子晶体的方法，包括磁场诱导自组装法、蒸发诱导自组装法、过饱和沉降法、静电作用力诱导自组装法和微流体自组装法。

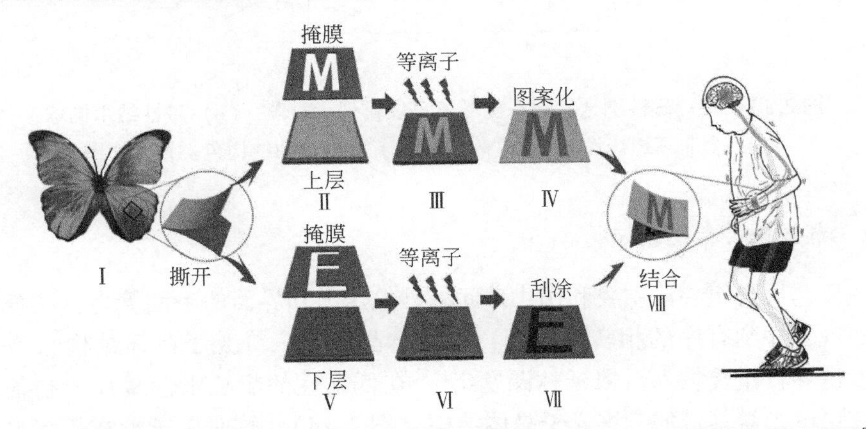


图2.12　以自然界中的*M. menelaus*蝴蝶为模板制备可穿戴的光子晶体传感器示意图[57]

### 2.4.1　磁场诱导自组装法

当溶液浓度较高时，表面带有高电荷的磁性胶体纳米簇可在磁场下组装形成类单晶的六边形堆积的三维光子晶体结构[68]。不同于磁响应一维光子晶体单链，这种三维光子晶体由于提高了溶液中衍射单元的密度，在磁场下具有更高的衍射强度。此外，将具有各向异性的纳米材料引入胶体磁组装也丰富了三维光子晶体光学信号的调控方式。例如，Wang等利用Fe@ $SiO_2$椭球形纳米粒子作为结构单元，构建了一种新型磁响应性三维光子晶体结构[69]。由于构建的光子晶体长轴沿磁场方向组装，可以通过控制外加磁场方向动态调控材料的光学性质（图2.13）。这种新型光学结构在磁场方向垂直于入射角时衍射光的波长最小，当磁场方向转换至平行于入射光方向时衍射光波长达到最大值，并且在这两种情况下光强度达到最大值。由于在磁场方向上具有可调节性，这一新型光子晶体还被应用于传感领域[70]。

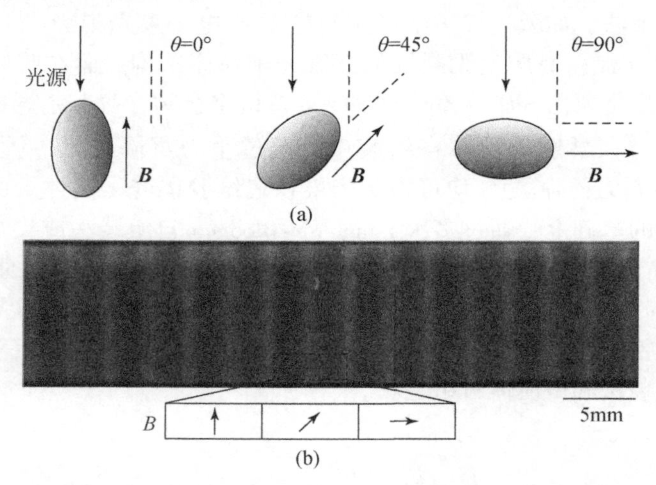


图2.13　（a）磁性纳米椭球在磁场下自发排列示意图；（b）磁性纳米椭球在一个非理想线性 Halbach 阵列磁场下自组装的结构色实物图[69]

### 2.4.2　蒸发诱导自组装法

蒸发诱导自组装法主要利用小球间的静电斥力和界面的毛细管力，在蒸发过程中实现无序到有序的相转变过程，最终结晶形成三维光子晶体结构[71,72]。基于蒸发诱导自组装技术，宋延林课题组[73]在低黏性的超疏水性基片上制备得到了具有更窄光学禁带的三维光子晶体结构（图2.14）。这是由于滴在超疏水基片上的胶体溶液在蒸发过程中会由于表面张力作用在三相交界处形成向后倾斜的三相接触线，因此抵消了由于胶体溶液收缩引起的张应力及可能导致的裂纹现象，得到了在厘米尺度上具有高质量的三维胶体光子晶体。另外，将基片垂直放入胶体溶液中，通过毛细管力和基片、溶液和空气三相交界处的表面张力的共同作用，也可实现胶体粒子的自组装，得到三维密堆积光子晶体[74-76]。这种制备方法也被称为垂直沉积法。通过改变自组装温度、湿度、溶剂组成成分以及胶体溶液浓度，可对材料光学信号的强度或位置进行合理调节[77]。另外，分子印迹空心球作为一种新兴的聚合物空心球材料，因其可以显著提高对模板分子的吸附容量和吸附效率而得到了广泛关注[78,79]。如图2.15所示，陈伟等[80,81]以二氧化硅微球为模板，分别制备了对牛血红蛋白和β-雌二醇具有较高选择性的印迹空心球，并且通过蒸发诱导自组装法制备得到了基于分子印迹空心球的三维光子晶体传感器。通过静态吸附实验，还研究了印迹空心球三维光子晶体对模板分子的吸附容量和选择性。

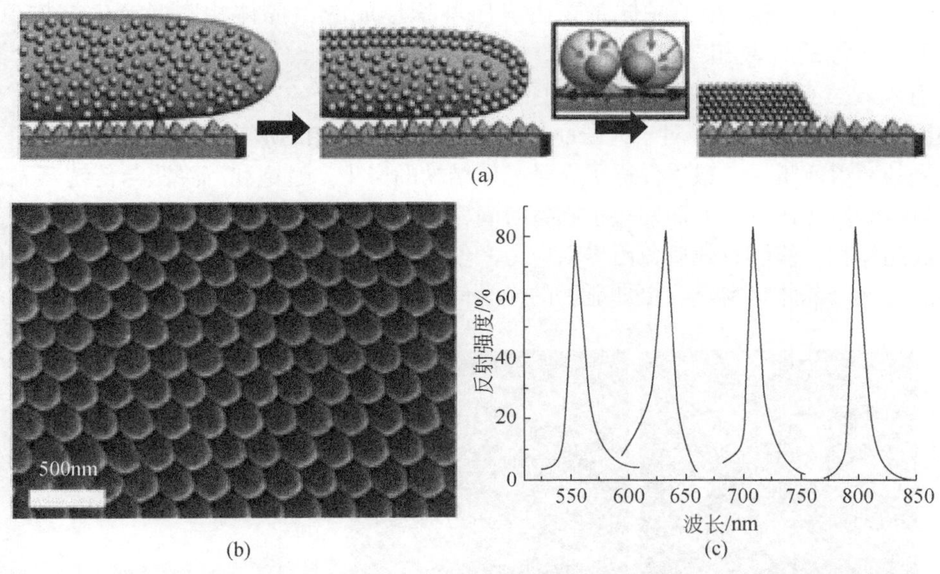


图2.14　在超疏水界面上通过蒸发诱导自组装法制备高质量三维光子晶体过程示意图（a）、微观结构图（b）及不同粒径胶体小球组装的光子晶体的光学信号图（c）[73]

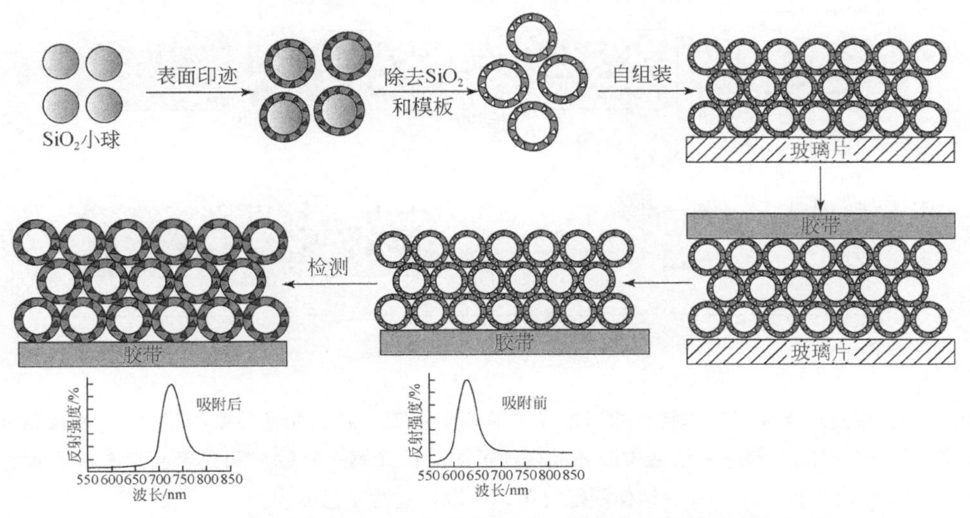


图2.15　基于分子印迹空心球的三维光子晶体的制备过程示意图[80]

### 2.4.3 过饱和沉降法

近几年，华东师范大学葛建平课题组利用胶体粒子在溶剂中的自组装结晶行为提出了一种新型的三维光子晶体制备方法——过饱和沉降法。这种方法主要通过胶体颗粒在过饱和条件下在溶剂中自发结晶析出，形成“介稳态”三维光子晶体[82]。这种三维光子晶体主要由有序堆积形成的“晶体相”（产生结构色）和随机分散的“液相”组成［图2.16（a）~（c）］。此外，通过将功能性聚合凝胶引入液态光子晶体中，他们还制备了结构更加稳定的功能化光子晶体膜[83-85]。如图2.16（d）所示，对于光子晶体膜体系，其晶体相的形成主要由聚合过程中紫外光的照射所诱导，最终促进了光子晶体结构的产生。过饱和沉降法与传统蒸发诱导自组装法相比，一方面缩短了制备时间，提高了生产效率；另一方面在液体内部形成晶体相，能够有效避免由界面应力产生的裂纹，从而减少了不必要的缺陷，使得到的光子晶体材料具有更加显著的光学信号（反射峰强度可高于80%）[86]。

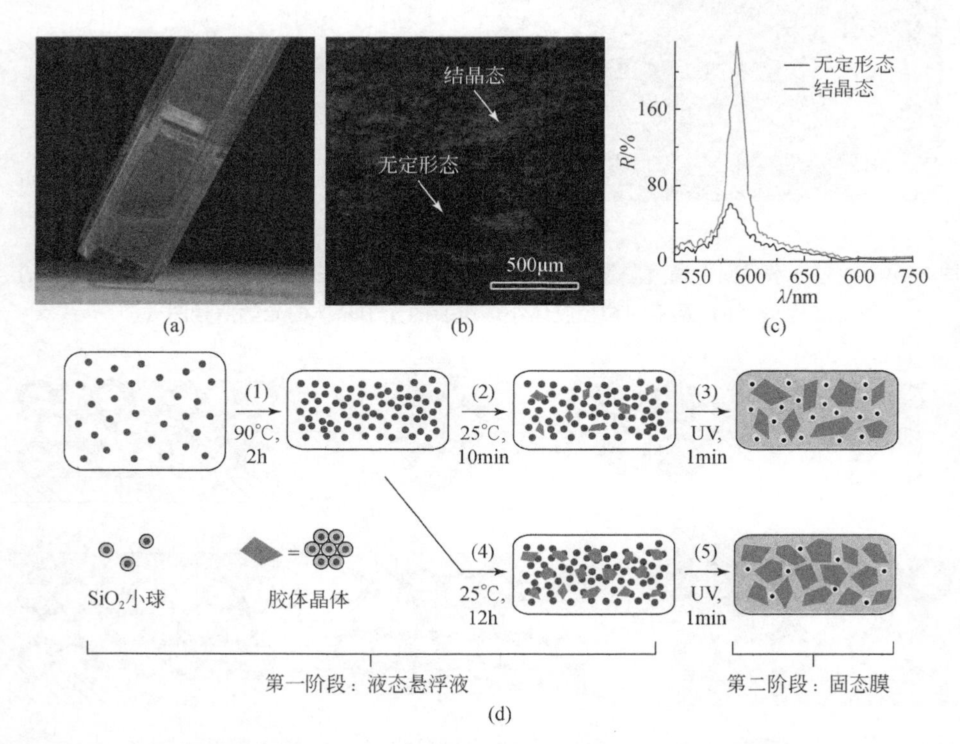


图2.16 通过过饱和沉降法制备的三维光子晶体实物图（a）、光学显微图像（b）和反射光谱图（c）[87]；（d）超饱和溶液中胶体晶体种子的沉积（第一阶段）和光聚反应诱导晶体生长和结构固定（第二阶段）过程示意图[83]

### 2.4.4　静电作用力诱导自组装法

对于表面具有高电荷浓度的胶体小球，如 $SiO_2$[88,89]、聚苯乙烯[90,91]和嵌段共聚物[92]，在高浓度条件下可利用小球间的静电斥力制备三维光子晶体。并且通过改变胶体溶液的浓度，实现对胶体光子晶体光学信号的调节。如图2.17所示，在低离子强度下，单分散的高电荷聚苯乙烯胶体粒子间的相互作用力诱导胶体小球形成具有最低能量的空间构象，如面心或体心立方晶格。由于通过静电斥力制备的周期性单元具有典型的非密堆积型结构，因此浓度或外界条件的微弱变化均会对体系的光学信号造成很大的影响。这种对外界环境的敏感性也表明靠静电斥力维持周期的三维光子晶体在传感领域有着较大的应用潜力[93]。此外，芦薇[94]采用气液界面扰动快速自组装方法，通过毛细管作用力及静电吸引，使微球可在3min内自组装于气液界面上，形成高规整度的三维面心立方胶体晶体阵列结构（图2.18）。另外还对阵列的漂浮机理进行了理论计算，通过调节制备时参数及固化形式，实现了光学性质的调控。

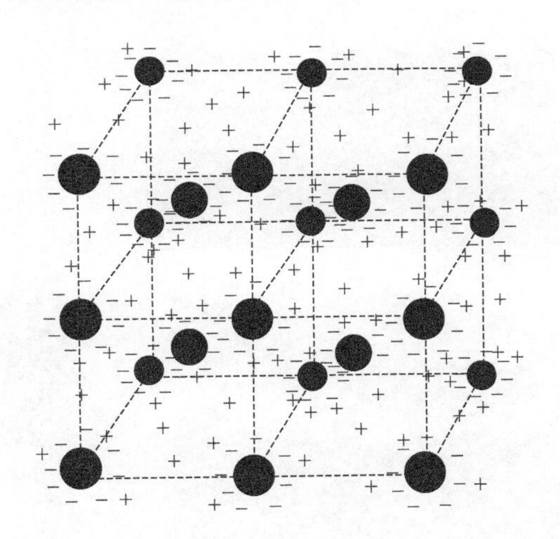

图2.17　由高电荷聚苯乙烯小球自组装得到的体心立方光子晶体结构示意图[95]

### 2.4.5　微流体自组装法

微流体学主要研究精确控制和操控少量限制于微通道中的流体，是一项涵盖了物理、化学、生物和功能的交叉学科。在胶体自组装中，微流体技术将胶体小球溶液限制于微通道中，液滴状的微通道为球状光子晶体的形成提供了空间[96]。东南大学顾忠泽课题组利用微流体技术，将尺寸均一的 $SiO_2$ 小球限制于液滴中，制备得到了一系列球形胶体光子晶体[97]。通过微流体自组装技术，可得到密堆

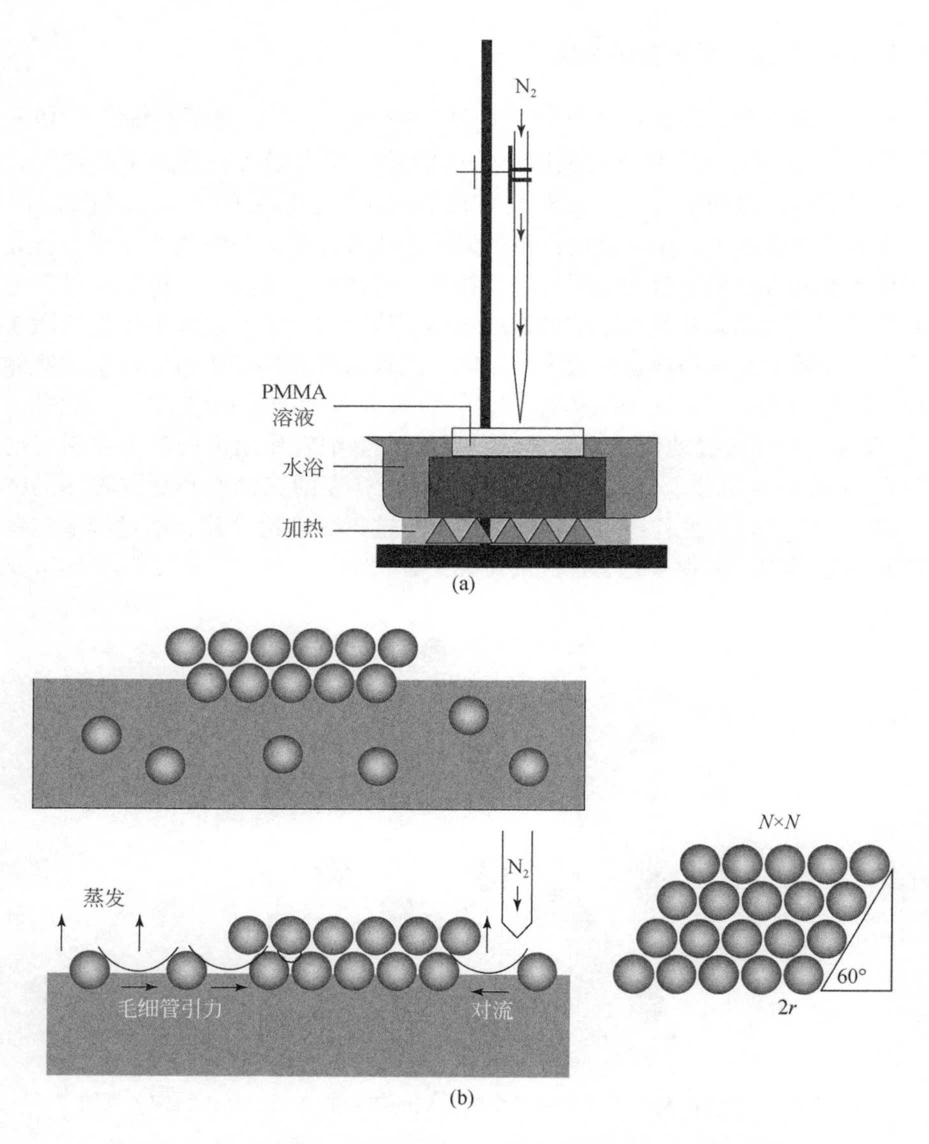


图 2. 18　基于 PMMA 微球的三维光子晶体气液界面自组装原理[94]

积球状光子晶体和非密堆积球状光子晶体。如图 2. 19 所示，将形成的液滴通过加热的方式蒸发诱导胶体小球在微球表面自发组装，形成密堆积的三维光子晶体结构。这种球状光子晶体由于其独特的形貌，产生的结构色没有角度依赖性，这在一定程度上扩大了光子晶体材料的应用范围。另一种情况如图 2. 20 所示，对于在微通道内已经形成了有序的光子晶体阵列的液滴，可通过引入凝胶预聚液在流动过程中将光子晶体结构聚合固化，形成非密堆积球形光子晶体。此外，以 $SiO_2$ 为单元的球形光子晶体具有易功能化的特点，现已被用于防伪以及生物传感领域[98-101]。微流体自组装法不但能保证光子晶体的单分散性，而且增加了光子晶体结构和功能的多样性，为其在先进光电领域的发展打下了坚实的基础[102,103]。

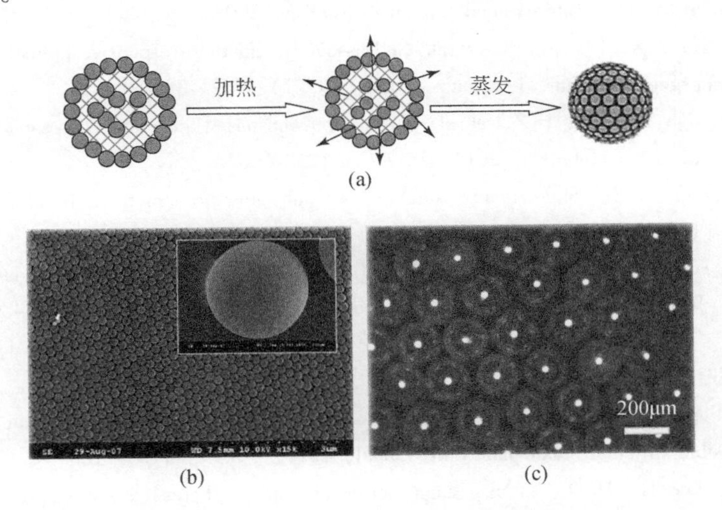


图 2. 19　密堆积球形光子晶体的形成机理、微观结构及光学图像[97]

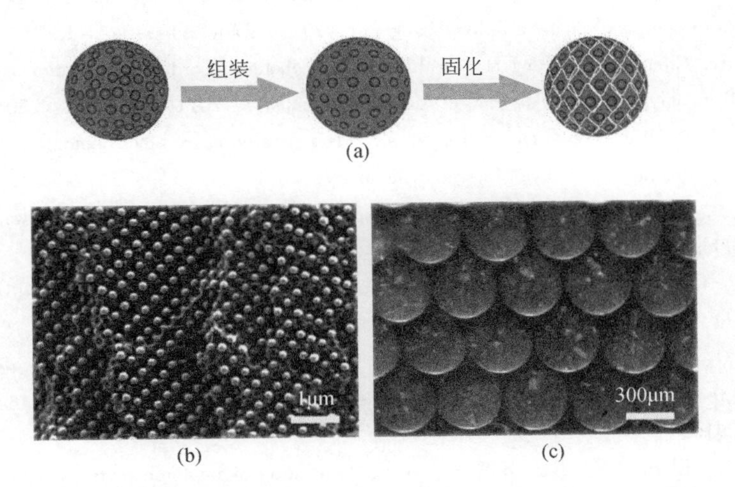


图 2. 20　非密堆积球形光子晶体的形成机理、微观结构及光学图像[97]

## 参 考 文 献

[1] Ge J P, Hu Y X, Biasini M, et al. Superparamagnetic magnetite colloidal nanocrystal clusters. Angewandte Chemie: International Edition in English, 2007, 46 (23): 4342-4345.

[2] Ge J P, Hu Y X, Yin Y D. Highly tunable superparamagnetic colloidal photonic crystals. Angewandte Chemie: International Edition in English, 2007, 46 (39): 7428-7431.

[3] Ge J P, Hu Y X, Zhang T R, et al. Self-assembly and field-responsive optical diffractions of superparamagnetic colloids. Langmuir, 2008, 24 (7): 3671-3680.

[4] Luo W, Ma H, Mou F Z, et al. Steric-repulsion-based magnetically responsive photonic crystals. Advanced Materials, 2014, 26 (7): 1058-1064.

[5] Ge J P, Yin Y D. Magnetically tunable colloidal photonic structures in alkanol solutions. Advanced Materials, 2008, 20 (18): 3485-3491.

[6] Ge J P, He L, Goebl J, et al. Assembly of magnetically tunable photonic crystals in nonpolar solvents. Journal of the American Chemical Society, 2009, 131 (10): 3484-3486.

[7] Li Z W, Wang M S, Zhang X L, et al. Magnetic assembly of nanocubes for orientation-dependent photonic responses. Nano Letters, 2019, 19 (9): 6673-6680.

[8] Kim J, Song Y, He L, et al. Real-time optofluidic synthesis of magnetochromatic microspheres for reversible structural color patterning. Small, 2011, 7 (9): 1163-1168.

[9] Ge J P, Lee H, He L, et al. Magnetochromatic microspheres: Rotating photonic crystals. Journal of the American Chemical Society, 2009, 131 (43): 15687-15694.

[10] He L, Hu Y X, Han X G, et al. Assembly and photonic properties of superparamagnetic colloids in complex magnetic fields. Langmuir, 2011, 27 (22): 13444-13450.

[11] Hu H B, Chen Q W, Wang H, et al. Reusable photonic wordpad with water as ink prepared by radical polymerization. Journal of Materials Chemistry, 2011, 21 (34): 13062-13067.

[12] Xuan R Y, Wu Q S, Yin Y D, et al. Magnetically assembled photonic crystal film for humidity sensing. Journal of Materials Chemistry, 2011, 21 (11): 3672-3676.

[13] Hu Y X, He L, Yin Y D. Magnetically responsive photonic nanochains. Angewandte Chemie: International Edition in English, 2011, 50 (16): 3747-3750.

[14] Qin H, Li F, Wang D, et al. Organized molecular interface-induced noncrystallizable polymer ultrathin nanosheets with ordered chain alignment. ACS Nano, 2016, 10 (1): 948-956.

[15] Giese M, Blusch L K, Khan M K, et al. Functional materials from cellulose-derived liquid-crystal templates. Angewandte Chemie: International Edition in English, 2015, 54 (10): 2888-2910.

[16] Giese M, Khan M K, Hamad W Y, et al. Imprinting of photonic patterns with thermosetting amino-formaldehyde-cellulose composites. ACS Macro Letters, 2013, 2 (9): 818-821.

[17] Giese M, Blusch L K, Khan M K, et al. Responsive mesoporous photonic cellulose films by supramolecular cotemplating. Angewandte Chemie: International Edition in English, 2014, 53 (34): 8880-8884.

[18] Nguyen T D, Peres B U, Carvalho R M, et al. Photonic hydrogels from chiral nematic mesoporous chitosan nanofibril assemblies. Advanced Functional Materials, 2016, 26 (17): 2875-2881.

[19] Wong M H, Ishige R, Hoshino T, et al. Solution processable iridescent self-assembled nanoplatelets with finely tunable interlayer distances using charge-and sterically stabilizing oligomeric polyoxyalkyleneamine surfactants. Chemistry of Materials, 2014, 26 (4): 1528-1537.

[20] Niu J, Wang D, Qin H, et al. Novel polymer-free iridescent lamellar hydrogel for two-dimensional confined growth of ultrathin gold membranes. Nature Communications, 2014, 5: 3313.

[21] Cong Z, Li W, Jin J, et al. Controllable synthesis of ultrathin gold nanomembranes. RSC Advances, 2016, 6 (51): 45031-45035.

[22] Khan M K, Giese M, Yu M, et al. Flexible mesoporous photonic resins with tunable chiral nematic structures. Angewandte Chemie: International Edition in English, 2013, 52 (34): 8921-8924.

[23] Yetisen A K, Butt H, da Cruz Vasconcellos F, et al. Light-directed writing of chemically tunable narrow-band holographic sensors. Advanced Optical Materials, 2014, 2 (3): 250-254.

[24] Zhao Q, Yetisen A K, Sabouri A, et al. Printable nanophotonic devices via holographic laser ablation. ACS Nano, 2015, 9 (9): 9062-9069.

[25] Yetisen A K, Butt H, Yun S H. Photonic crystal flakes. ACS Sensors, 2016, 1 (5): 493-497.

[26] Vasconcellos F D C, Yetisen A K, Montelongo Y, et al. Printable surface holograms via laser ablation. ACS Photonics, 2014, 1 (6): 489-495.

[27] Pacholski C, Sailor M J. Sensing with porous silicon double layers: A general approach for background suppression. Physica Status Solidi C: Current Topics in Solid State Physics, 2007, 4 (6): 2088-2092.

[28] Kelly T L, Sega A G, Sailor M J. Identification and quantification of organic vapors by time-resolved diffusion in stacked mesoporous photonic crystals. Nano Letters, 2011, 11 (8): 3169-3173.

[29] King B H, Sailor M J. Medium-wavelength infrared gas sensing with electrochemically fabricated porous silicon optical rugate filters. Journal of Nanophotonics, 2011, 5 (1): 1510.

[30] Ruminski A M, Barillaro G, Chaffin C, et al. Internally referenced remote sensors for HF and $Cl_2$ using reactive porous silicon photonic crystals. Advanced Functional Materials, 2011, 21 (8): 1511-1525.

[31] Wang J N, Lee G Y, Kennard R, et al. Engineering the properties of polymer photonic crystals with mesoporous silicon templates. Chemistry of Materials, 2017, 29 (3): 1263-1272.

[32] Bonifacio L D, Lotsch B V, Puzzo D P, et al. Stacking the nanochemistry deck: Structural and compositional diversity in one-dimensional photonic crystals. Advanced Materials, 2009, 21 (16): 1641-1646.

[33] Lotsch B V, Ozin G A. Clay bragg stack optical sensors. Advanced Materials, 2008, 20 (21): 4079-4084.

[34] Ranft A, Niekiel F, Pavlichenko I, et al. Tandem mof-based photonic crystals for enhanced analyte-specific optical detection. Chemistry of Materials, 2015, 27 (6): 1961-1970.

[35] Hinterholzinger F M, Ranft A, Feckl J M, et al. One-dimensional metal-organic framework photonic crystals used as platforms for vapor sorption. Journal of Materials Chemistry, 2012, 22 (20): 10356-10362.

[36] von Mankowski A, Szendrei-Temesi K, Koschnick C, et al. Improving analyte selectivity by post-assembly modification of metal-organic framework based photonic crystal sensors. Nanoscale Horizons, 2018, 3 (4): 383-390.

[37] Wang Z H, Zhang J H, Xie J, et al. Bioinspired water-vapor-responsive organic/inorganic hybrid one-dimensional photonic crystals with tunable full-color stop band. Advanced Functional Materials, 2010, 20 (21): 3784-3790.

[38] Kou D H, Ma W, Zhang S F, et al. High-performance and multifunctional colorimetric humidity sensors based on mesoporous photonic crystals and nanogels. ACS Applied Materials & Interfaces, 2018, 10 (48): 41645-41654.

[39] Lv J W, Ding D F, Yang X K, et al. Biomimetic chiral photonic crystals. Angewandte Chemie: International Edition, 2019, 58 (23): 7783-7787.

[40] Armstrong E, Khunsin W, Osiak M, et al. Ordered 2D colloidal photonic crystals on gold substrates by surfactant-assisted fast-rate dip coating. Small, 2014, 10 (10): 1895-1901.

[41] Zhang Q, Janner M, He L, et al. Photonic labyrinths: Two-dimensional dynamic magnetic assembly and *in situ* solidification. Nano Letters, 2013, 13 (4): 1770-1775.

[42] Luo Z, Evans B A, Chang C H. Magnetically actuated dynamic iridescence inspired by the neon tetra. ACS Nano, 2019, 13 (4): 4657-4666.

[43] van Duffel B, Ras R H A, de Schryver F C, et al. Langmuir-blodgett deposition and optical diffraction of two-dimensional opal. Journal of Materials Chemistry, 2001, 11 (12): 3333-3336.

[44] Reculusa S, Ravaine S. Synthesis of colloidal crystals of controllable thickness through the langmuir-blodgett technique. Chemistry of Materials, 2003, 15 (2): 598-605.

[45] Guo Y D, Tang D Y, Du Y C, et al. Controlled fabrication of hexagonally close-packed langmuir-blodgett silica particulate mono layers from binary surfactant and solvent systems. Langmuir, 2013, 29 (9): 2849-2858.

[46] Lu Z C, Zhou M. Fabrication of large scale two-dimensional colloidal crystal of polystyrene particles by an interfacial self-ordering process. Journal of Colloid and Interface Science, 2011, 361 (2): 429-435.

[47] Heim M, Reculusa S, Ravaine S, et al. Engineering of complex macroporous materials through controlled electrodeposition in colloidal superstructures. Advanced Functional Materials, 2012, 22 (3): 538-545.

[48] Moon G D, Lee T I, Kim B, et al. Assembled monolayers of hydrophilic particles on water surfaces. ACS Nano, 2011, 5 (11): 8600-8612.

[49] Zhang J T, Wang L, Lamont D N, et al. Fabrication of large-area two-dimensional colloidal crystals. Angewandte Chemie: International Edition, 2012, 51 (25): 6117-6120.

[50] Zhou J, Lei N, Zhou H, et al. Understanding the temperature-dependent charge transport, structural variation and photoluminescent properties in methylammonium lead halide perovskite single crystals. Journal of Materials Chemistry C, 2018, 6 (24): 6556-6564.

[51] Quint S B, Pacholski C. Extraordinary long range order in self-healing non-close packed 2D arrays. Soft Matter, 2011, 7 (8): 3735-3738.

[52] Zhang J T, Wang L L, Luo J, et al. 2D array photonic crystal sensing motif. Journal of the American Chemical Society, 2011, 133 (24): 9152-9155.

[53] Cai Z Y, Zhang J T, Xue F, et al. 2D photonic crystal protein hydrogel coulometer for sensing serum albumin ligand binding. Analytical Chemistry, 2014, 86 (10): 4840-4847.

[54] Zhang J T, Cai Z, Kwak D H, et al. Two-dimensional photonic crystal sensors for visual detection of lectin concanavalin a. Analytical Chemistry, 2014, 86 (18): 9036-9041.

[55] Zhang J T, Chao X, Asher S A. Asymmetric free-standing 2D photonic crystal films and their janus particles. Journal of the American Chemical Society, 2013, 135 (30): 11397-11401.

[56] Xue F, Asher S A, Meng Z, et al. Two-dimensional colloidal crystal heterostructures. RSC Advances, 2015, 5 (24): 18939-18944.

[57] He Z Z, Elbaz A, Gao B B, et al. Disposable morpho menelaus based flexible microfluidic and electronic sensor for the diagnosis of neurodegenerative disease. Advanced Healthcare Materials, 2018, 7 (5): 01306.

[58] Galusha J W, Richey L R, Jorgensen M R, et al. Study of natural photonic crystals in beetle scales and their conversion into inorganic structures via a sol-gel bio-templating route. Journal of Materials Chemistry, 2010, 20 (7): 1277-1284.

[59] Yuan L, Herman P R. Laser scanning holographic lithography for flexible 3d fabrication of multi-scale integrated nano-structures and optical biosensors. Scientific Reports, 2016, 6: 22294.

[60] Jin C J, McLachlan M A, McComb D W, et al. Template-assisted growth of nominally cubic (100)-oriented three-dimensional crack-free photonic crystals. Nano Letters, 2005, 5 (12): 2646-2650.

[61] Zhao P F, Li B, Tang Z H, et al. Stretchable photonic crystals with periodic cylinder shaped air holes for improving mechanochromic performance. Smart Materials and Structures, 2019, 28: 075037.

[62] Shin J, Braun P V, Lee W. Fast response photonic crystal pH sensor based on templated

photo-polymerized hydrogel inverse opal. Sensors and Actuators B: Chemical, 2010, 150 (1): 183-190.

[63] Gates B, Qin D, Xia Y N. Assembly of nanoparticles into opaline structures over large areas. Advanced Materials, 1999, 11 (6): 466-469.

[64] Park S H, Gates B, Xia Y N. A three-dimensional photonic crystal operating in the visible region. Advanced Materials, 1999, 11 (6): 462-466.

[65] Fan W, Chen M, Yang S, et al. Centrifugation-assisted assembly of colloidal silica into crack-free and transferrable films with tunable crystalline structures. Scientific Reports, 2015, 5: 12100.

[66] Atiganyanun S, Zhou M, Abudayyeh O K, et al. Control of randomness in microsphere-based photonic crystals assembled by langmuir-blodgett process. Langmuir, 2017, 33 (48): 13783-13789.

[67] Dabrowski M, Cieplak M, Noworyta K, et al. Surface enhancement of a molecularly imprinted polymer film using sacrificial silica beads for increasing L-arabitol chemosensor sensitivity and detectability. Journal of Materials Chemistry B, 2017, 5 (31): 6292-6299.

[68] He L, Malik V, Wang M, et al. Self-assembly and magnetically induced phase transition of three-dimensional colloidal photonic crystals. Nanoscale, 2012, 4 (15): 4438-4442.

[69] Wang M S, He L, Xu W J, et al. Magnetic assembly and field-tuning of ellipsoidal-nanoparticle-based colloidal photonic crystals. Angewandte Chemie: International Edition, 2015, 54 (24): 7077-7081.

[70] Zhang S, Li C, Yu Y, et al. A general and mild route to highly dispersible anisotropic magnetic colloids for sensing weak magnetic fields. Journal of Materials Chemistry C, 2018, 6 (20): 5528-5535.

[71] Li F H, Tang B T, Wu S L, et al. Facile synthesis of monodispersed polysulfide spheres for building structural colors with high color visibility and broad viewing angle. Small, 2017, 13 (3) .

[72] Xia H B, Wu S L, Su X, et al. Monodisperse $TiO_2$ spheres with high charge density and their self-assembly. Chemistry: An Asian Journal, 2017, 12 (1): 95-100.

[73] Huang Y, Zhou J, Su B, et al. Colloidal photonic crystals with narrow stopbands assembled from low-adhesive superhydrophobic substrates. Journal of the American Chemical Society, 2012, 134 (41): 17053-17058.

[74] Xiong C J, Zhao J P, Wang L B, et al. Trace detection of homologues and isomers based on hollow mesoporous silica sphere photonic crystals. Materials Horizons, 2017, 4 (5): 862-868.

[75] Chen W, Shea K J, Xue M, et al. Self-assembly of the polymer brush-grafted silica colloidal array for recognition of proteins. Analytical and Bioanalytical Chemistry, 2017, 409 (22): 5319-5326.

[76] Chen W, Xue M, Shea K J, et al. Molecularly imprinted hollow sphere array for the sensing of

proteins. Journal of Biophotonics, 2015, 8 (10): 838-845.

[77] Zhou C H, Wang T T, Liu J Q, et al. Molecularly imprinted photonic polymer as an optical sensor to detect chloramphenicol. Analyst, 2012, 137 (19): 4469-4474.

[78] Guo C, Wang B, Shan J. Preparation of thermosensitive hollow imprinted microspheres via combining distillation precipitation polymerization and thiol-ene click chemistry. Chinese Journal of Chemistry, 2015, 33 (2): 225-234.

[79] Jiang B, Chu J, Liu L, et al. Preparation and research of a hollow molecular imprinted polymer for adsorption of 4-methyl dibenzothiophene. Journal of Functional Materials, 2013, 44 (11): 1548-1553.

[80] Chen W, Xue M, Shea K J, et al. Molecularly imprinted hollow sphere array for the sensing of proteins. Journal of Biophotonics, 2015, 8 (10): 838-845.

[81] Chen W, Lei W, Xue M, et al. Protein recognition by a surface imprinted colloidal array. Journal of Materials Chemistry A, 2014, 2 (20): 7165-7169.

[82] Yang D P, Ye S Y, Ge J P. Solvent wrapped metastable colloidal crystals: Highly mutable colloidal assemblies sensitive to weak external disturbance. Journal of the American Chemical Society, 2013, 135 (49): 18370-18376.

[83] Yang D P, Qin Y H, Ye S Y, et al. Polymerization-induced colloidal assembly and photonic crystal multilayer for coding and decoding. Advanced Functional Materials, 2014, 24 (6): 817-825.

[84] Ye S Y, Fu Q Q, Ge J P. Invisible photonic prints shown by deformation. Advanced Functional Materials, 2014, 24 (41): 6430-6438.

[85] Fu Q Q, Zhu B T, Ge J P. Hierarchically structured photonic crystals for integrated chemical separation and colorimetric detection. Nanoscale, 2017, 9 (7): 2457-2463.

[86] Fu Q Q, Chen A, Shi L, et al. A polycrystalline $SiO_2$ colloidal crystal film with ultra-narrow reflections. Chemical Communications, 2015, 51 (34): 7382-7385.

[87] Chen K, Fu Q Q, Ye S Y, et al. Multicolor printing using electric-field-responsive and photocurable photonic crystals. Advanced Functional Materials, 2017, 27 (43) .

[88] Han M G, Shin C G, Jeon S J, et al. Full color tunable photonic crystal from crystalline colloidal arrays with an engineered photonic stop-band. Advanced Materials, 2012, 24 (48): 6438-6444.

[89] Kanai T, Yano H, Kobayashi N, et al. Enhancement of thermosensitivity of gel-immobilized tunable colloidal photonic crystals with anisotropic contraction. ACS Macro Letters, 2017, 6 (11): 1196-1200.

[90] Yan C, Qi F, Li S, et al. Functionalized photonic crystal for the sensing of sarin agents. Talanta, 2016, 159: 412-417.

[91] Asher S A, Kimble K W, Walker J P. Enabling thermoreversible physically cross-linked polymerized colloidal array photonic crystals. Chemistry of Materials, 2008, 20 (24): 7501-7509.

[92] Appold M, Gallei M. Bio-inspired structural colors based on linear ultrahigh molecular weight block copolymers. ACS Applied Polymer Materials, 2019, 1 (2): 239-250.
[93] Sharma A C, Jana T, Kesavamoorthy R, et al. A general photonic crystal sensing motif: Creatinine in bodily fluids. Journal of the American Chemical Society, 2004, 126 (9): 2971-2977.
[94] 芦薇. 光子晶体制备及传感技术研究. 北京: 北京理工大学, 2016.
[95] Holtz J H, Holtz J S W, Munro C H, et al. Intelligent polymerized crystalline colloidal arrays: Novel chemical sensor materials. Analytical Chemistry, 1998, 70 (4): 780-791.
[96] Zhao Y J, Cheng Y, Shang L R, et al. Microfluidic synthesis of barcode particles for multiplex assays. Small, 2015, 11 (2): 151-174.
[97] Zhao Y J, Shang L R, Cheng Y, et al. Spherical colloidal photonic crystals. Accounts of Chemical Research, 2014, 47 (12): 3632-3642.
[98] Wang X, Mu Z D, Shangguan F Q, et al. Rapid and sensitive suspension array for multiplex detection of organophosphorus pesticides and carbamate pesticides based on silica-hydrogel hybrid microbeads. Journal of Hazardous Materials, 2014, 273: 287-292.
[99] Yin S N, Wang C F, Liu S S, et al. Facile fabrication of tunable colloidal photonic crystal hydrogel supraballs toward a colorimetric humidity sensor. Journal of Materials Chemistry C, 2013, 1 (31): 4685-4690.
[100] Zhao Y J, Zhao X W, Tang B C, et al. Quantum-dot-tagged bioresponsive hydrogel suspension array for multiplex label-free DNA detection. Advanced Functional Materials, 2010, 20 (6): 976-982.
[101] Zhang X O X, Chen G P, Bian F K, et al. Encoded microneedle arrays for detection of skin interstitial fluid biomarkers. Advanced Materials, 2019, 31 (37): 1902825.
[102] Zhang J, Meng Z, Liu J, et al. Spherical colloidal photonic crystals with selected lattice plane exposure and enhanced color saturation for dynamic optical displays. ACS Applied Materials & Interfaces, 2019, 11 (45): 42629-42634.
[103] Liu C C, Zhang W L, Zhao Y, et al. Urea-functionalized poly (ionic liquid) photonic spheres for visual identification of explosives with a smartphone. ACS Applied Materials & Interfaces, 2019, 11 (23): 21078-21085.

（齐丰莲 邱丽莉）

# 第 3 章　光子晶体检测爆炸物

## 3.1　引　　言

在全球反恐的巨大压力和日益增加的环保需求下，对爆炸物的快速检测显得越来越重要。爆炸物种类繁多，国际上常见的品种主要有三硝基甲苯（TNT）、二硝基甲苯（DNT）、二硝基苯酚（DNP）、三硝基苯酚（PA，苦味酸）、三硝基苯甲硝胺（Tetryl，特屈儿）和黑索金（RDX）[1]等，它们的结构式如图 3.1 所示，其中 TNT 是用途最广的军用炸药。此外，过氧化氢爆炸物（PEs）如三过氧化三丙酮（TATP）、六亚甲基三过氧化二胺（HMTD）等，因其简单易制备也越来越多地用于制造简易爆炸装置[2]。

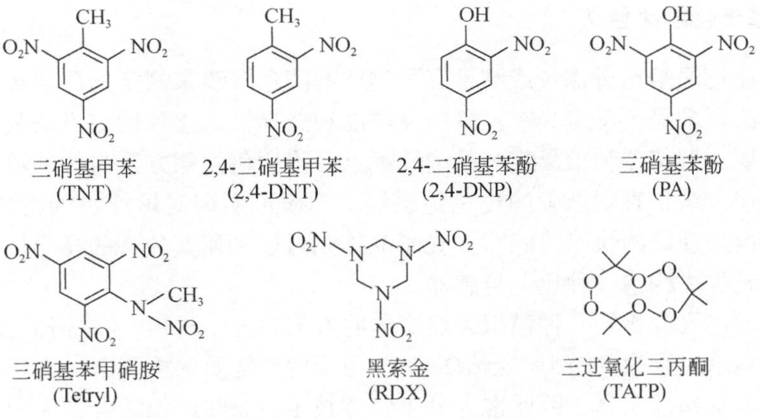

图 3.1　部分爆炸物结构示意图

目前分析和检测爆炸物的方法主要有离子迁移谱（IMS）法、色谱质谱法、拉曼光谱法、电化学法、荧光分析法、化学比色法等。这些方法均有其各自的优缺点：化学比色法不需要大型仪器，且结果直观，然而其敏感性、稳定性、重复性则难以保证[3]；IMS 法由于竞争性离子化的影响，同时检测混合物中的多个成分仍然无法通过单独应用 IMS 实现，因此为了增强 IMS 法的选择性，常将其与气液色谱、质谱等联用，然而这样会依赖大型设备，采样过程较为复杂，并不适合爆炸现场的快速取样[4]；电化学法则多在液相环境中进行测试，电极容易被污染，应用范围较窄[5]；荧光分析法成本较高，同时难以识别爆炸物的具体成分，不适合于爆炸物现场快速检测[6]。

光子晶体是由两种以上具有不同介电常数材料在空间上按照一定的周期顺序排列所形成的具有有序结构的材料，在传感器研究中广泛应用。通过和其他相关技术结合，如分子印迹、拉曼光谱等，所得到的传感材料在响应速率、制备周期、选择性等方面都有一定优势，且具有检测结果可视化的特点，在爆炸物检测方面显示出很大的应用潜能[7]。应用光子晶体的以上特性，与传统爆炸物检测技术相结合，两者优势互补，光子晶体传感器在爆炸物的特异性检测，尤其是微量、痕量检测应用中别具优势。

基于光子晶体技术，结合传统爆炸物检测方法：化学比色法、荧光分析法、拉曼光谱法等，本章综述了光子晶体检测爆炸物技术的最新研究进展。最后，本章也将对光子晶体对爆炸物检测的发展前景做出展望。

## 3.2 研究进展

### 3.2.1 基于化学比色法

化学比色法是通过比较或测量有色物质的颜色深浅来测定物质含量的分析方法，该方法要求显色反应具有较高的灵敏度和选择性。比色检测方法具有操作简便、不需要大型仪器和结果直观准确等优点，将比色检测方法与传感器相结合形成响应快速、结果直观准确的比色传感器，不仅可实现对爆炸物的特异性检测，也可用于爆炸现场的快速检测[8]。光子晶体则可以利用其独特的光学性质，作为一种传感元件去构造一种比色传感器。

分子印迹聚合物是一种模拟天然受体的人工高分子材料，在选择性和敏感性检测方面显示出巨大的潜力，已被广泛应用于危险物质的检测[9]。由于传统的光子晶体技术选择性不高，因此常与分子印迹技术（MIT）相结合，在利用光子晶体的光学特性的同时，提高对目标物的选择性。芦薇等[10]采用分子印迹技术，制备出一种可以定量检测溶液中 TNT 含量（浓度）的光子晶体传感器。如图 3.2 所示，以 TNT 作为模板，对甲基丙烯酸甲酯和丙烯酰胺进行乳液聚合，然后将所得到的 TNT 分子印迹胶体颗粒自组装成密堆积的蛋白石光子晶体传感器。该传感器的检出限为 1.03μg，当 TNT 含量增加到 20mmol/L 时，分子印迹胶体阵列的颜色从绿色变为红色，衍射红移为 84nm。传感器响应时间为 3min，储存三年后响应几乎无变化，提供了对 TNT 快速实时裸眼检测的可能性。

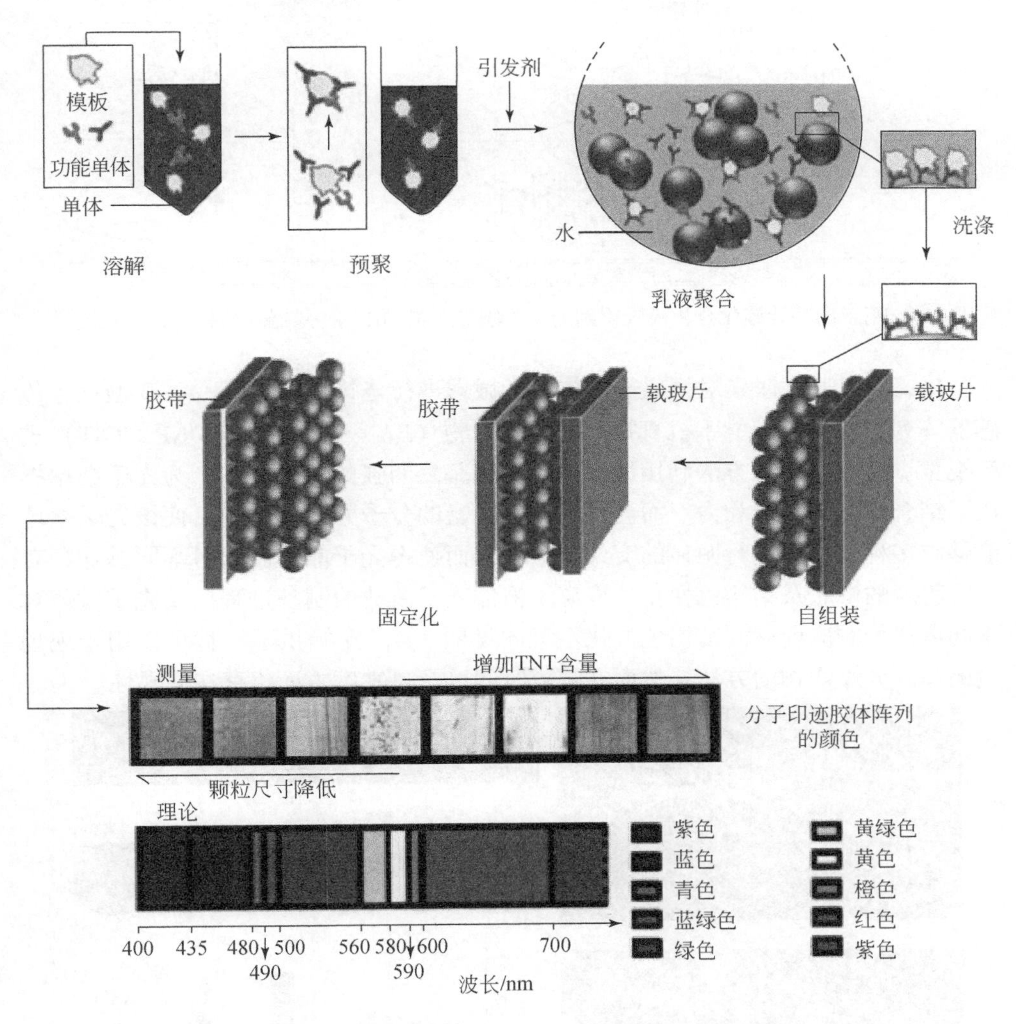


图3.2　分子印迹胶体阵列的制备及其结构色变化示意图[10]

为了进一步提高选择性，实现对硝基爆炸物的结构类似物的识别，芦薇等[11]利用四种分子印迹光子晶体，制备出一种比色传感器阵列，并辅以模式识别技术，可以实现对TNT、2,6-DNT、2,4-DNT和4-MNT的选择性视觉检测。如图3.3所示，阵列中使用的每个光学传感器都包含带有不同印迹模板的三维分子印迹光子晶体（3D-MIPC）传感器，该智能材料随着浓度的增加，可以显示从绿色到红色的不同颜色，且衍射峰明显红移。进一步的，该研究基于主成分分析的计算，传感器阵列可以显示硝基含量的影响，并产生用于模式识别的硝基芳烃的单独响应区域，使交叉反应阵列对类似的硝基芳烃具有更好的识别和区分能力。

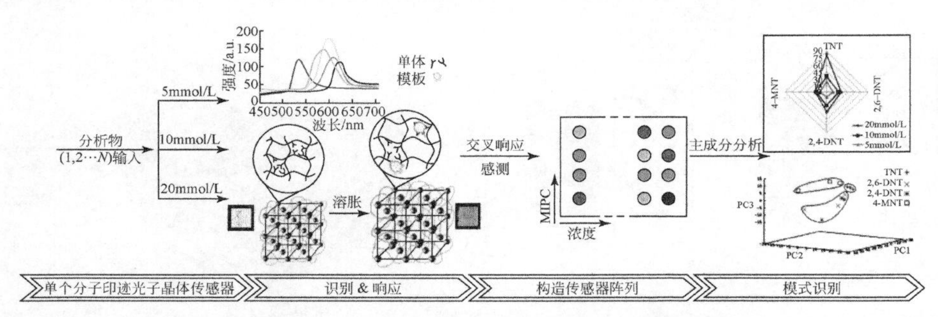


图 3.3　用于硝基芳族化合物模式识别的交叉响应虚拟 MIPC 传感器阵列构造的示意图[11]

Liu 等[12]通过尿素对聚离子液体光子微球进行修饰，构造了一种新型比色传感器阵列，实现用智能手机直接对五种爆炸物（PA、NP、TNR、DNP、TNT）进行视觉识别检测。该方法利用尿素基团和硝基之间强的氢键作用，为光子微球提供了结合靶标的高亲和力。而离子液体间丰富的分子间相互作用，使该光子微球能够与多种分析物进行明显的交叉反应，从而使得光子晶体微球对不同爆炸物有不同程度的溶胀及结构色变化。聚离子液体光子微球的制备过程以及光子微球对不同爆炸物响应前后的结构色变化示意图见图 3.4。这提供了一种可以用于现场检测和区分爆炸物的方法，然而在响应时间以及灵敏度方面仍存在局限性。

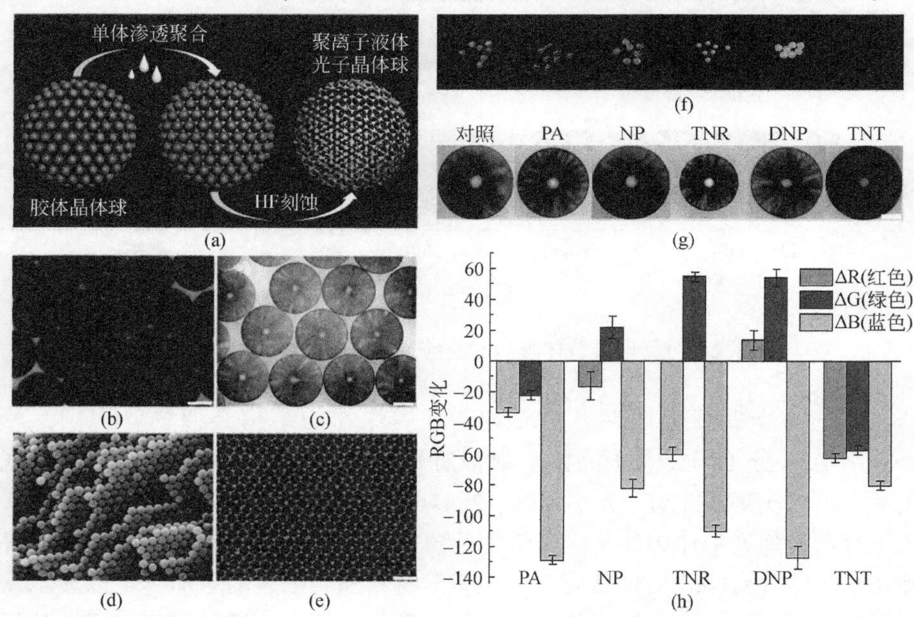


图 3.4　聚离子液体光子微球制备示意图（a），聚离子液体光子微球的光学图像（b）和 SEM 照片（d），以及尿素修饰的光子微球的光学照片（c）和 SEM 照片（e）；光子微球对不同爆炸物（100μmol/L）响应前后的照片（f），显微镜光学照片（g）以及相应的 RGB 数据直方图（h）[12]

与硝基类爆炸物不同，过氧化氢爆炸物没有硝基或芳香族单元，且具有对机械应力敏感、稳定性差、溶解度有限等特点，使得对过氧化氢爆炸物的检测具有挑战性[13]。Amani 等[14]制备了一种基于热力学的气体传感器，成功地检测到 TATP 及其分解产物丙酮和过氧化氢。基于此研究思路，杨吉等[15]通过将三维反蛋白石光子晶体结构嵌入二甲基亚砜渗透的羧甲基纤维素膜中，制备出一种新型气敏光子晶体传感器，可用于对 TATP 的间接检测。通过将该传感器分别暴露在饱和丙酮和 $H_2O_2$ 蒸气中，其结构色产生变化，衍射峰分别发生红移与蓝移，实验结果显示了该传感器在未来探测 TATP 等过氧化炸药方面的潜在应用价值。

### 3.2.2 基于荧光分析法

荧光信号的化学传感器具有高信号输出和简便的检测功能。有研究表明，分析物的结合可能会导致发光的衰减，缺乏电子的硝基芳族化合物是富电子发色团通过各种电荷转移机理所发荧光的强猝灭剂[16]。目前，荧光法检测爆炸物，尤其是利用荧光猝灭机制检测爆炸物，是一种简单易行的方法。此外，有研究发现光子晶体的慢光子效应是增强荧光发射的有效手段[17]，而且光子禁带的带边具有高的态密度，增强了荧光物质分子和原子的跃迁概率，也可以达到荧光增强的效果[18]，这都表明基于光子晶体的荧光分析法在检测爆炸物方面拥有巨大潜能。

Li 等[19]证明了通过反蛋白石光子晶体的荧光放大方法可检测痕量 TNT。反蛋白石结构具有更大的比表面积，提高了其与硝基化合物的结合能力，显示出更强的荧光猝灭反应。优化的光子晶体上用于 TNT 检测的荧光增强可以达到 60.6 倍，暴露于 TNT 蒸气 300s 后，猝灭效率达到 80%。为了增强对 TNT 的特异性识别，Fang 等[20]通过氨基配体和染料分子的混合单层反蛋白石光子晶体传感器，利用荧光能量转移机制，实现了对 TNT 气体的检测。目前该体系已经实现 200ppb（$1ppb=1\times10^{-9}$，后同）浓度炸药的检测，NB（硝基苯）的猝灭达到了 70%，而 DNT 的猝灭达到了 50%，TNT 的猝灭达到了 36%，具有一定的选择性。此外，研究人员还试图改善光子晶体的结构，以获得更大的比表面积和更快的传质速率。Zhu 等[21]在胶体模板法、中间相模板法和分子印迹法相结合的基础上，制备出一种复杂的分层印迹的多孔膜，其结构如图 3.5 所示，膜上含脲基的官能团高灵敏性、选择性地对 TNT 进行识别并发生荧光猝灭，检测限可达 10ppb。

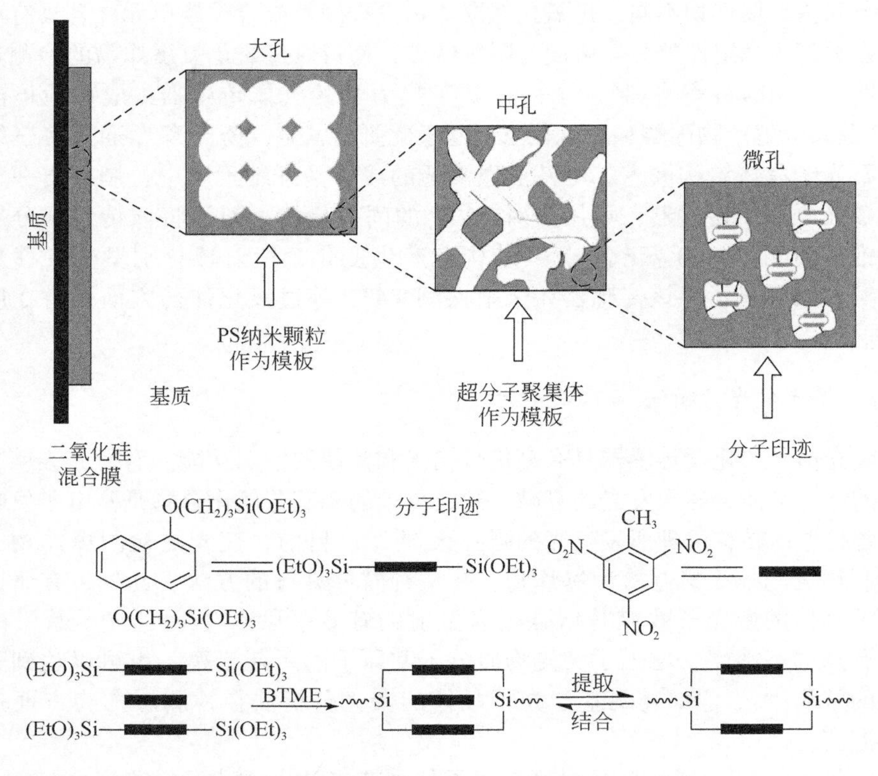


图 3.5 分层压印杂化二氧化硅膜结构示意图[21]

中空光子晶体光纤（HC-PCF）作为一种特殊的光纤，其包层是由一系列周期性排列的空气孔所形成的光子晶体结构组成的，由于光能主要集中在空芯中，而具有传输效率低和弯曲损耗低的特性。Yang 等[22]通过将烯丙基四苯基荧光膜选择性涂覆到中空光子晶体光纤内表面，制备出一种基于荧光猝灭原理的 HC-PCF 痕量爆炸物传感器，其结构如图 3.6 所示。对于具有 155.0nm 的荧光膜厚度的传感器，对 TNT 的检测限为 0.340ppb。对于具有 110nm 的膜厚度的传感器，对 DNT 的响应时间为 160s。该传感器具有灵敏度高、结构简单、使用方便的优点，在国防安全预测方面具有潜在的应用前景。

除了利用荧光猝灭机制，目前还有研究利用光子晶体对材料折射率变化和晶格常数变化高度敏感的特性，实现了炸药的痕量检测。Idros 等[23]通过调控蛋白石结构的晶格常数来改变光子禁带位置。如图 3.7 所示，在微球表面修饰氨基，由于氨基和 TNT 容易受到静电作用力而结合在一起，改变了微球之间的晶格常数，获得了光子禁带的移动，实现了痕量炸药的检测。

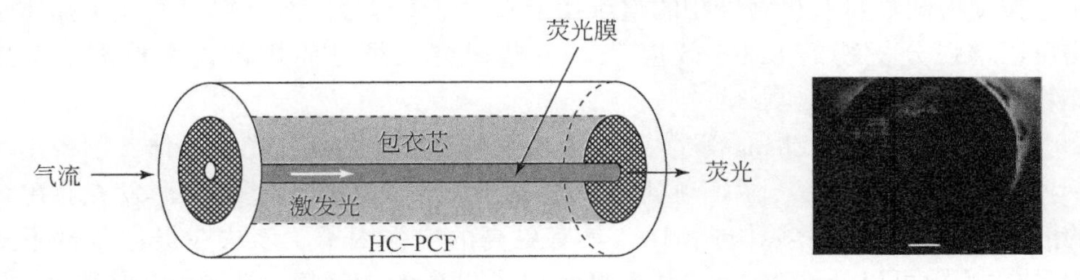


图 3.6　基于荧光猝灭的 HC-PCF 痕量爆炸物传感器结构图[22]

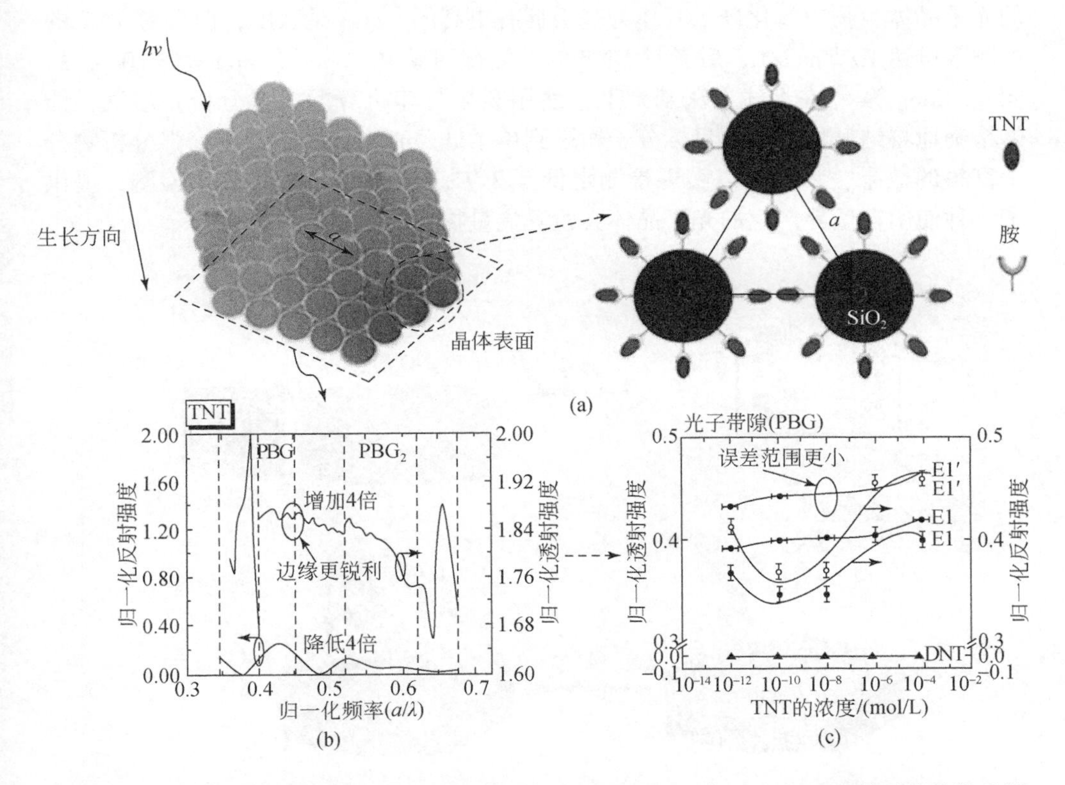


图 3.7　(a) 重力作用下光子晶体自组装结构示意图；(b) $10^{-4}$ mol/L TNT 条件下的传输采样示意图，透射信号较反射信号边缘更锐利；(c) 带隙边缘对 TNT 浓度的透射及反射响应[23]

### 3.2.3　基于拉曼光谱法

表面增强拉曼光谱（SERS）是利用光源通过介质照射到物质上与物质分子发生碰撞产生散射光，是一种无接触式无损的检测方法，由于其高的表面敏感性和分子特异性而受到了研究人员的关注，广泛应用于化学和生物分析[24]。近年来，拉曼检测痕量有机污染物的重点在于放大拉曼信号。有研究表明光子晶体结构可以增强分析物的 SERS 效应[25]，一些研究人员已使用该技术检测痕量爆炸物。

如图 3.8 所示，Zhang 等[26]通过纳米银粒子修饰多孔硅光子晶体，制备出了一种新型的 SERS 基板，用于痕量爆炸物的检测。这种新型基板对激发光有出色的散射效果，与单层多孔硅相比，具有更高的增强因子。该法在最佳条件下对 PA 的检测限可以低至 $10^{-8}$ mol/L，显示出了更高的灵敏度。Kong 等[27]和 Squire 等[28]通过在硅藻壳表面化学沉积金属纳米颗粒（银、金），获得了具有三维形态的光子晶体生物二氧化硅，其作为基板拥有更高的 SERS 灵敏度，前者对 TNT 的检测限可达 $10^{-10}$ mol/L，后者对 DNT 的检测限可达 0.1ppm（$1ppm = 1\times10^{-6}$，后同）。Kong 等[29]在上述方法基础上，使用喷墨打印机分配微量分析物溶液，能够精确地将纳升样品中的目标分子输送到单个硅藻壳中。该法可以增强分析物分子富集的效果，从而可以实现检测限低至 $2.7\times10^{-15}$ g 的无标记 TNT 检测，提供了一种使用自然界产生的光子晶体去检测痕量物质的新思路。

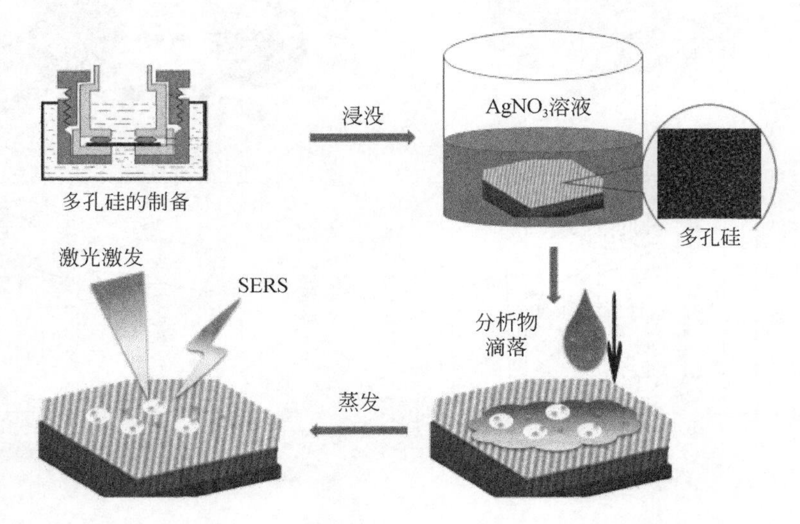


图 3.8　纳米银颗粒修饰多孔硅光子晶体用于 SERS 示意图[26]

为了实现对爆炸物的特异性识别，Tao 等[30,31]用聚烯丙胺对光子晶体光纤探头进行改性，并将金纳米颗粒自组装在光子晶体表面，得到一种新型传感器。如图 3.9 所示，电子受体分子 TNT 可以与电子供体聚烯丙胺相互作用形成络合物，从而实现目标分子 TNT 的检测。将该传感器集成到拉曼光谱仪中，以期在增强灵敏度的同时，实现对 TNT 的特异性识别，然而该方法应用于识别 TNT 的敏感性、选择性和简便性仍需进一步研究。

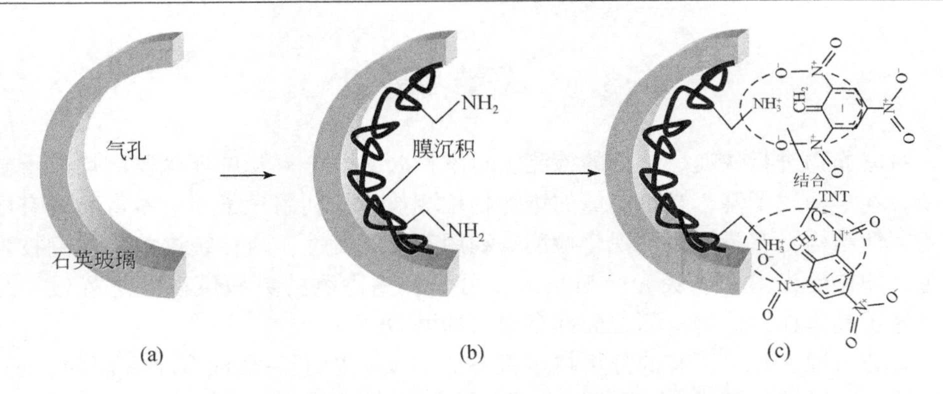


图 3.9 光子晶体光纤探头构造及 TNT 识别原理示意图[31]

### 3.2.4 基于其他检测方法

电化学传感器是利用物质的氧化还原特性所表现出的氧化还原峰进行定性和定量分析的方法，对于硝基芳环化合物，由于硝基所处的状态及个数的明显不同，根据不同的还原电位及还原峰个数很容易测定出不同的硝基化合物。王文波[32]报道了一种金/银贵金属反蛋白石纳米结构表面的敏感电极，实现了对液相中的痕量硝基芳香化合物的探测。通过对反蛋白石的有序多孔结构，以及巯基乙胺的修饰，对爆炸物进行富集，TNT、DNT、RDX、PA 的检出限达可以分别达到 4ppt（$1ppt=1\times10^{-12}$，后同）、12ppt、1ppt、2ppt。

在实践中，光纤可以与所有光学仪器进行耦合，从而增加它们的多功能性，实现不同应用及期望的敏感性。Tao 等[31]将聚烯丙胺改性的光子晶体光纤探头集成到马赫-曾德尔干涉仪上，图 3.10 是该光纤探头的结构示意图。该法的干涉响应可用于 TNT 蒸气在 0 ~ 9.15ppb（按体积计）范围内的定量检测，检出限为 0.2ppb，已成功地应用于 TNT 原位测试。

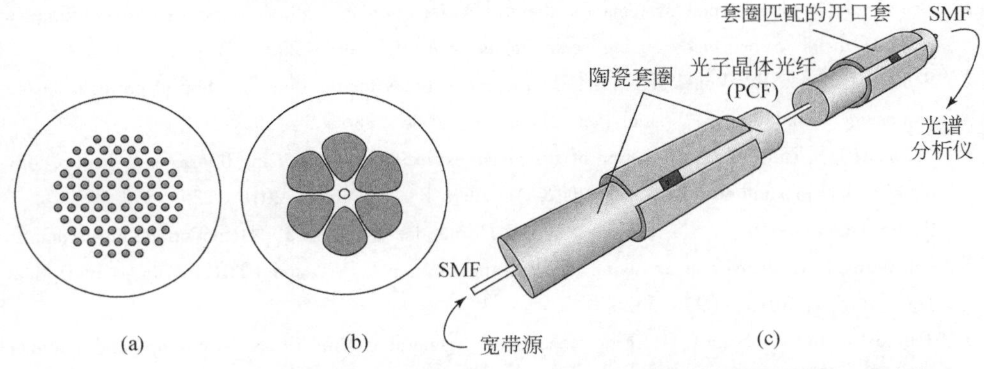


图 3.10 （a）、（b）光子晶体光纤截面图；（c）光纤探头与干涉仪耦合示意图[31]

## 3.3 总结与展望

对爆炸物进行快速、便捷的检测，对维护公共安全、开展环境监测均有重要意义。本章阐述了基于光子晶体的爆炸物检测技术，利用光子晶体本身高度有序的周期性结构，有望实现可视化检测；利用其光学特性，与传统爆炸物检测技术结合，如拉曼光谱法、荧光分析法等，可以提高检测的灵敏度以及选择性。总之，光子晶体在爆炸物检测方面拥有很大的潜力。

总的来说，几乎所有的分析技术都是为了实现以下一个或多个方面的目的：敏感性、特异性、低成本、易用性和小型化。基于光子晶体的比色传感器由于其响应快速、结果直观准确、不依赖大型设备的特点，是一种有望实现小型化的爆炸现场的快速检测技术。目前该方法对痕量分析物的灵敏性以及稳定性是其未来研究的一个方向；基于光子晶体的荧光分析法以及拉曼光谱法等，利用光子晶体富集分析物、放大光信号，可以实现对硝基类爆炸物的痕量检测。而其依赖大型仪器、采样过程复杂等问题，限制了其在爆炸物现场快速检测的应用。在总结分析前人工作的基础上，提出如下展望。

①改善爆炸物探测技术的灵敏度和特异性始终是一项重要的原则，由于光子晶体的加入，许多检测方式的检测下限已显著改善，这方面仍然是一个竞争激烈的研究领域。

②上述研究多集中在硝基类爆炸物的检测，而过氧化氢爆炸物没有硝基或芳香族单元，不是荧光猝灭剂，因此难以用荧光探针进行检测，并且其具有对机械应力敏感、稳定性差、溶解度有限等特点，也使过氧化氢爆炸物的检测更具挑战性。

### 参考文献

[1] Bruschini C. Commercial systems for the direct detection of explosives for explosive ordnance disposal tasks. Subsurface Sensing Technologies & Applications, 2001, 2 (3): 299-336.

[2] Schulte-Ladbeck R, Vogel M, Karst U. Recent methods for the determination of peroxide-based explosives. Analytical & Bioanalytical Chemistry, 2006, 386 (3): 559-565.

[3] Zhang H Q, Euler W B. Detection of gas-phase explosive analytes using fluorescent spectroscopy of thin films of xanthene dyes. Sensors & Actuators B: Chemical, 2016, 225: 553-562.

[4] Pacheco-Londono L C, Castro-Suarez J R, Hernández-Rivera S P. Detection of nitroaromatic and peroxide explosives in air using infrared spectroscopy: QCL and FTIR. Advances in Optical Technologies, 2013, (9): 532670.

[5] Palma-Cando A, Scherf U. Electrochemically generated thin films of microporous polymer networks: Synthesis, properties, and applications. Macromolecular Chemistry & Physics,

2016, 217 (7): 827-841.

[6] Zhou Q, Peng L, Jiang D, et al. Detection of nitro-based and peroxide-based explosives by fast polarity-switchable ion mobility spectrometer with ion focusing in vicinity of faraday detector. Scientific Reports, 2015, 5: 10659.

[7] Wu Z, Tao C A, Lin C, et al. Label-free colorimetric detection of trace atrazine in aqueous solution by using molecularly imprinted photonic polymers. Chemistry, 2008, 14 (36): 11358-11368.

[8] Askim J R, Li Z, LaGasse M K, et al. An optoelectronic nose for identification of explosives. Chemical Science, 2016, 7 (1): 199-206.

[9] Lu W, Xue M, Xu Z, et al. Molecularly imprinted polymers for the sensing of explosives and chemical warfare agents. Current Organic Chemistry, 2015, 19 (1): 62-71.

[10] Lu W, Asher S A, Meng Z, et al. Visual detection of 2, 4, 6-trinitrotolune by molecularly imprinted colloidal array photonic crystal. Journal of Hazardous Materials, 2016, 316: 87-93.

[11] Lu W, Dong X, Qiu L, et al. Colorimetric sensor arrays based on pattern recognition for the detection of nitroaromatic molecules. Journal of Hazardous Materials, 2017, 326 (MAR. 15): 130-137.

[12] Liu C C, Zhang W L, Zhao Y, et al. Urea-functionalized poly (ionic liquid) photonic spheres for visual identification of explosives with a smartphone. Acs Applied Materials & Interfaces, 2019, 11 (23): 21078-21085.

[13] Wilson P F, Prince B J, Mcewan M J. Application of selected-ion flow tube mass spectrometry to the real-time detection of triacetone triperoxide. Analytical Chemistry, 2006, 78 (2): 575-579.

[14] Amani M, Yun C, Waterman K L, et al. Detection of triacetone triperoxide (TATP) using a thermodynamic based gas sensor. Sensors and Actuators B: Chemical, 2012, 162 (1): 7-13.

[15] Yang J, Zhu Z, Feng J, et al. Dimethyl sulfoxide infiltrated photonic crystals for gas sensing. Microchemical Journal, 2020, 157: 105074.

[16] Salinas Y, Martínez-MáEz R, Marcos M D, et al. Optical chemosensors and reagents to detect explosives. Chemical Society Reviews, 2012, 41 (3): 1261-1260.

[17] Chen J I L, Freymann G V, Choi S Y, et al. Slow photons in the fast lane in chemistry. Journal of Materials Chemistry, 2008, 18 (4): 369-373.

[18] Ganesh N, Zhang W, Mathias P C, et al. Enhanced fluorescence emission from quantum dots on a photonic crystal surface. Nature Nanotechnology, 2007, 2 (8): 515-520.

[19] Li H, Wang J X, Pan Z L, et al. Amplifying fluorescence sensing based on inverse opal photonic crystal toward trace TNT detection. Journal of Materials Chemistry, 2011, 21 (6): 1730-1735.

[20] Fang Q L, Geng J L, Liu B H, et al. Inverted opal fluorescent film chemosensor for the detection of explosive nitroaromatic vapors through fluorescence resonance energy transfer. Chemistry-A European Journal, 2009, 15 (43): 11507-11514.

[21] Zhu W, Tao S, Tao C A, et al. Hierarchically imprinted porous films for rapid and selective detection of explosives. Langmuir: the ACS Journal of Surfaces & Colloids, 2011, 27 (13): 8451-8457.

[22] Yang J C, Shen R, Yan P X, et al. Fluorescence sensor for volatile trace explosives based on a hollow core photonic crystal fiber. Sensors and Actuators B: Chemical, 2020, 306: 127585.

[23] Idros N, Ho M Y, Kamboj V S, et al. Using transmissive photonic band edge shift to detect explosives: A study with 2,4,6-trinitrotoluene (TNT). ACS Photonics, 2017, 4 (2): 384-395.

[24] Sharma B, Frontiera R R, Henry A I, et al. Sers: Materials, applications, and the future. Materials Today, 2012, 15 (1-2): 16-25.

[25] Kong X, Xi Y, Duff P L, et al. Optofluidic sensing from inkjet-printed droplets: The enormous enhancement by evaporation-induced spontaneous flow on photonic crystal biosilica. Nanoscale, 2016, 8 (39): 17285-17294.

[26] Zhong F R, Wu Z F, Guo J X, et al. Porous silicon photonic crystals coated with Ag nanoparticles as efficient substrates for detecting trace explosives using SERS. Nanomaterials, 2018, 8 (11): 872.

[27] Kong X, Xi Y, Duff P L, et al. Detecting explosive molecules from nanoliter solution: A new paradigm of sers sensing on hydrophilic photonic crystal biosilica, 2016, 88: 63-70.

[28] Squire K J, Sivashanmugan K, Zhang B X, et al. Multiscale photonic crystal enhanced core-shell plasmonic nanomaterial for rapid vapor-phase detection of explosives. ACS Applied Nano Materials, 2020, 3 (2): 1656-1665.

[29] Kong X, Xi Y, Leduff P, et al. Nanoliter analyte sensing on hybrid plasmonic-biosilica nano-structured materials. Procedia Technology, 2017, 27: 27-28.

[30] Tao C Y, Chen R, Li J K. Photonic crystal fiber sensor based on surface-enhanced Raman scattering for explosives detection. Proceedings of SPIE/COS Photonics Asia, 2016: 2246301.

[31] Tao C Y, Wei H M, Feng W L. Photonic crystal fiber in-line mach-zehnder interferometer for explosive detection. Optics Express, 2016, 24 (3): 2806-2817.

[32] 王文波. 金球/多壁碳管/聚苯胺薄膜电极对超痕量硝基爆炸物的检测. 合肥: 中国科学技术大学, 2009.

（李　琳　孟子晖）

# 第 4 章　光子晶体检测有机磷

## 4.1 引　　言

近些年，在农产品中使用各种有机磷杀虫剂（图 4.1）预防虫害已成为很普遍的做法。但是，有机磷化合物（organophosphates，OP）神经毒性很强，它的滥用已经对环境和人体健康造成了严重的威胁[1]。此外，有机磷化合物如沙林、梭曼、维埃克斯（VX）和塔崩等作为神经毒剂（图 4.2）还可被用于恐怖袭击和军事活动。大多数的有机磷化合物会抑制人体内乙酰胆碱酯酶的活性，使乙酰

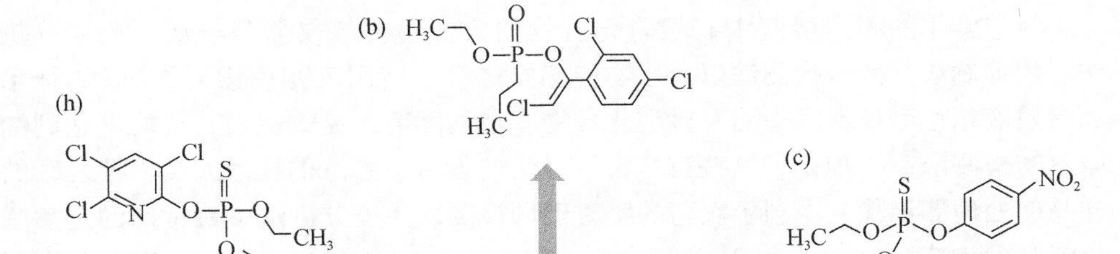

图 4.1　有机磷杀虫剂的基本结构（a）及有机磷杀虫剂的举例，即氯芬虫（b）、对硫磷（c）、嗪磷（d）、喹纳磷（e）、乐果（f）、二嗪农（g）和毒死蜱（h）

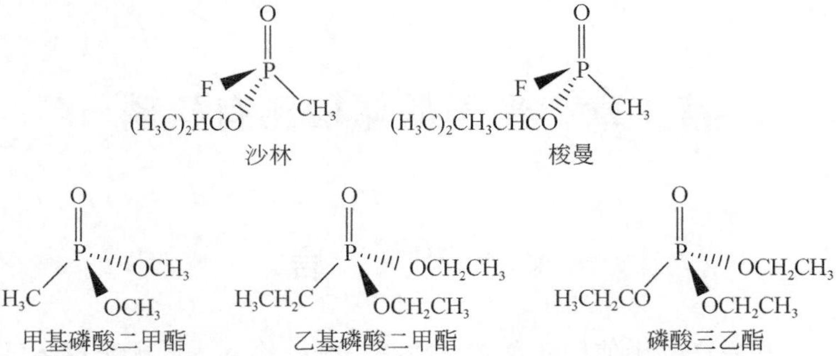

沙林　　梭曼

甲基磷酸二甲酯　　乙基磷酸二甲酯　　磷酸三乙酯

图 4.2　有机磷类神经毒剂及其类似物的化学结构

胆碱积聚，引发胆碱能危象，影响人体的中枢神经系统、视觉系统等，造成感觉能力、认知功能等的不可逆损伤，不及时治疗甚至会导致瘫痪或者死亡，危害极强[2]。因此，快速、灵敏、高效的有机磷检测方法的开发十分必要。

目前常用的测定溶液中有机磷化合物的方法主要有仪器分析法、免疫分析法、酶抑制法、活体检测法以及生物传感器法等。使用气相色谱-质谱联用技术和高效液相色谱技术等检测有机磷化合物，精确度高，灵敏性强，且均可达到纳摩尔的检测限[3]。但是，这些技术需要昂贵的设备、熟练的技术人员以及复杂的样品前处理等步骤，不利于农药的实时现场检测。免疫分析法中最常用的是酶联免疫吸附测定（enzyme-linked immunosorbent assay，ELISA）。Wang 等[4]采用了一种非竞争性间接酶联免疫吸附法，定量测定了农产品中的氨基甲酸酯类农药灭多威。该方法简单高效，特异性强，与高效液相色谱法获得的数据相关性高，但它需要大量的样品清洗、制备步骤，增加了很多成本，不适合大批量样品的测定。酶抑制法也是目前较常使用的测定方法，利用有机磷化合物特异性地抑制乙酰胆碱酯酶（acetylcholinesterase，AChE）和有机磷水解酶（organophosphorus hydrolase，OPH）的活性，而且抑制程度与有机磷化合物的浓度成正比，从而可以定量定性检测农产品中的农药含量。根据此原理设计的检测方法主要有比色法、试纸法、生物酶传感器等。

以 AChE 和 OPH 作为生物识别元件设计的生物酶传感器检测有机磷化合物有很多优势，如很强的特异性，并且易于小型化，实现了即时现场检测。在流动注射分析中，将 AChE 固定在聚合物内部或聚合物上，然后加入含有底物和试剂的溶液，这些底物和试剂反应形成生色团，生色团吸光度决定了酶活性，该酶由于与有机磷化合物结合而活性降低，从而通过监测生色团的吸光度检测酶活性的变化，定量检测农产品中的有机磷化合物。Leon-Gonzalez 等利用这一技术实现了有机磷化合物的 8nmol 检测限[5]。但是酶易失活稳定性不强，并且需要固定化增加了成本，还易受实际样品中其他可氧化物质的干扰，因此它的应用受到了很大的限制。

光子晶体是由不同介电常数的介质材料在空间内周期性排列所形成的有序结构功能材料，光子晶体晶格间距的变化可以引起布拉格衍射光波长发生改变，表观上表现为衍射光颜色的改变，从而实现“裸眼检测”的目的。而光子晶体中胶体小球散射率的变化会导致光子禁带宽度的变化，从而引起衍射光强度的变化。将光子晶体这一独特的光学性质应用于传感器具有很大的应用价值，本章对将光子晶体技术与其他技术结合应用于有机磷化合物的检测进行了评述。

# 4.2 研究进展

## 4.2.1 基于光子晶体

由于光子晶体独特的光学特性，以它作为识别元件应用于农药及神经毒剂的检测已较普遍，而且神经毒剂的检测需要满足实时和现场两个要求，因此可变色的光子晶体在这方面较传统的电化学传感器有一定优势。2008 年，Jang 等[6]通过旋转涂布的方式在多孔硅胶内部修饰硫酸铜/氯化钠，利用其对神经毒剂的特殊吸附作用，使得多孔硅胶在吸附神经毒剂后反射光谱发生改变，通过反射率变化与神经毒剂浓度变化的比例关系可得知吸附的毒剂的量（图 4.3）。此外，发现当使用 LED 发光二极管（$\lambda_{em}=590$nm）作为入射光源时，含硫酸铜（Ⅱ）的 DBR（分布式布拉格反射器）结构多孔硅在 1min 内对磷酸三乙酯（TEP）的 LOD 约为 150ppb（图 4.4）。

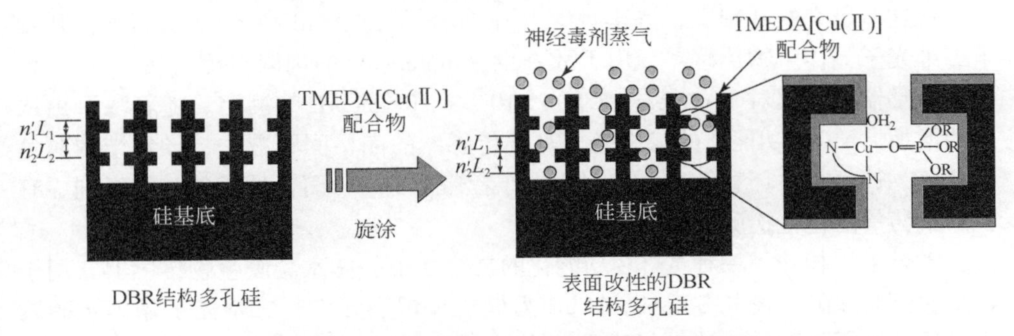


图 4.3　表面改性多孔硅样品的传感机理示意图

2015 年，Hirsch 等[7]提出了一种新的方案，将三维光子晶体水凝胶膜和 AChE 功能化的聚丙烯酰胺凝胶结合起来形成两层系统，实现了对乙酰胆碱以及

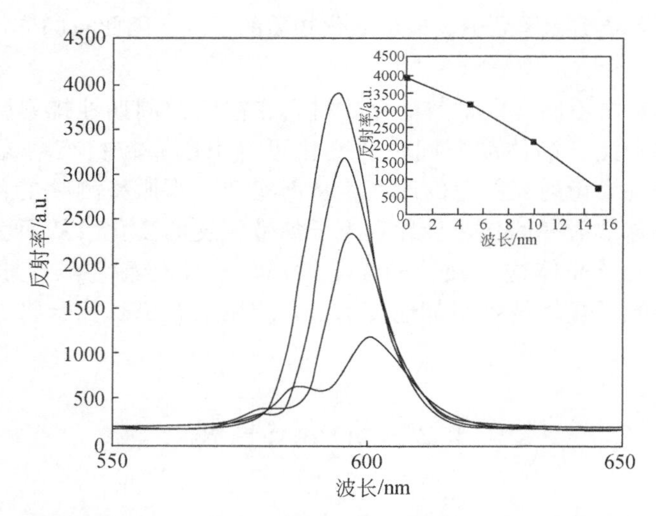


图 4.4　用 LED 作为光源，在 TEP 通量作用下，多孔硅样品在空气中的反射率谱图

乙酰胆碱抑制剂新斯的明的检测。该生物传感器实现了对于乙酰胆碱浓度 $10^{-9}$ ~ $10^{-5}$mol/L 的检测。随着乙酰胆碱浓度的增加，仅 6min 即可检测到波长变化为 70nm，16min 后可检测到波长变化为 115nm。此外，可以检测到低浓度的 AChE 抑制剂新斯的明，其检测限为 1fmol/L，其中最大信号变化从 115nm（无抑制剂）降低到 52nm。它还有制备成本低、响应快速、没有光漂白、暴露于普通水中具有完全可逆性、可实现视觉读数以及精确的仪器定量检测等优良特性，是测定 AChE 浓度以及一次性检测 AChE 抑制剂的有力工具，可以很好地应用于农药和神经毒剂检测。然而，三维光子晶体的制备时间长、传质速率慢等缺点，限制了其作为一种简单、快速的化学传感器的应用。

在这些研究的基础上，齐丰莲等[8]在 2018 年以 AChE 为分子识别剂，开发了二维光子晶体生物传感器，用于敌百虫（dipterex）的肉眼检测（图 4.5）。该生物传感器可实现对于 dipterex 浓度 $1\times10^{-14}$ ~ $10^{-4}$mol/L 的测定。随着敌百虫浓度的增加，AChE 功能化的二维光子晶体传感器的晶格间距减小，导致结构颜色呈蓝色，德拜衍射环直径减小。因此，作者建立了一种简便通用的神经毒剂、有机磷农药等的比色检测方法。

李果果[9]构建了一种 AChE 功能化的二维光子晶体水凝胶生物传感器，用于检测农药对氧磷（图 4.6）。以 AChE 为催化和识别元件，二维光子晶体水凝胶为信号转换元件，加入的对氧磷通过抑制 AChE 的酶催化反应改变体系的微电环境，导致二维光子晶体德拜衍射环直径发生变化，基于此原理实现了对农药对氧磷的无标记检测，检测限可达到 1ng/mL。

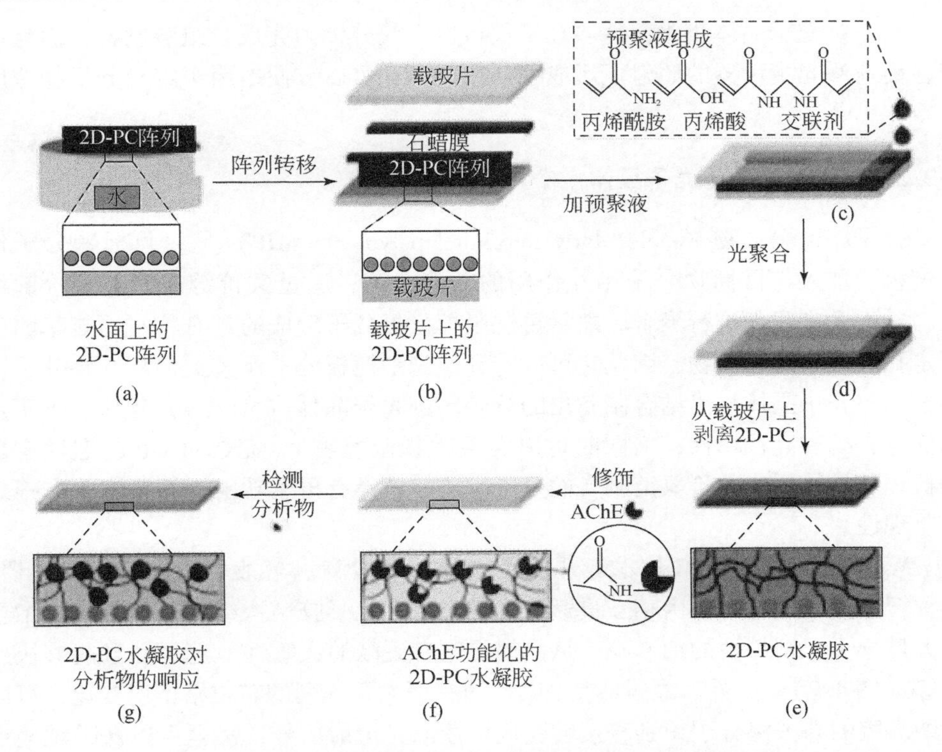


图4.5　AChE功能化的2D-PC的制备及其对分析物的响应

(a) 在水/空气界面将单分散的PS球自组装成2D-PC阵列；(b) 将2D-PC阵列转移到载玻片上，然后以石蜡膜作为间隔物组织成“三明治”结构；(c) 将预聚合溶液添加到“三明治”型中；(d) 2D-PC水凝胶的光聚合；(e) 从载玻片上剥离2D-PC水凝胶；(f) 将AChE固定在2D-PC水凝胶上；(g) 2D-PC水凝胶响应dipterex的过程

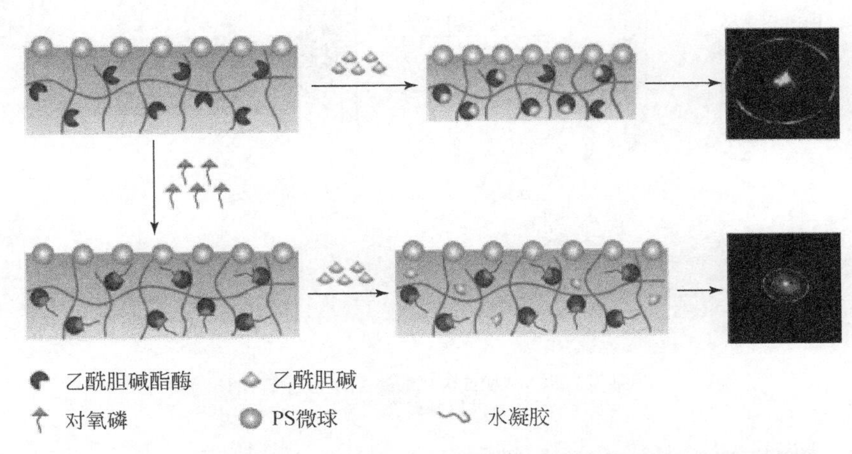


图4.6　乙酰胆碱酯酶功能化二维光子晶体水凝胶生物传感器的检测原理图

与三维光子晶体相比，2D-PC 不仅可以在几分钟内完成自组装制备，而且可以在商业激光指示器的照射下形成德拜衍射环，可以方便地用于定量分析物浓度的变化[10,11]。

### 4.2.2 基于分子印迹光子晶体

分子印迹聚合物（molecularly imprinted polymers，MIP）是以目标物分子作为模板，加入与目标物分子相互作用的功能单体，通过共价键或者非共价键结合，并加入交联剂进行聚合，之后再洗脱掉模板分子形成的具有特定功能基团和固定孔穴大小的高聚物，因此它可以特异性识别模板分子及其类似物。将分子印迹技术与光子晶体技术结合制备出的分子印迹光子晶体（MIPC），其综合了两者的优点，既有高选择性，又同时可以实现“裸眼监测”，完成对 OP 的定性定量分析。若是使用非共价氢键制备的分子印迹，还具有再生功能，对于实验有很好的重现性。

Wu 等[12]基于 MIPC 技术，开发了一种有效检测水溶液中莠去津的传感器。这种智能分子印迹薄膜由相互贯通的三维有序大孔凝胶结构组成，且壁结构中含有大量分子识别特性的纳米腔，从而使得它有更高的灵敏性、选择性且能够快速响应（图 4.7）。此外，通过改变 MIPC 的有序大孔阵列的布拉格衍射变化，可以将纳米腔的莠去津分子识别直接转变成可读的光衍射信号，甚至可以裸眼观测到其颜色变化，实现对莠去津的定量分析。结果表明，当莠去津磷酸缓冲液浓度在 $10^{-12} \sim 10^{-6}$ mol/L 范围内时，该传感器的衍射峰波长覆盖了整个可见光区，并且

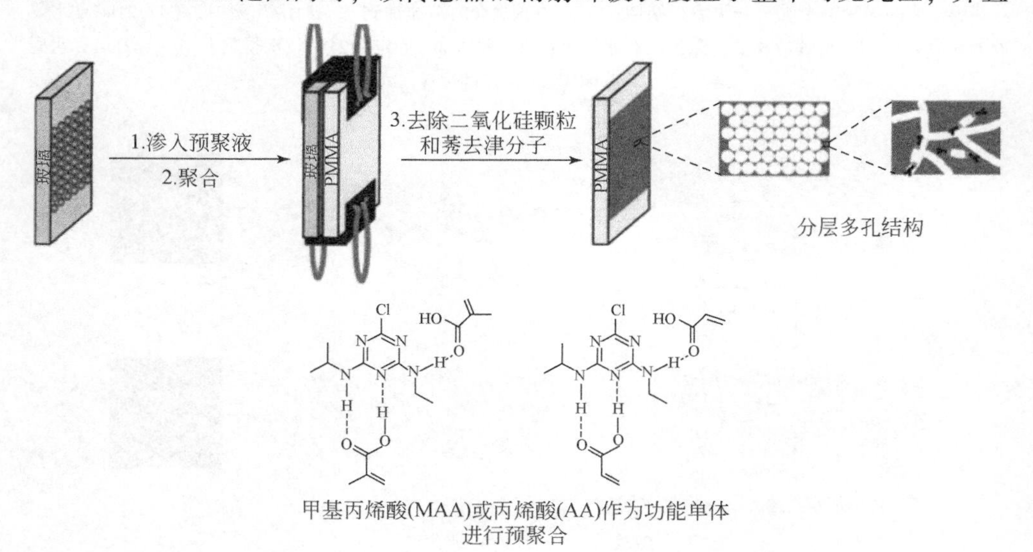


图 4.7 分子印迹光子聚合物（MIPP）的制备过程示意图

随着目标物浓度的变化，颜色由蓝色变为红色，依次制作的比色卡可对未知待测溶液进行半定量分析。该传感器灵敏度极高，检测限可达到 $10^{-6}$ mol/L，响应时间仅为 20s。

Liu 等[13]在 2012 年制备了一种无标记的 MIPC，用来检测神经毒剂的降解产物。使用了直径 280nm 的单分散聚甲基丙烯酸胶体颗粒制造紧密堆积的 CCA，并在 CCA 中使用甲基丙烯酸羟乙酯和 *N*-异丙基丙烯酰胺为混合单体，以乙二醇甲基丙烯酸酯和 *N*,*N'*-亚甲基双丙烯酰胺为混合交联剂，以正辛醇和乙腈的混合物作为成孔剂，光聚后得到了甲基膦酸（MPA）印迹水凝胶。MPA 吸附待检分子后，MIPC 的衍射强度显著降低，检测限为 $10^{-6}$ mol/L。随着乙基磷酸浓度从 0.5mmol/L 增加到 1.5mmol/L，反射峰强度逐渐降低，并伴随有明显红移。MIPC 通过监测神经毒剂水解释放的 MPA 来检测神经毒剂（沙林、梭曼、VX 和 R-VX），为神经毒剂的检测提供了新思路，对于沙林、梭曼、VX 和 R-VX，它们的检测限分别为 $3.5\times10^{-6}$ mol/L、$2.5\times10^{-5}$ mol/L、$7.5\times10^{-5}$ mol/L 和 $7.5\times10^{-5}$ mol/L。

### 4.2.3　基于聚合晶体胶体阵列光子晶体传感技术

Asher 等[14]开发了一种聚合晶体胶体阵列（polymerized crystalline colloidal array，PCCA）光子晶体感测材料，可在超痕量浓度下检测农产品中的有机磷化合物对硫磷。将有周期性的胶体粒子阵列嵌入有晶格间距的水凝胶网络中，从而可以在可见光下产生衍射光，然后将分子识别剂 AChE 固载到水凝胶表面（图 4.8）。由于它可以与 OP 不可逆地结合，释放一种阴离子基团磷酰基，这种带电物质就会产生 Donnan 电势，使水凝胶网格膨胀，阵列粒子的晶格间距也随之发生变化，从而引起衍射光波长红移。而且衍射波长红移的范围与被结合的对硫磷分子含量成正比，实现了对对硫磷的定量检测，检测限达到了 4.2fmol/L（图 4.9）。然而，由于其他几种神经毒剂也可以不可逆地结合 AChE，对 OP 的检测产生了干扰；AChE 对 OP 不可逆地抑制使得该传感器不可重复使用以及仅适用于低离子强度溶液，因此在实际样品中的应用受到了限制。

2007 年，Asher 等[15]又开发了一种智能聚合晶体胶体阵列（intelligent polymerized crystalline colloidal array，IPCCA），该材料可以可逆地感测水溶液中微摩尔浓度的 OP 甲基对氧磷（图 4.10）。它是将胶体颗粒的周期性阵列嵌入聚丙烯酸二羟乙基酯水凝胶中，颗粒间的晶格间距使阵列可以在可见光下发生衍射。这里利用了一种双模传感元件，第一个传感元件是有机磷水解酶（OPH），它在碱性条件下水解甲基对氧磷产生对硝基酚（PNP）、磷酸二甲酯和两个质

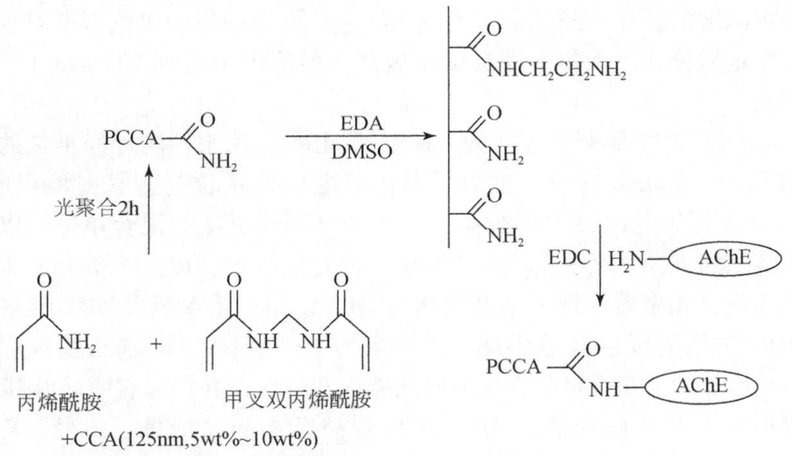

PCCA—C(=O)NH$_2$ —EDA/DMSO→ PCCA—C(=O)NHCH$_2$CH$_2$NH$_2$ —EDC, $H_2N$—AChE→ PCCA—C(=O)NH—AChE

光聚合2h

丙烯酰胺 + 甲叉双丙烯酰胺

+CCA(125nm,5wt%~10wt%)

图 4.8　PCCA 水凝胶骨架的制备与功能化

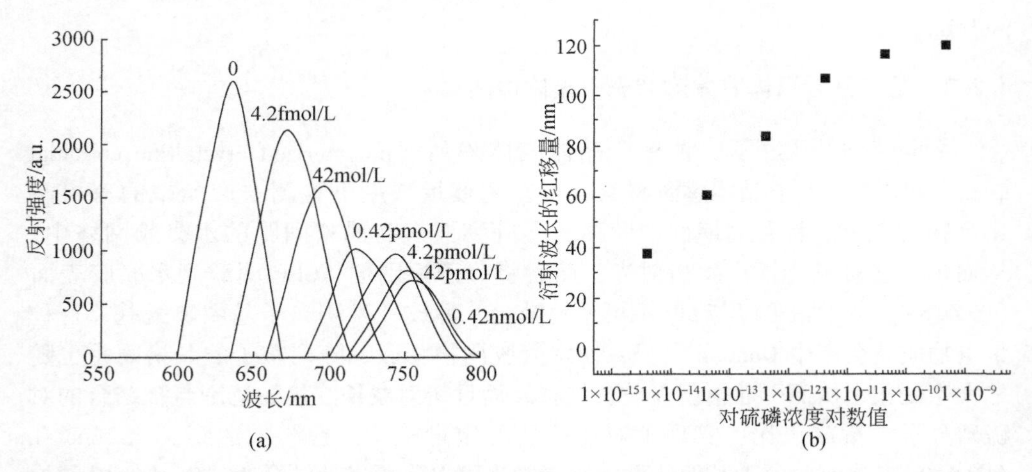


图 4.9　(a) AChE-PCCA 对浓度不同的对硫磷溶液的衍射响应，响应饱和在对硫磷浓度为 42pmol/L 时发生；(b) 衍射波长量红移与对硫磷浓度的对数有关系，AChE-PCCA 在 42pmol/L 对硫磷溶液暴露下显示饱和

子，降低了水凝胶内 pH 并产生稳定的 pH 梯度；这些质子会使次级传感元件 3-氨基酚盐（3-AMP）质子化，导致水凝胶的混合自由能减弱，在 PCCA 中引起稳态体积变化。衍射光的波长响应于水凝胶的稳态体积变化发生蓝移（图 4.11）。稳态下衍射蓝移的幅度与甲基对氧磷的浓度成正比。当前甲基对氧磷的检测限达到了 0.2μmol/L。该种光子晶体传感器适用于高离子强度溶液且可以和分析物可逆地结合，但由于大多数的 OP 是疏水性的，并且在水介质中的溶解度很低，因此给现场检测增加了难度。

丙烯酸-2-羟乙酯 + 丙烯酰胺 + 2,3-环氧丙基丙烯酸酯 + 乙二醇二甲基丙烯酸酯

CCA +120nm, 5%~10%

紫外光 ($\lambda$=365nm)~3h

光引发剂:2,2-二乙氧基苯乙酮

环氧和酰胺功能化的PCCA

3-氨基苯酚

50mmol/L BBS, pH≈9.2, 8h

苯酚和酰胺功能化的PCCA

0.1mol/L NaOH

10% TEMED

10min

苯酚和羧基功能化的PCCA

PBS缓冲液,pH 7.2 +EDC,~2h

含酚和OPH酶的PCCA

图 4. 10　制备 IPCCA 并用 3-氨基苯酚和 OPH 进行功能化

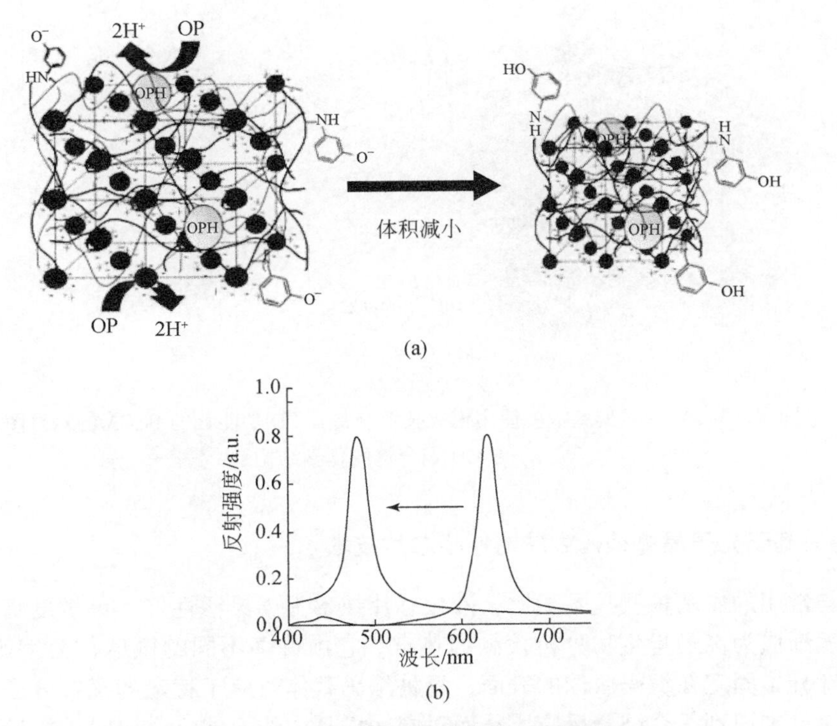


图 4. 11　OPH-光子晶体检测甲基对硫磷

（a）IPCCA 感测水溶液中甲基对氧磷的原理示意图；（b）IPCCA 的衍射峰随分析物浓度增加而蓝移

2014 年，Seo 等[16]利用聚苯乙烯颗粒制备了 PCCA 薄膜，并用β-环糊精（β-CD）聚合物修饰 PCCA 薄膜作为封盖腔，开发了一种用于选择性检测乙基对氧磷和乙基对硫磷的光学化学传感器（图 4.12）。β-CD 是一种由七个单元的α-1,4-D-葡萄糖组成的大分子复合物，具有疏水空腔和亲水外沿[17]。它的结构使它可以通过疏水-疏水相互作用，将其疏水空腔与乙基对氧磷和乙基对硫磷结合，这些相互作用与 PCCA 薄膜的水凝胶网络的变化（即聚苯乙烯颗粒之间距离的变化）有关，其中衍射峰会随着 OP 组分浓度的变化而出现红移[18]。而且与未修饰的 PCCA 薄膜相比，β-CD 修饰的 PCCA 薄膜衍射强度更高，且随着 OP 浓度的升高衍射强度略有降低。此外，该 PCCA 薄膜响应时间快速（10s），灵敏度高，对乙基对氧磷和乙基对硫磷的检测限分别为 2.0ppb 和 3.4ppb（图 4.13），但它的再生效果较差，适合用作现场检测 OP 的高度便携式和一次性传感器。

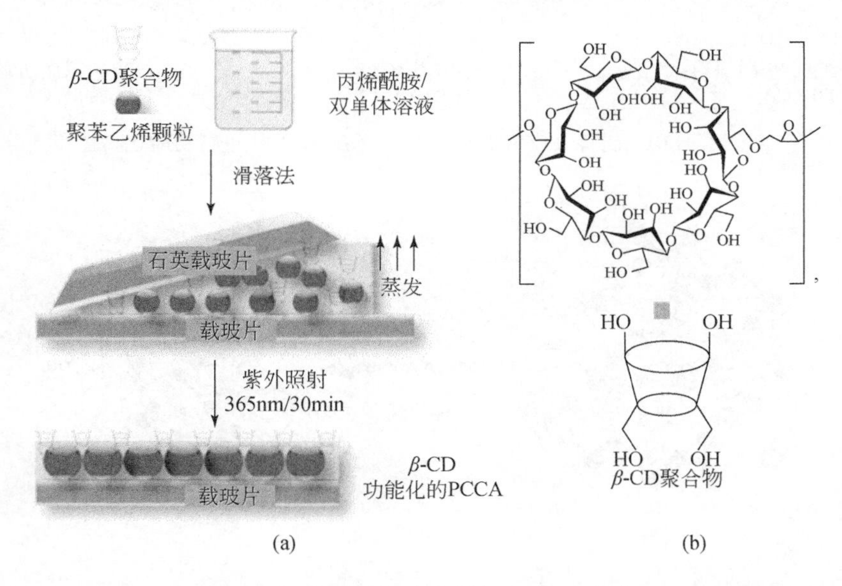


图 4.12 （a）在玻璃基板上使用拖放技术制备β-CD 功能化的 PCCA 的示意图；（b）β-CD 聚合物的化学结构

### 4.2.4 基于光子晶体编码微球的液相芯片技术

与常用的农药检测技术相比，液相芯片技术由于灵活性好、灵敏度高、通量大，逐渐成为高通量生物分析检测的热点。它由许多不同的微球作为编码载体，将探针分子固定在编码微球的表面，每种编码载体对应于特定的探针分子。通过编码信息来识别每个结合反应，从而对同一样品中的不同物质同时进行检测。光子晶体编码技术作为液相芯片技术应用的关键技术，由于低荧光背景、低制备成

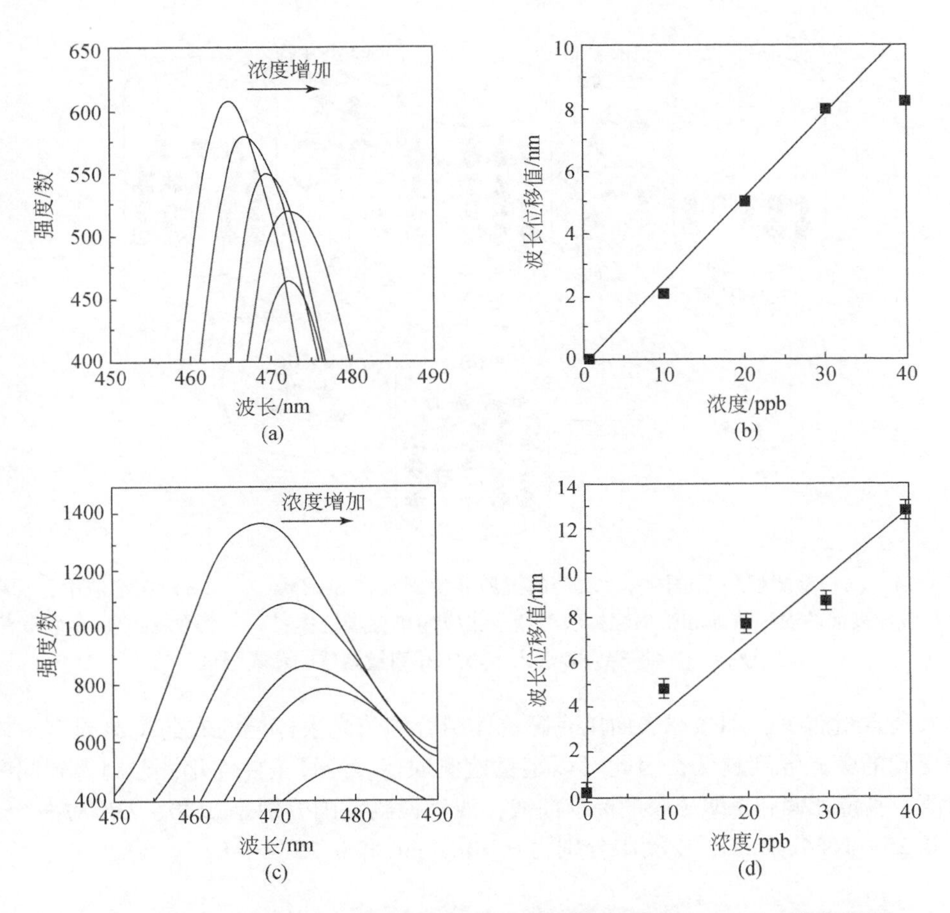


图 4.13　β-CD 改性 PCCA 薄膜的衍射响应和衍射波长偏移与 OP 浓度的关系图
(a)、(b) 乙基对氧磷；(c)、(d) 乙基对硫磷；OP 的浓度为 0ppb、10ppb、20ppb、30ppb 和 40ppb

本和煅烧后的高机械稳定性越来越被广泛关注。与荧光编码和量子点编码相比，光子晶体编码由于它的颜色来源于自身的周期性结构，不会出现漂白和猝灭；此外，它还具有优良的光谱学特性，不需要特定的激发光就可以在可见光范围内检测到特征反射峰，在简化解码过程的同时获得了巨大的编码量，因此可以作为优良的编码技术与液相芯片技术相结合，进行农药的定量检测（图 4.14）。

2014 年，东南大学王璇[19] 利用液相芯片技术，选择胶体光子晶体微球（silica colloidal crystal beads，SCCBs）作为编码微载体（图 4.15），并将农药单克隆抗体偶联于微球表面作为检测探针，对甲基毒死蜱和杀螟硫磷进行同时检测（图 4.16）。采用了直接竞争法，在液相反应体系中加入待检的游离农药和异硫氰酸荧光素标记的农药抗原，共同竞争微球上各自特异性的农药单克隆抗体，目

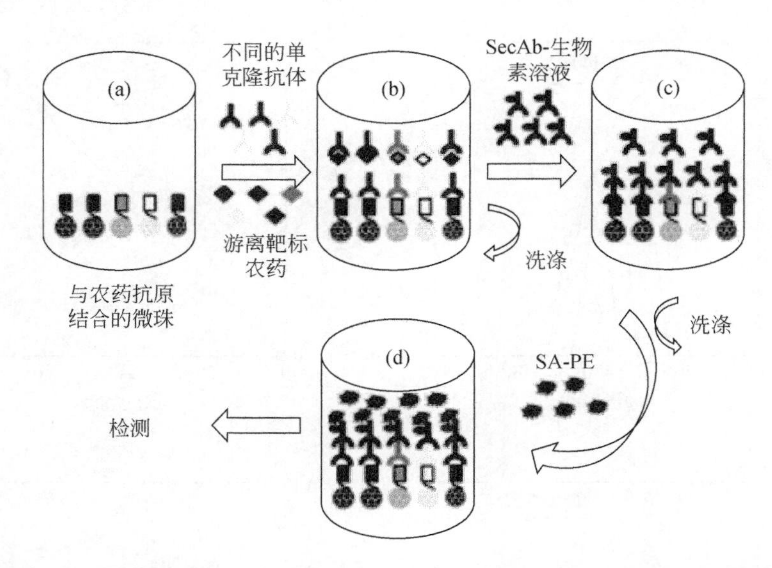


图 4.14　（a）检测程序原理图，将农药的抗原共价固定在 SHHMs 上；（b）在溶液中，让残留在微球表面的农药抗原和游离靶标农药竞争相应的单克隆抗体；（c）添加 SecAb-生物素溶液；（d）将 SA-PE 加入溶液中并测量微球的荧光强度

标农药含量越少，和微球表面单克隆抗体结合的荧光素标记的农药抗原越多，检测得到的荧光强度越低，因此可以定量检测农药。经过条件优化，绘制得到同时检测甲基毒死蜱和杀螟硫磷的标准曲线，线性检测范围分别是 0.40 ~ 735.37ng/mL 和 0.25 ~ 1024ng/mL，检测限分别为 0.40ng/mL 和 0.25ng/mL。

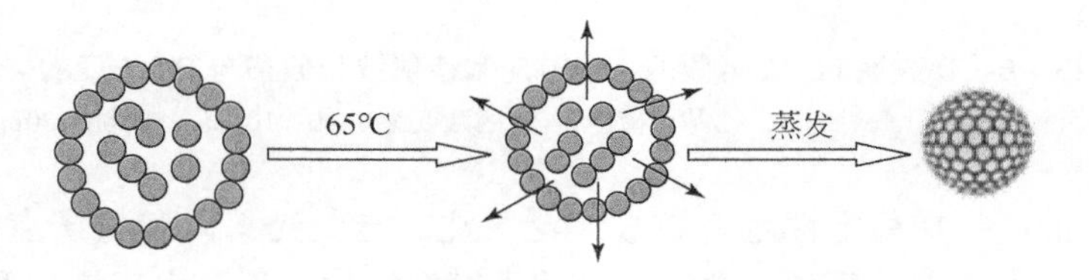


图 4.15　胶体光子晶体微球形成

以 SCCBs 作为编码载体构建的液相芯片技术，由于微球的编码反射峰源于自身的周期结构，因此其编码十分稳定，但是仍然存在非特异性吸附、表面固定的探针分子活性低等问题，因此对 SCCBs 进行了改进。Yin 等[20]又制备了五种不同反射光谱的二氧化硅-光子晶体水凝胶复合微球（silica-hydrogel hybrid microbeads，SHHMs）作为编码微载体，将抗原-抗体免疫反应和生物素-亲和素放大系统相结合，可同时检测五种农药（图 4.14）。利用间接竞争法，偶联在微球上的农药抗原与游离的农药分子竞争结合单克隆抗体，并加入荧光标记试剂

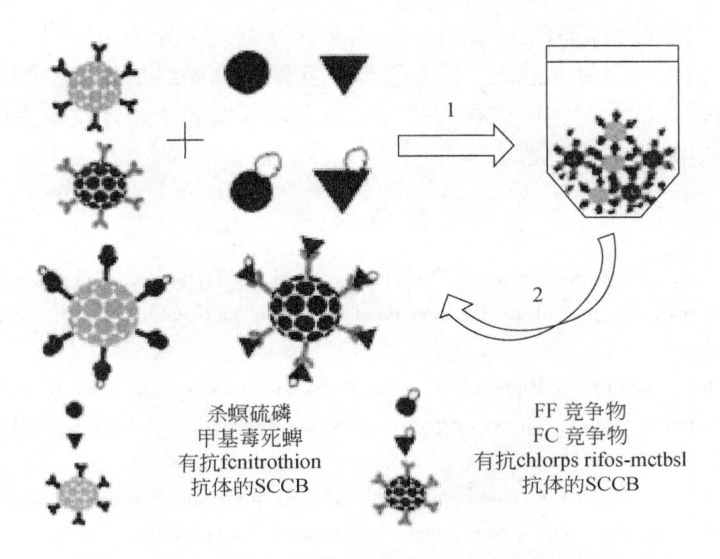


图 4.16　基于胶体光子晶体微球的农药多残留检测示意图

SA-PE，它可与生物素标记的羊抗小鼠 IgG 结合，当样品中农药浓度增加时，由于抗原-抗体特异性免疫反应，溶液中的抗原抗体免疫复合物增加，而结合到微球上的抗体减少，形成的免疫复合物相应减少，因此检测时荧光强度降低。由于荧光强度与待检农药的量呈一定的相关性，因此可以实现农药的定量检测。该方法检测杀螟硫磷、甲基毒死蜱、倍硫磷、甲萘威和速灭威的检测限分别为 0.02ng/mL、0.012ng/mL、0.04ng/mL、0.05ng/mL、0.10ng/mL，线性检测范围分别为 0.02 ~ 1562.5ng/mL、0.012 ~ 937.5ng/mL、0.04 ~ 1250ng/mL、0.05 ~ 819.2ng/mL、0.10 ~ 218.7ng/mL。该种检测方法采用的 SHHMs 在降低非特异性吸附的同时提供了羧基基团与抗原、抗体分子连接，又引入了链霉亲和素-生物素放大系统，放大了检测信号，提高了检测的灵敏度，可以满足农产品中农药痕量检测的要求。

## 4.3　总结与展望

由于有机磷化合物在农业和军事上的滥用，开发一种可以快速高效、实时现场检测农药和神经毒剂的新型传感器尤为迫切。而光子晶体由于其独特的光学调控特性越来越受到科研工作者的广泛关注。利用二维光子晶体技术检测有机磷农药可以快速完成自组装制备，形成德拜衍射环，很方便地用于定量分析物浓度的变化，而且它独特的光学性质使得其能够实现“裸眼观测”的效果。在此基础上构建的分子印迹光子晶体则在继承光子晶体的优势下，增强了传感器的选择性，满足了定性分析的需要。此外，利用非共价键制备分子印迹时，还具有可再生的特性，重现性良好。总之，现场检测、实时检测始终是用于检测有机磷化合物的传感器设计的关键，应该在此基础上更多地开发光子晶体技术来改善传感器的其他性能。

## 参考文献


[1] Damalas C A, Eleftherohorinos I G. Pesticide exposure, safety issues, and risk assessment indicators. International Journal of Environmental Research and Public Health, 2011, 8 (5): 1402-1419.

[2] Marsillach J, Hsieh E J, Richter R J, et al. Proteomic analysis of adducted butyrylcholinesterase for biomonitoring organophosphorus exposures. Chemico-Biological Interactions, 2013, 203 (1): 85-90.

[3] Rodrigues A M, Ferreira V, Cardoso V V, et al. Determination of several pesticides in water by solid-phase extraction, liquid chromatography and electrospray tandem mass spectrometry. Journal of Chromatography A, 2007, 1150 (1-2): 267-278.

[4] Sun J W, Liu B, Zhang Y, et al. Development of an enzyme-linked immunosorbent assay for metolcarb residue analysis and investigation of matrix effects from different agricultural products. Analytical and Bioanalytical Chemistry, 2009, 394 (8): 2223-2230.

[5] Leon-Gonzalez M E, Townshend A. Flow-injection determination of paraoxon by inhibition of immobilized acetylcholinesterase. Analytica Chimica Acta, 1990, 236: 267-272.

[6] Jang S, Koh Y, Kim J, et al. Detection of organophosphates based on surface-modified DBR porous silicon using led light. Materials Letters, 2008, 62 (3): 552-555.

[7] Fenzl C, Genslein C, Zopfl A, et al. A photonic crystal based sensing scheme for acetylcholine and acetylcholinesterase inhibitors. Journal of Materials Chemistry B, 2015, 3 (10): 2089-2095.

[8] Qi F L, Lan Y H, Meng Z H, et al. Acetylcholinesterase-functionalized two-dimensional photonic crystals for the detection of organophosphates. RSC Advances, 2018, 8 (51): 29385-29391.

[9] 李果果. 用于农业污染物检测的二维光子晶体酶传感技术研究. 长沙：湖南大学，2018.

[10] Xue F, Asher S A, Meng Z, et al. Two-dimensional colloidal crystal heterostructures. RSC Advances, 2015, 5 (24): 18939-18944.

[11] Yan Z, Xue M, He Q, et al. A non-enzymatic urine glucose sensor with 2D photonic crystal hydrogel. Analytical and Bioanalytical Chemistry, 2016, 408 (29): 8317-8323.

[12] Wu Z, Tao C A, Lin C, et al. Label-free colorimetric detection of trace atrazine in aqueous solution by using molecularly imprinted photonic polymers. Chemistry, 2008, 14 (36): 11358-11368.

[13] Liu F, Huang S, Xue F, et al. Detection of organophosphorus compounds using a molecularly imprinted photonic crystal. Biosensors & Bioelectronics, 2012, 32 (1): 273-277.

[14] Walker J P, Asher S A. Acetylcholinesterase-based organophosphate nerve agent sensing photonic crystal. Analytical Chemistry, 2005, 77 (6): 1596-1600.

[15] Walker J P, Kimble K W, Asher S A. Photonic crystal sensor for organophosphate nerve agents utilizing the organophosphorus hydrolase enzyme. Analytical and Bioanalytical Chemistry, 2007, 389 (7-8): 2115-2124.

[16] Bui M P N, Seo S S. Fabrication of polymerized crystalline colloidal array thin film modified $\beta$-cyclodextrin polymer for paraoxon-ethyl and parathion-ethyl detection. Analytical Sciences, 2014, 30 (5): 581-587.

[17] Kalakuntla R K, Wille T, Le Provost R, et al. New modified beta-cyclodextrin derivatives as detoxifying agents of chemical warfare agents (Ⅰ). Synthesis and preliminary screening: Evaluation of the detoxification using a half-quantitative enzymatic assay. Toxicol Lett, 2013, 216 (2-3): 200-205.

[18] Wang D, Zhao Q, Zoysa R S S d, et al. Detection of nerve agent hydrolytes in an engineered nanopore. Sensors and Actuators B: Chemical, 2009, 139 (2): 440-446.

[19] 王璇. 基于光子晶体编码微球的农药多残留检测技术构建与应用. 南京: 东南大学, 2015.

[20] Wang X, Mu Z, Shangguan F, et al. Rapid and sensitive suspension array for multiplex detection of organophosphorus pesticides and carbamate pesticides based on silica-hydrogel hybrid microbeads. Journal of Hazardous Materials, 2014, 273: 287-292.

（李凯莉　孟子晖）

# 第5章　光子晶体检测环境污染物

## 5.1 引　　言

自然环境是生物长期生存和发展的基础，然而近几十年来人类活动对自然环境造成了极大的破坏和污染，如果不加以控制和修复，环境恶化将会给地球生物带来巨大的灾难。尽管世界各地都在加强对环境的保护和修复，但是水体、土壤以及空气的质量仍然在缓慢地下降，其中一个重要原因是环境污染物（重金属离子、内分泌干扰物、爆炸物、有机磷、挥发性有机化合物等）的检测手段无法满足环境防控的需求。由于环境污染是普遍存在的，因此快速、便捷、准确地检测环境污染物是目前迫切需要的。基于PC传感器易于制备、成本低、灵敏度高和抗干扰能力强等特点，近些年人们对其在检测环境污染物方面开展了大量的研究。本章主要介绍了PC传感器在检测重金属离子和内分泌干扰物方面的应用。

## 5.2 重金属离子的检测

重金属离子（如$Cd^{2+}$、$Pb^{2+}$、$Hg^{2+}$、$Cr^{3+}$等）是生物蓄积性和不可降解性的高毒性环境污染物，即使在很小的浓度下也对人体有害[1]。采矿、金属电镀、化肥和农药生产以及电池行业产生的重金属离子会渗入生态系统（如水和土壤）[2,3]，进而通过食物链导致一系列严重的健康问题，如脑损伤、肾功能衰竭和各种认知和运动障碍[4,5]。因此，开发易于操作的重金属离子传感器是迫切需要的。基于聚合物水凝胶在适当的环境刺激下能够产生显著的体积变化，Asher及其合作者最先制备出离子响应水凝胶PC。他们将分子识别剂（4-丙烯酰基氨基苯并-18-冠-6）连接到聚合物链上以选择性地结合某些金属离子，如$Pb^{2+}$和$Ba^{2+}$[6-10]。冠醚和阳离子之间的结合使凝胶网络带有电荷，此电荷通过影响自由反离子的分布产生唐南电势，进而使凝胶内的渗透压升高，最终表现为凝胶溶胀和衍射波长的红移。阳离子的结合形成了聚合电解质水凝胶，其溶胀率是由共价结合的带电基团的数量决定的，因此，在离子强度适中的溶液中，此类凝胶便能够检测浓度在0.1mmol/L（~20ppb）至10mmol/L（~2000ppm）之间的重金属离子（如$Pb^{2+}$）。后来，他们进一步开发了一种晶体胶体阵列光子材料（PCCACS），可以检测水中低浓度的金属阳离子（如$Cu^{2+}$、$Co^{2+}$、$Ni^{2+}$和$Zn^{2+}$）。

在低金属浓度（<μmol/L）下，阳离子与两个连接在PCCACS上的8-羟基喹啉形成双配位络合物，使水凝胶交联并收缩，从而使光子晶体衍射蓝移。经过优化后，该传感材料可用于现场以可视方式确定饮用水中的金属阳离子浓度[11]。后来，Liu等[12]以丙烯酰胺和*N*-乙烯基咪唑为双功能单体，制备了可在混合金属盐溶液中特异性检测$Cu^{2+}$的反蛋白石PC传感器。该传感器响应速率快，衍射峰位移明显，同时伴随着明显的颜色变化，也具有现场快速检测$Cu^{2+}$的潜力。

除了上面介绍的几种金属离子的检测之外，检测水溶液中的$Hg^{2+}$也是一项重要的研究工作，在近些年也有了较多的报道。Arunbabu等[13]设计了一种脲酶偶联晶体胶体阵列（urease coupled crystalline colloidal array，UPCCA），用于检测水中的剧毒汞离子（$Hg^{2+}$）。UPCCA能够水解尿素，并在水凝胶内部产生$HCO_3^-$和$NH_4^+$离子。这些离子改变了聚合物链上的电荷从而导致水凝胶收缩，并伴随着衍射波长的蓝移。而尿素酶抑制剂$Hg^{2+}$的存在干扰了尿素的水解，最终使PCCA净蓝移减少。该UPCCA光子晶体传感器能够检测到水中极低浓度（1ppb）的$Hg^{2+}$，具有可逆性，并且对$Hg^{2+}$的选择性很高，如图5.1所示。Ye等[14]采用重金属离子响应性适配体作为识别剂来特异性结合重金属离子，这导致水凝胶收缩，同时使布拉格衍射峰位置发生相应的蓝移。当水溶液中$Hg^{2+}$的浓度在0～10μmol/L的范围内时，可通过肉眼观察到水凝胶颜色的变化，这有利于在未来实现现场检测。以上提到的两个课题组均使用生物大分子作为识别剂来检测$Hg^{2+}$，这在一定程度上提高了成本和制备难度。Cao等[15]则制备了一种快速原位

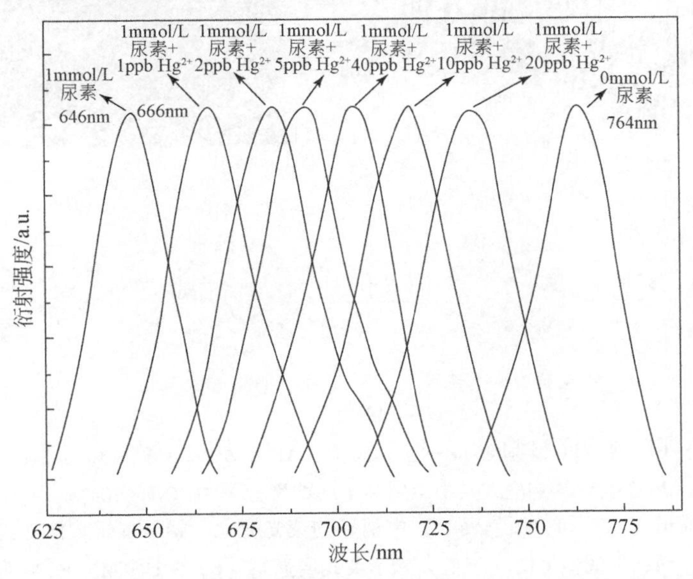


图5.1　在1mmol/L尿素溶液中，UPCCA对不同浓度$Hg^{2+}$的衍射光谱

检测的简单 PC 传感器，他们将接枝在水凝胶上的 *N*，*N′*-胱胺双丙烯酰胺的—S—S—键切割，获得了—SH 基团功能化的离子响应水凝胶。该水凝胶能够通过形成—S—Hg—S—键而选择性地检测海水中的 $Hg^{2+}$，—S—Hg—S—键的形成使水凝胶收缩并使衍射波长蓝移，其检测限为 $10^{-9}$ mol/L。

传感器在检测重金属离子时不仅要有高的灵敏度，批量检测和快速检测也是决定传感器具有实际应用价值的重要特征。为了实现快速检测和批量检测，将光子晶体材料与其他先进技术或方法进行结合不失为一种好的研究策略。Xu 等[16]建立了基于 96 孔板的 3D PC 超球平台以就地分析金属离子和生物分子，提出了一种非常便捷的检测策略。他们通过将 8-羟基喹啉（8-HQ）添加到单分散聚苯乙烯胶体中，制成了这种针对金属离子的 3D PC 微型检测器，如图 5.2 所示。这些超球被用于构建荧光探针平台和单元光子晶体阵列（CPA）芯片，能够定量测试牛血清白蛋白（BSA）和 11 种金属离子（在 $10^{-8}$ mmol/L 的浓度下检测）。CPA 芯片对不同金属离子的选择性荧光增强或猝灭作用为测定和分析多种分析物提供了可能。芯片的建立为一次提取和分析多个信号提供

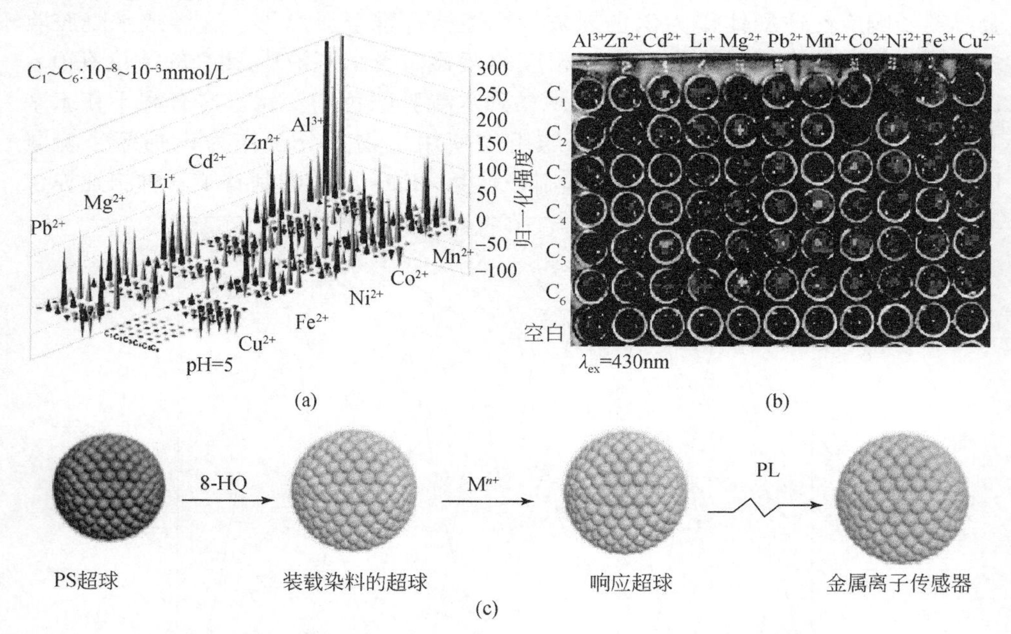


图 5.2 （a）8-HQ/$M^{n+}$ PC 阵列对 11 种金属离子（$Al^{3+}$、$Zn^{2+}$、$Cd^{2+}$、$Li^{+}$、$Mg^{2+}$、$Pb^{2+}$、$Mn^{2+}$、$Co^{2+}$、$Ni^{2+}$、$Fe^{3+}$和 $Cu^{2+}$）的响应，其中金属离子的浓度范围为 $10^{-8}$ ~ $10^{-3}$ mmol/L［在五个独立的激发和发射通道（由不同的颜色表示）中诱导的荧光变化：朝下的锥形图对应于负强度值，表示荧光猝灭，而朝上的锥形图（正值）指示荧光增强］；（b）8-HQ/$M^{n+}$ PC 阵列的荧光图像；（c）功能性化合物 8-HQ 对 PC 超球进行功能化的过程（PS：聚苯乙烯，PL：光致发光）

了一种更加便捷有效的方式，在生物检测领域具有巨大的潜在应用前景。Abell 等[1]则使用纳米多孔阳极氧化铝光子晶体实现了实时检测人血蛋白与重金属离子之间的结合，即能够检测到暴露于重金属离子的蛋白质的动态构象变化，同时也实现了对重金属离子的检测。

## 5.3　内分泌干扰物检测

内分泌干扰物（EDCs），如双酚 A（BPA）、已烯雌酚（DES）和 PNP，被广泛用于农药、食物容器和塑料的生产。然而，正是由于这些用途，EDCs 易于在人体积累并干扰人体的激素平衡，进而影响内分泌系统的功能，对人体健康产生不利的影响[17,18]。例如，BPA、DES 等人工合成雌激素可以模仿雌激素的作用干扰人类和野生动植物的雌激素与雌激素受体的结合过程，增加癌症发生率，降低精液质量和免疫能力[19,20]。因此，人们迫切需要开发灵敏、可靠的分析方法来测定 EDCs。Li 课题组[21]是较早使用 PC 传感器检测此类物质的课题组，他们结合分子印迹技术制备了用于检测阿特拉津的反蛋白石 PC 传感平台，该传感平台含有有序的 3D 大孔结构和大量的特异性识别纳米空腔，因此能够实现快速传质及超灵敏（$10^{-8}$ ng/mL）检测分析物，最终将检测信号转变为可读的光信号和肉眼可见的颜色变化。后来他们进一步以二氧化硅 PC 阵列为模板制备了分子印迹的反蛋白石 PC 薄膜用于检测 BPA、阿特拉津等 6 种农药[22]。该传感器可以实现对这些分析物及其混合物在大范围浓度下的检测和鉴别，特别是在含有高浓度的其他成分时进行目标物的痕量分析，表现出优异的传感性能，如图 5.3 所示。类似地，吡虫啉[23]和邻苯二甲酸酯[24]印迹的反蛋白石 PC 传感器也先后被报道，其具有较高的灵敏度和明显的响应信号。

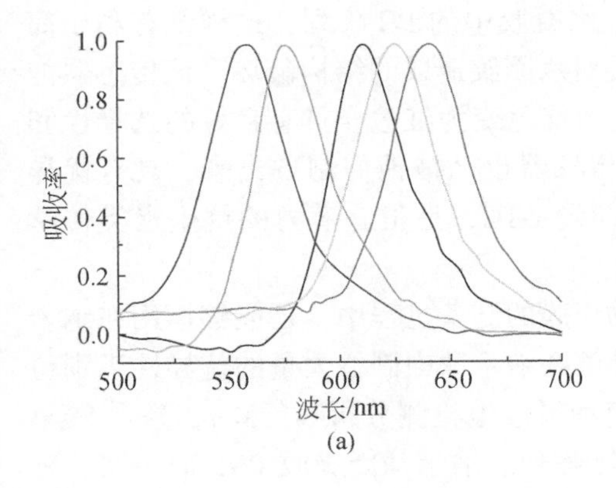

(a)

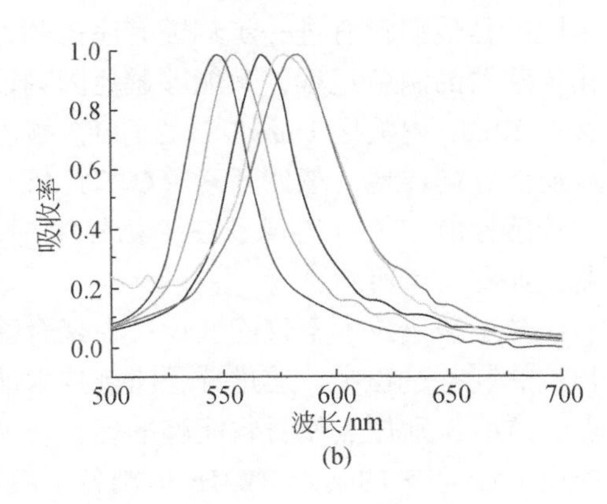

(b)

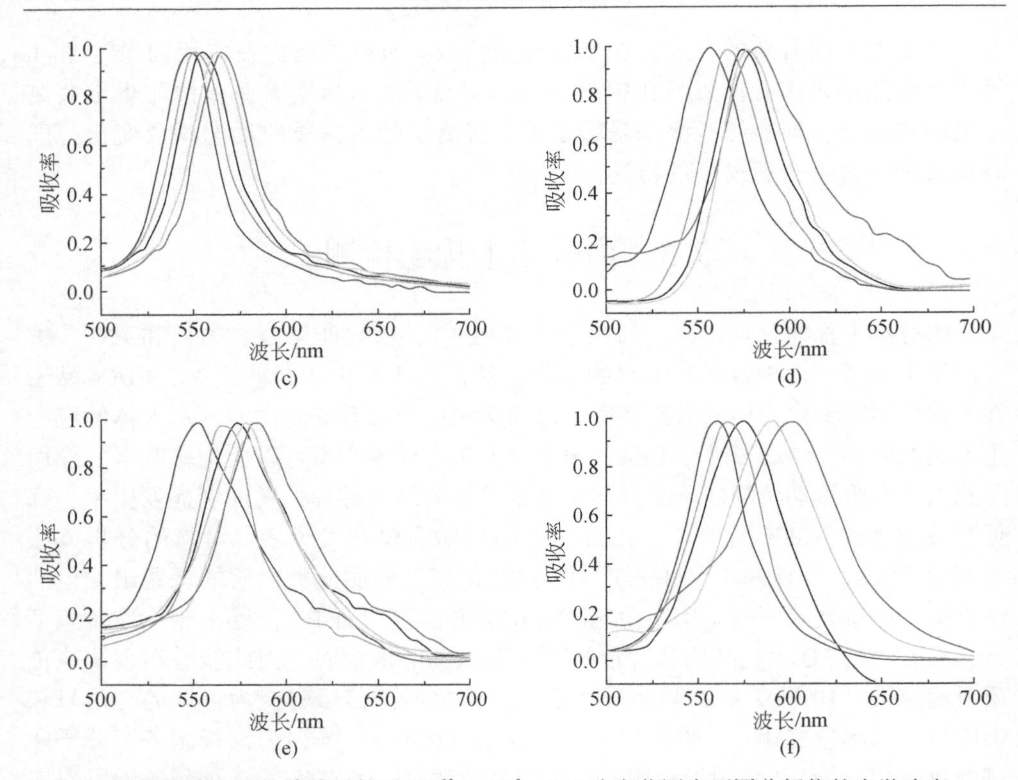


图 5.3 阿特拉津印迹的传感元件对 $10^{-12}\sim10^{-6}$mol/L 浓度范围内不同分析物的光学响应：（a）阿特拉津；（b）2，4-D；（c）毒死蜱；（d）二嗪农；（e）扑草净；（f）BPA

所有光谱均被归一化，曲线（从左向右）所代表的缓冲液浓度依次为 $10^{-12}$mol/L、$10^{-10}$mol/L、$10^{-8}$mol/L、$10^{-6}$mol/L

Meng 等[25]则以相同的方法制备了盐酸克林霉素（CLI）印迹的水凝胶薄膜，不同的是他们没有进一步刻蚀有序排列在水凝胶中的 PC 阵列，这样既有利于简化传感器的制备过程，又能够避免因刻蚀对水凝胶造成的结构破坏。该传感器能够在 10min 内响应 1mmol/L 的 CLI，颜色由绿色变为红色，具有良好的选择性和可逆性。同样地，氧四环素（OTC）PC 传感器也已被他们制备出来，具有优异的传感性能，并且实现了在牛奶样本中检测 OTC，是很有潜力的抗生素类传感器，如图 5.4 所示[26]。

分子印迹技术不仅能够运用在聚合物薄膜的制备过程中，还能够运用在纳米颗粒的制备过程中。通过分子印迹技术能够在纳米球中制备大量的特异性识别位点，这些识别位点使材料能够准确、快速和灵敏地检测分析物。Meng 等[27]较早使用 PNP 印迹的纳米 PMMA 球制备了胶体阵列。纳米球因吸收 PNP 而溶胀，阵列的反射峰红移约 60nm，颜色由红色变为蓝紫色（超出可见光范围）。后来，他

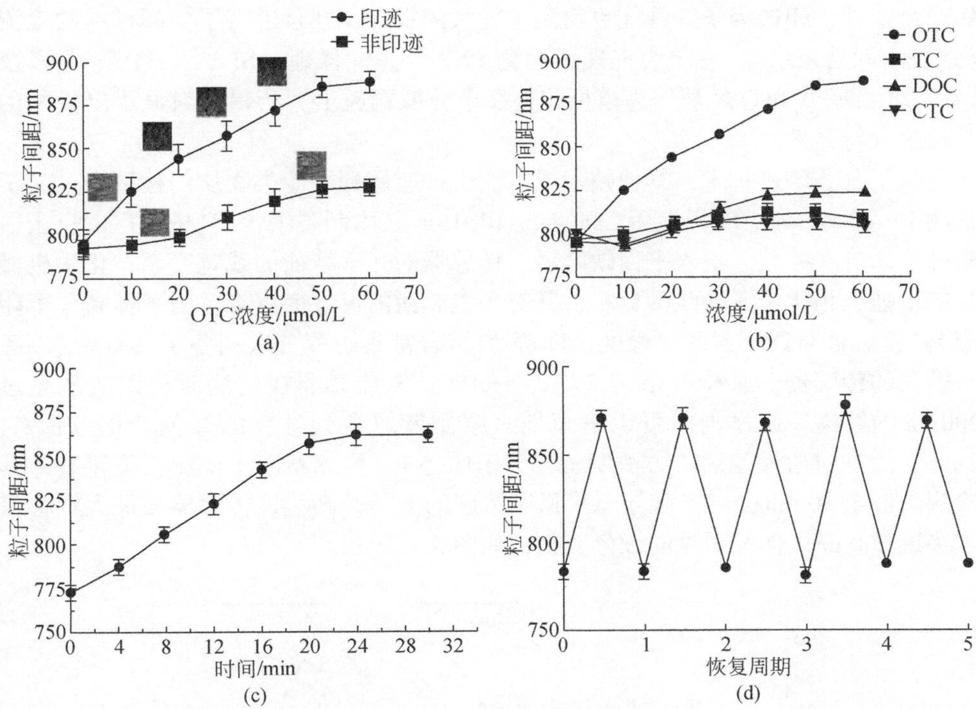


图5.4　(a) 分别用OTC印迹水凝胶和非印迹水凝胶对OTC进行分析；(b) 在0～60μmol/L浓度范围内，OTC印迹水凝胶对OTC、盐酸四环素（TC）、盐酸多西环素（DOC）和盐酸金霉素（CTC）的响应；OTC印迹水凝胶检测60μmol/L OTC的动力学（c）和可逆性（d）

们通过优化纳米球的尺寸制备了更利于观察的PMMA阵列。当该PMMA阵列暴露在相同浓度梯度的PNP溶液中时，颜色由绿色变为红色，此时的颜色变化均在可见光范围内，更加有利于裸眼观察，如图5.5所示。同时，该传感器的选择

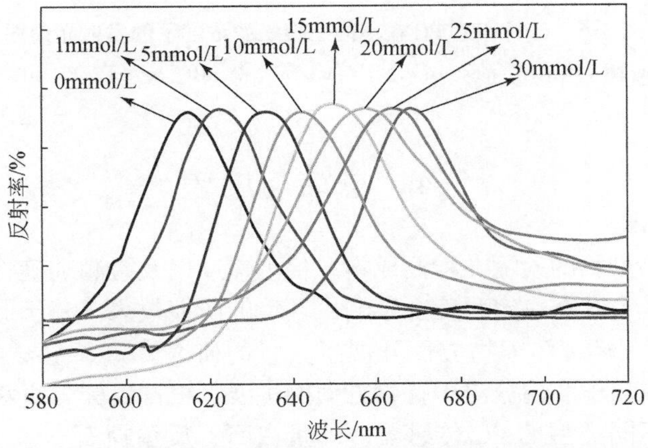


图5.5　PNP印迹的PMMA阵列暴露在不同浓度的PNP溶液中的颜色变化

性、可逆性、印迹因子等性能也得到了较大的提升，并且进行了实际样本的检测（地表水和自来水），有望实现现场检测 PNP[28]。同样地，BPA[29]、DES[30]以及 17-$\beta$-雌二醇[31]也已经被作为模板印迹在单分散颗粒上，所得材料显示出极好的灵敏度和特异性。

除了分子印迹技术，其他技术或方法也被应用到了此类物质的检测中。为了检测 BPA，Griffete 等[32]运用 Langmuir-Blodgett 技术制备了含 2D 缺陷层的反蛋白石分子印迹水凝胶。引入平面缺陷后，传感器的光学特征的线宽变窄，化学机械响应增强，相比于无缺陷的材料，其对环境刺激的灵敏度更高。为了提高分子印迹 PC 传感器对四环素的灵敏度，Li 等[33]结合富集过程首次制备了具有亲水-疏水模式的传感器，其检测限为 $2\times10^{-9}$ mol/L。该传感器在检测时可以实现超过 200nm 的红移，通过肉眼可以清晰地观察到蓝绿色到红色的颜色变化。后来，Cao 等[34]通过磁性组装的方法制备了分子印迹 PC 传感器用于检测三聚氰胺，其检测限低至 $10^{-5}$ mg/mL。随着三聚氰胺浓度的不断升高，该传感器的最大红移量也接近 200nm，伴有明显的颜色变化，如图 5.6 所示。

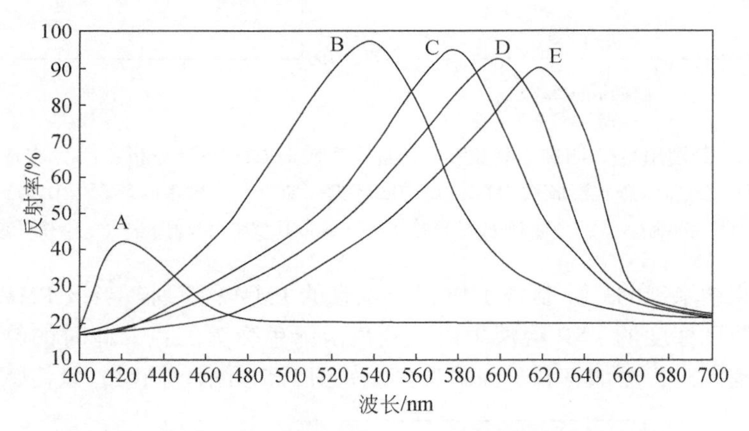


图 5.6　分子印迹 PC 在不同三聚氰胺浓度下的发射光谱图

A：0mg/mL；B：$10^{-5}$ mg/mL；C：$10^{-4}$ mg/mL；D：$10^{-3}$ mg/mL；E：$10^{-2}$ mg/mL

## 5.4　总结与展望

目前环境污染物的检测在检测成本、检测速度以及检测准确性等方面仍然面临着巨大的挑战，这在一定程度上影响了环境的防控效果。基于此，近些年人们在 PC 传感器检测环境污染物方面开展了大量的研究。本章主要介绍了 PC 传感器在检测重金属离子和内分泌干扰物方面的进展。根据目标分析物和检测环境的特点可以设计不同类型的 PC 传感器，如蛋白石、反蛋白石、亲水-疏水模式等

PC传感器；也可以结合其他先进的技术以提高PC传感器的性能，如分子印迹技术、荧光探针技术、Langmuir-Blodgett技术、磁性组装技术等。总而言之，PC传感器在检测环境污染物方面已经表现出很大的潜力，相信通过科研人员不懈的努力，定会在不久的将来实现PC传感器的商业化和实际应用。

## 参考文献

[1] Law C S, Lim S Y, Abell A D, et al. Real-time binding monitoring between human blood proteins and heavy metal ions in nanoporous anodic alumina photonic crystals. Analytical Chemistry, 2018, 90 (16): 10039-10048.

[2] Fu F, Wang Q. Removal of heavy metal ions from wastewaters: A review. Journal of Environmental Management, 2011, 92 (3): 407-418.

[3] Gumpu M B, Sethuraman S, Krishnan U M, et al. A review on detection of heavy metal ions in water—an electrochemical approach. Sensors and Actuators B: Chemical, 2015, 213: 515-533.

[4] Onyido I, Norris A R, Buncel E. Biomolecule-mercury interactions: Modalities of DNA base-mercury binding mechanisms. Remediation strategies. Chemical Reviews, 2004, 104 (12): 5911-5929.

[5] Zheng W, Aschner M, Ghersi-Egea J F. Brain barrier systems: A new frontier in metal neurotoxicological research. Toxicology and Applied Pharmacology, 2003, 192 (1): 1-11.

[6] Holtz J H, Asher S A. Polymerized colloidal crystal hydrogel films as intelligent chemical sensing materials. Nature, 1997, 389 (6653): 829-832.

[7] Holtz J H, Holtz J S W, Munro C H, et al. Intelligent polymerized crystalline colloidal arrays: Novel chemical sensor materials. Analytical Chemistry, 1998, 70 (4): 780-791.

[8] Goponenko A V, Asher S A. Modeling of stimulated hydrogel volume changes in photonic crystal $Pb^{2+}$ sensing materials. Journal of the American Chemical Society, 2005, 127 (30): 10753-10759.

[9] Kamenjicki M, Asher S A. Epoxide functionalized polymerized crystalline colloidal arrays. Sensors and Actuators B: Chemical, 2005, 106: 373-377.

[10] Zhang J T, Wang L, Luo J, et al. 2D array photonic crystal sensing motif. Journal of the American Chemical Society, 2011, 133 (24): 9152-9155.

[11] Asher S A, Sharma A C, Goponenko A V, et al. Photonic crystal aqueous metal cation sensing materials. Analytical Chemistry, 2003, 75 (7): 1676-1683.

[12] 刘士荣，秦立彦，张晓栋，等. 高灵敏比色检测$Cu^{2+}$的反蛋白石结构光子晶体水凝胶膜. 高等学校化学学报，2017，38 (11)：1993-1998.

[13] Arunbabu D, Sannigrahi A, Jana T. Photonic crystal hydrogel material for the sensing of toxic mercury ions ($Hg^{2+}$) in water. Soft Matter, 2011, 7 (6): 2592-2599.

[14] Ye B F, Zhao Y J, Cheng Y, et al. Colorimetric photonic hydrogel aptasensor for the screening of heavy metal ions. Nanoscale, 2012, 4 (19): 5998-6003.

[15] Qin J, Dong B, Li X, et al. Fabrication of intelligent photonic crystal hydrogel sensors for selective detection of trace mercury ions in seawater. Journal of Materials Chemistry C, 2017, 5 (33): 8482-8488.

[16] Chen T, Deng Z Y, Yin S N, et al. The fabrication of 2D and 3D photonic crystal arrays towards high performance recognition of metal ions and biomolecules. Journal of Materials Chemistry C, 2016, 4 (7): 1398-1404.

[17] Fernandez M F, Olmos B, Granada A, et al. Human exposure to endocrine-disrupting chemicals and prenatal risk factors for cryptorchidism and hypospadias: A nested case-control study. Environ Health Perspect, 2007, 115: 8-14.

[18] Rodriguez-Gomez R, Zafra-Gomez A, Camino-Sanchez F J, et al. Gas chromatography and ultra high performance liquid chromatography tandem mass spectrometry methods for the determination of selected endocrine disrupting chemicals in human breast milk after stir-bar sorptive extraction. Journal of Chromatography A, 2014, 1349: 69-79.

[19] Zhou L, Wang J, Li D, et al. An electrochemical aptasensor based on gold nanoparticles dotted graphene modified glassy carbon electrode for label-free detection of bisphenol a in milk samples. Food Chemistry, 2014, 162: 34-40.

[20] 薛敏，王安，王瑜，等．分子印迹固相萃取技术检测江水、尿液及牛奶中雌激素残留．分析化学，2011，39（06）：793-798.

[21] Wu Z, Tao C A, Lin C, et al. Label-free colorimetric detection of trace atrazine in aqueous solution by using molecularly imprinted photonic polymers. Chemistry, 2008, 14 (36): 11358-11368.

[22] Xu D, Zhu W, Wang C, et al. Molecularly imprinted photonic polymers as sensing elements for the creation of cross-reactive sensor arrays. Chemistry, 2014, 20 (50): 16620-16625.

[23] Wang X, Mu Z, Liu R, et al. Molecular imprinted photonic crystal hydrogels for the rapid and label-free detection of imidacloprid. Food Chemistry, 2013, 141 (4): 3947-3953.

[24] 兰小波，赵文斌，王梦凡，等．分子印迹光子晶体传感芯片的制备及对邻苯二甲酸酯类化合物的检测．分析化学，2015，43（4）：471-478.

[25] Wang Y F, Fan J, Meng Z H, et al. Fabrication of an antibiotic-sensitive 2D-molecularly imprinted photonic crystal. Analytical Methods, 2019, 11 (22): 2875-2879.

[26] Wang Y F, Xie T S, Yang J, et al. Fast screening of antibiotics in milk using a molecularly imprinted two-dimensional photonic crystal hydrogel sensor. Analytica Chimica Acta, 2019, 1070: 97-103.

[27] Xue F, Wang Y F, Wang Q H, et al. Detection of *p*-nitrophenol using molecularly imprinted colloidal array. Chinese Journal of Analytical Chemistry, 2012, 40 (2): 218-223.

[28] Xue F, Meng Z H, Wang Y F, et al. A molecularly imprinted colloidal array as a colorimetric sensor for label-free detection of *p*-nitrophenol. Analytical Methods, 2014, 6 (3): 831-837.

[29] Guo C, Zhou C, Sai N, et al. Detection of bisphenol a using an opal photonic crystal sensor. Sensors and Actuators B: Chemical, 2012, 166-167: 17-23.

[30] Sai N, Ning B, Huang G, et al. An imprinted crystalline colloidal array chemical-sensing material for detection of trace diethylstilbestrol. Analyst, 2013, 138 (9): 2720-2728.

[31] Sai N, Wu Y, Sun Z, et al. Molecular imprinted opal closest-packing photonic crystals for the detection of trace 17-beta-estradiol in aqueous solution. Talanta, 2015, 144: 157-162.

[32] Griffete N, Frederich H, Maître A, et al. Introduction of a planar defect in a molecularly imprinted photonic crystal sensor for the detection of bisphenol A. Journal of Colloid and Interface Science, 2011, 364 (1): 18-23.

[33] Hou J, Zhang H C, Yang Q, et al. Hydrophilic-hydrophobic patterned molecularly imprinted photonic crystal sensors for high-sensitive colorimetric detection of tetracycline. Small, 2015, 11 (23): 2738-2742.

[34] You A M, Cao Y H, Cao G Q. Colorimetric sensing of melamine using colloidal magnetically assembled molecularly imprinted photonic crystals. RSC Advances, 2016, 6 (87): 83663-83667.

（李　琪　乔　宇）

# 第 6 章　光子晶体检测 VOC

## 6.1　VOC 气体介绍

VOC 即挥发性有机化合物（volatile organic compound），是一类在现代生活中普遍存在的有机污染物。随着人类工业的快速发展，城市化进程的扩大，空气中的有机化合物污染问题也越来越严重。

不同机构对 VOC 有不同的定义：根据世界卫生组织 1989 年对 VOC 的定义，VOC 是指所有沸点在 50～260℃这一范围内，室温下饱和蒸气压大于 133.132Pa，以蒸气形式在空气中存在且熔点低于室温的有机化合物，其中也包括农药；根据美国国家环境保护局（EPA）对 VOC 的定义，VOC 是指除 CO、$CO_2$、$H_2CO_3$、金属碳化物、金属碳酸盐和碳酸铵外，任何参加大气光化学反应的碳化合物；而根据中国国标《室内空气质量标准》（GB/T 18883—2002）中对 VOC 的定义，VOC 是指利用 Tenax GC 或 Tenax TA 采样，非极性色谱柱（极性指数小于 10）进行分析，保留时间在正己烷和正十六烷之间的挥发性有机化合物。

VOC 在环境空气中普遍存在，其来源主要为各种化学品和化学溶剂、汽车尾气、燃烧废气等。其中化学品主要是指石油化工产品，而化学溶剂则存在于生活中方方面面，特别是室内环境中许多设施设备，如油漆、家具、室内装饰等都会大量使用化学溶剂，含有 VOC。

VOC 的危害主要体现为对大气的污染和对人体健康的危害两方面。VOC 是仅次于汽车尾气的大气第二大污染源，是夏季光化学烟雾污染物和城市灰霾的主要成分，由于在室外太阳光和热的作用下，VOC 会发生氧化氮反应产生臭氧，使空气质量变差。而在室内环境中，由于 VOC 污染物的高蒸气压和自身较强的毒性，会对人体感观、皮肤、神经系统以及呼吸道系统产生不同程度的危害[1]。据 Brown 等[2]的研究表明，大部分人 70%～90% 的时间都是在室内度过，而许多污染物在室内的浓度高于其在室外的浓度，在一般的室内环境中包含着 100 种以上的 VOC 气体，其中 20 多种为致癌物或致突变物，尤其是新建的房屋环境中 VOC 的浓度较高。人处于这样的环境中容易患上病态建筑综合征，即出现头晕眼胀、呼吸困难等症状。

正是由于 VOC 气体对大气以及人体的严重危害，对 VOC 气体的快速检测已经成为一项十分重要的科研课题。

目前比较常见的 VOC 气体检测技术通常分为两种：一种是利用在线气体检测仪如光离子化检测器（photo ionization detector，PID）进行检测，另一种利用气相色谱法进行检测。PID 检测法的检测原理是紫外灯充满气体的辉光放电管在直流高压电场的作用下电极间产生辉光发电，形成等离子柱体，紫外光辐射的紫外光波长和能量则取决于灯内所充气体。气相色谱法检测原理是在吸附管内填充合适的吸附剂（Tenax GC 或者 Tenax TA），用吸附管吸附一定体积的气体样品，样品中的 VOC 将会附着在管中。采样后，将吸附管加热，解吸 VOC，待测样品随惰性载气进入毛细管气相色谱仪，最后用保留时间定性，用峰高或峰面积定量即可。Nasreddine 等[3]采用 PID 作为微型气相色谱检测仪对苯、三甲苯、乙苯、二甲苯进行实时检测。这种基于 PID 的方法操作要求较高，并且在气相色谱中产生明显的拖尾效应。最近，Lee 等[4]采用静电纺丝法制备了一种含铁量不同的 $In_2O_3$ 纳米纤维对 VOC 进行检测。Meng 等[5]用一步法合成了 $Au/SnO_2$/还原氧化石墨烯（RGO）纳米复合材料对乙醇蒸气进行检测。但是由于 PID 和气相色谱仪价格昂贵，使用复杂，不便于携带，这些方法的大规模应用受到了一定局限。因此，一种灵敏快速、选择性好、简单便携、操作简便的新型 VOC 气体传感器一直都是近年来国内外科学家的研究热点。

## 6.2　光子晶体 VOC 传感器

自然界中存在着很多天然的光子晶体结构，最典型的就是蛋白石（图 6.1）。其五彩缤纷的颜色并不是因为蛋白石上含有各种色素，而是因为蛋白石是由粒径为几百纳米的二氧化硅胶体颗粒有序地以面心立方密堆积的形式排列而成的光子晶体结构[6]。除了天然的蛋白石外，鸟类的羽毛、蝴蝶的翅膀和甲壳虫等都存有光子晶体的结构，在受到外界刺激的时候它们能改变自身的颜色起到伪装保护自己的作用[7]。通过对自然界这些现象的观察，科学家们提出了一系列基于光子晶体的传感器。光子晶体在光学上遵循布拉格衍射，当其受到某种环境刺激而使得衍射峰公式中的任一参数改变时，光子晶体的反射波长也会发生变化，从而使其结构色发生改变，实现裸眼检测。光子晶体传感器响应灵敏、应用广泛，具有体积小、造价低、抗电磁干扰、响应时间快速等特点，适用于多种物质的检测。因此，基于光子晶体的传感器研究迅速成为国内外关注的热点之一。

由于气体分子与光的弱相互作用，传统的光学气体传感器需要较长的交互路径或更大的交互体积才能对 ppm 级浓度范围的气体进行检测，而光子晶体型气体传感器由于其特殊的周期性结构特质，只需要很小的交互体积便可以得到

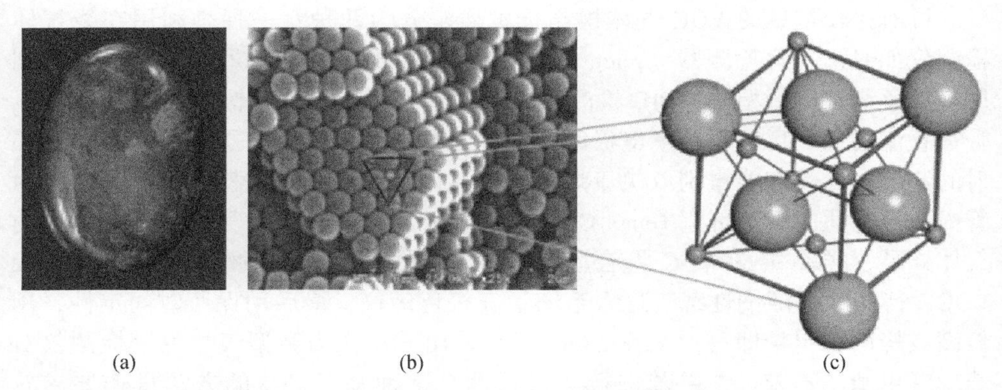


图 6.1　自然界中蛋白石：（a）实物；（b）微观结构 SEM 照片；（c）面心立方晶格

与传统光学传感器相同的结果。最近，光子晶体作为 VOC 传感器也受到了广泛关注，其中应用最广泛的是基于光子晶体吸收光谱学制备的各种气体传感器[8-10]。孟子晖课题组[11,12]利用对流自组装法制备了 PMMA 蛋白石和反蛋白石光子晶体膜，实现了对各种醇类、丙酮和双氧水蒸气的响应，其反射峰红移量大，响应效果明显，结构色变化显著，可用于对危险气体的现场裸眼检测（图 6.2）。

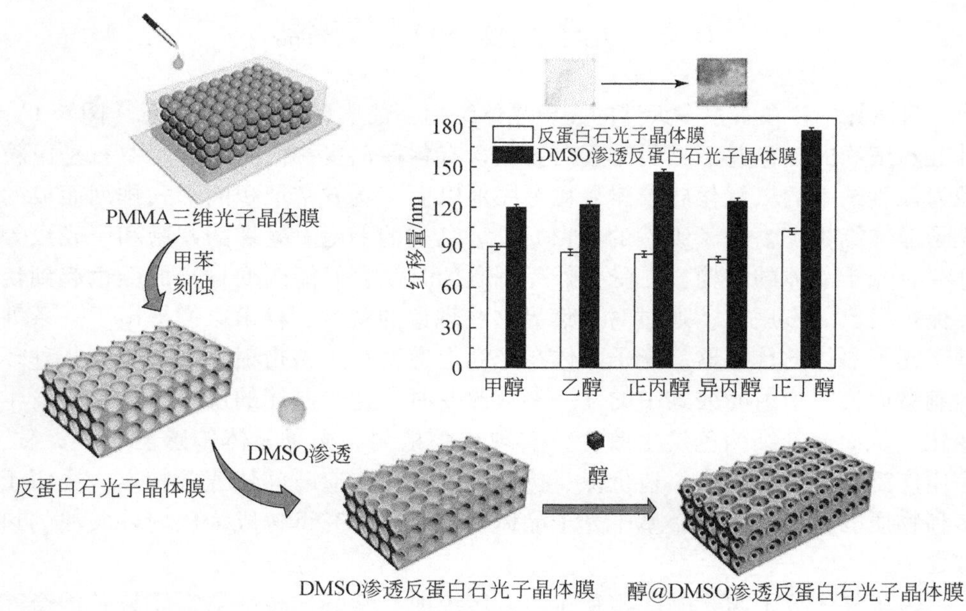


图 6.2　反蛋白石光子晶体膜对醇类蒸气的响应过程

Natasha 等[13]利用离子液体作为液相，制备的二维光子晶体传感器可对氨气进行可视化检测。蔡仲雨课题组[14]提出了一种比传统对流自组装方法具有更大尺寸比的二元胶体晶体制备方法，通过控制二氧化硅和苯乙烯小球的尺寸比实现了对光子晶体带隙结构的调整，从而为光子晶体作为传感器提供了更广泛的应用。近年来，反蛋白石结构的光子晶体研究得到了广泛的关注，这种基于反蛋白石的光子晶体为各种 VOC 的传感提供了一种通用的方法。蔡仲雨等[15]将金纳米颗粒掺杂在反蛋白二氧化硅光子晶体中，发现其可对材料折射率的改变做出响应，为这种材料的传感器应用提供了可能。Zeng 等[16]制备了一种周期有序的聚丙烯酰胺反蛋白石水凝胶膜，这种膜可通过体积和反射率的改变对醇类物质进行快速可逆的响应，如图 6.3 所示。

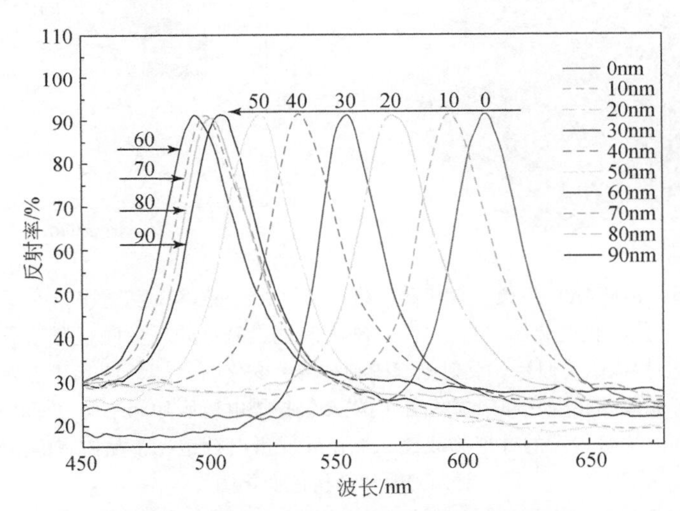


图 6.3　聚丙烯酰胺反蛋白石水凝胶膜对不同质量比的 PEG 反射光谱图

类似地，张玉琦等[17-20]利用四苯基乙烯对二氧化硅反蛋白石型光子晶体膜进行渗透改性，实现了对四氢呋喃蒸气和丙酮蒸气等 VOC 气体的选择性响应；通过噻咯对二氧化硅反蛋白石型光子晶体进行渗透改性后，这种光子晶体膜可对乙醚和石油醚进行可视化响应，其反射峰波长移动超过 100nm，结构色也相应由绿色变为红色；通过用氯甲基苯乙烯（VBC）和 MMA 的共聚物渗透二氧化硅反蛋白石型光子晶体后，这种光子晶体传感器可对空气中的二甲苯进行检测；利用甲基丙烯酸羟乙酯和丙烯酸甲酯的共聚物渗透二氧化硅反蛋白石型光子晶体后，制备了一种可对异丙醇和丁醇等 VOC 蒸气进行响应的光子晶体传感器（图 6.4）。

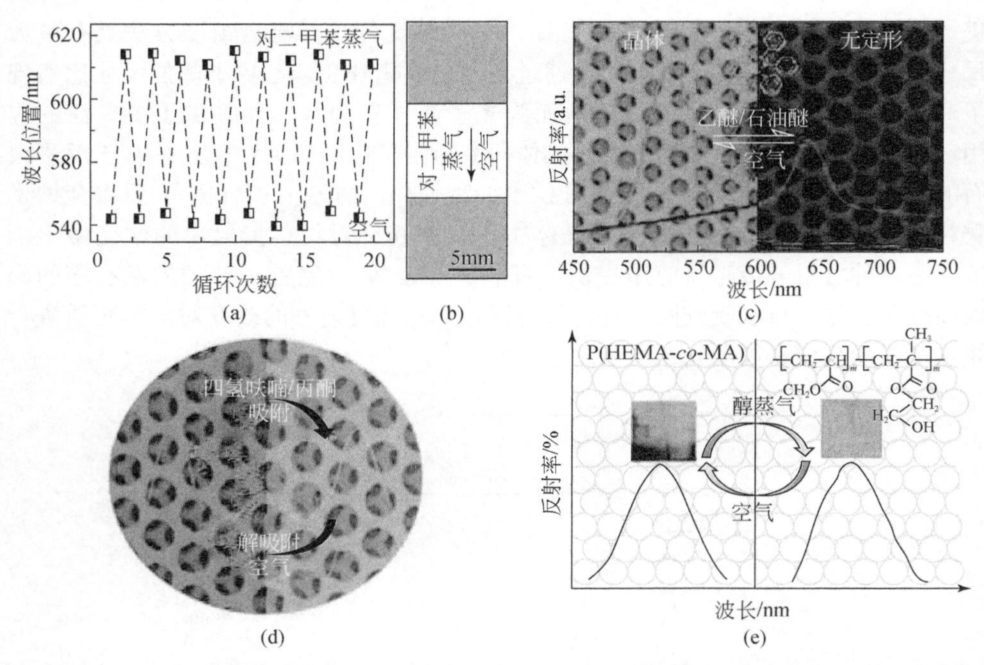


图 6.4　P（VBC-*co*-MMA）渗透二氧化硅反蛋白石型光子晶体在空气和二甲苯中的反射峰位置变化图（a）和结构色变化图（b）；（c）噻咯改性二氧化硅反蛋白石型光子晶体空气和乙醚/石油醚环境中扫描电镜照片、反射光谱图和结构色变化图；（d）四苯基乙烯改性二氧化硅反蛋白石型光子晶体膜在空气和四氢呋喃/丙酮蒸气扫描电镜照片和结构色变化图；（e）甲基丙烯酸羟乙酯和丙烯酸甲酯的共聚物改性二氧化硅反蛋白石型光子晶体在醇蒸气和空气中反射光谱图和结构色变化图

### 6.2.1　光子晶体波导

光子晶体波导是通过在光子晶体中引入线缺陷而形成的，这样光频率处于光子禁带内的光会被限制在该线缺陷中，可对光的群速度和色散特性进行调整。光的群速度受光子晶体中反向反射和全向反射的影响[21]，最小值分布在其色散曲线的布里渊区边缘上。光子晶体波导具有体积小、结构灵活等优点，可在室温下产生低群速度慢光，通过改变光子晶体的结构参数可以调节慢光的工作波长。光子晶体波导光学气体传感系统中，可利用慢光效应来提高光与气体之间的接触作用，从而提高传感器灵敏度，实现微型化高灵敏度的光学气体传感器。

2012 年，赵勇等[22]提出了将光子晶体慢光波导技术与谐波检测信号处理相结合的方法用于检测 CO，该传感器对 CO 的检测限为 21.5ppm，有效区域为 1mm 长度范围内。Kumar 等[23]通过调整超空腔的折射率制备了一种具有双周期波导结构的光子晶体传感器（图 6.5），这种传感器可对气体进行响应，其灵敏度为 610nm/RIU，检测限约为 0.0001RIU。

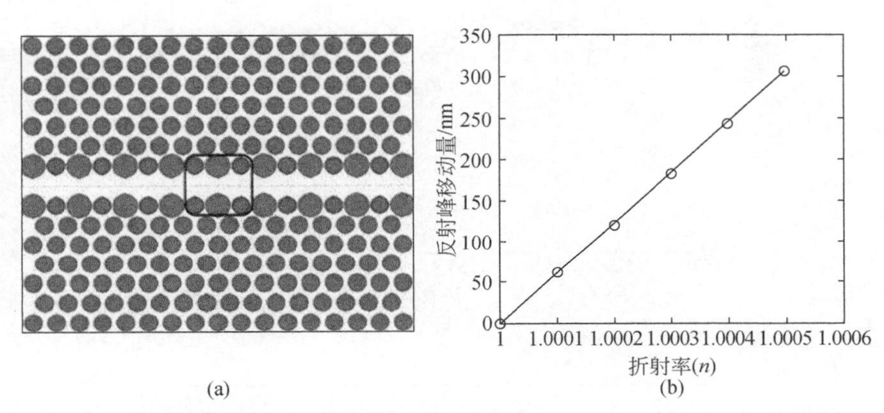


图 6.5　（a）双周期波导结构光子晶体传感器设计示意图；（b）折射率-波长红移关系图

上述这些传感器材料折射率都比较高，使得光与物质的相互作用不充分，因此需要降低传感器材料的折射率。通过在光子晶体传感器中引入空气缝隙的方法，材料折射率被有效降低。Lai 等[24]制备了一种 300μm 长的硅光子晶体缝隙波导装置，该装置将光子晶体波导中的慢光与高强度电场结合在一个低折射率的 90nm 宽狭缝中，有效地折叠了光吸收路径长度。这种传感器可对甲烷气体进行检测，检测限为 100ppm。Zhang 等[25]提出了一种基于缝隙光子晶体波导的微型气体传感器，这种传感器采用了光谱法对传感信号进行处理，可在 1mm 的相互作用长度内对 1ppm 的乙炔气体进行测量。类似地，他们通过对相邻行的缝隙光子晶体波导进行改性，制备了一种可在 300μm 相互长度内对 3.15ppm 的乙炔进行响应的气体传感器［图 6.6（a）］[26]。虽然这些传感器具有很高的灵敏度，但低制造公差限制了这类传感器的广泛应用。为了解决这个问题，作者又提出了一种通过用不同折射率液体选择性浸泡缝隙光子晶体波导两排相邻的孔的方法。通过调节工作波长以匹配不同气体的吸收峰，实现了对 CO、$CO_2$ 和 $H_2S$ 气体的高灵敏度检测［图 6.6（b）］[27]。

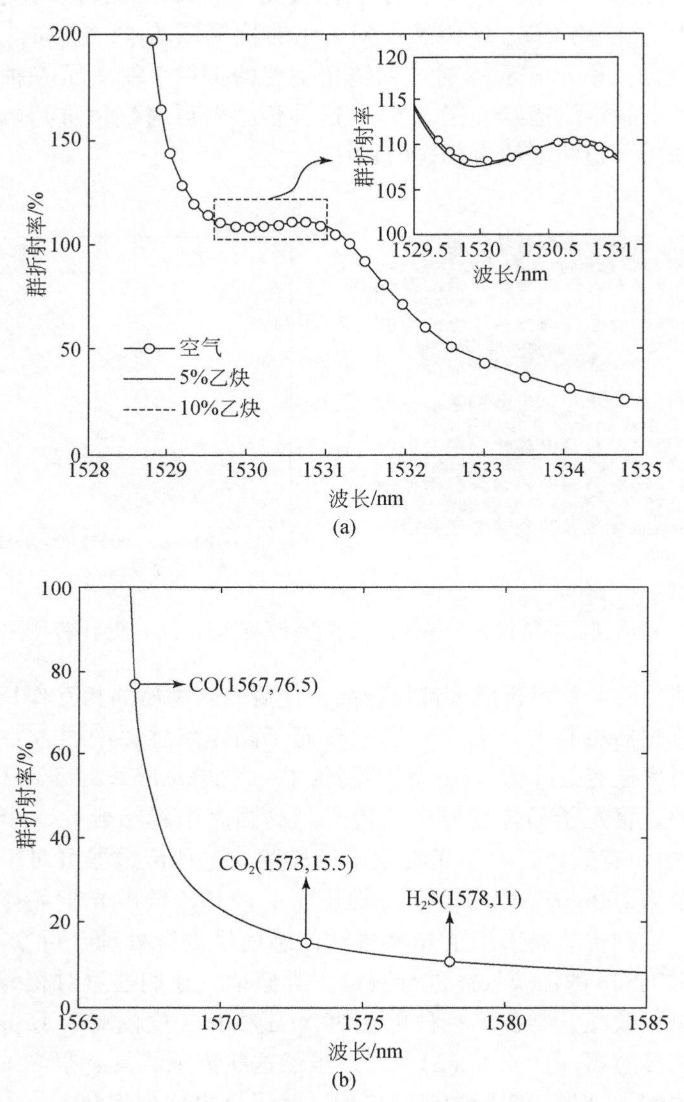


图 6.6　测量 0% 乙炔气体（空气）、5% 乙炔气体、10% 乙炔气体（a）和 CO、$CO_2$ 及 $H_2S$ 气体（b）的群折射率曲线

### 6.2.2　光子晶体微腔

光子晶体空气孔可以有效储存气体，当填充气体的压强或者浓度发生变化时，会引起气体折射率的变化，进而导致光子晶体微腔谐振波长的移动，实现基

于光子晶体微腔的气体传感器。Sünner 等[28]于 2008 年提出了一种异质结构光子晶体微腔，该结构可用于识别氮气、真空、六氟化硫等气体，而且当六氟化硫气体浓度不变而压强逐步增强时，输出谱波长移动随气体压强增加而变大。Jágerská 等[29]于 2010 年提出了一种具有高折射率灵敏度的异质结构槽光子晶体微腔，该结构可用于检测氦气、氮气、二氧化碳，折射率灵敏度为 510nm/RIU，检测限为 $1\times10^{-5}$RIU，但该光子晶体微腔结构复杂，性能受制备误差影响较大，如图 6.7 所示。

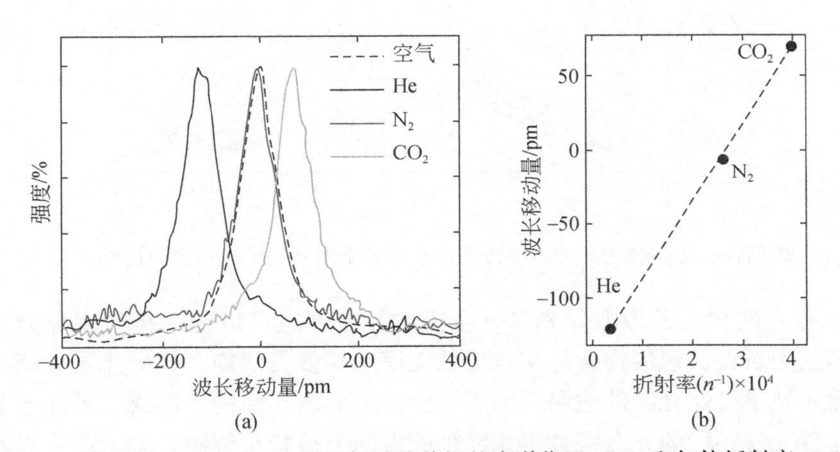


图 6.7　暴露于 He、$N_2$、$CO_2$ 和空气时腔共振的光谱位置（a）和气体折射率（b）与谐振腔的波长移动量的函数

鉴于大部分气体的特征吸收峰都在中红外范围内，Rajisankar 等[30]设计了一种光子晶体微腔结构用于检测中红外区域的气体。但由于中红外区域的光源和检测器成本较高，大部分传感器还是选择在近红外区域内进行。Bouzidi 等[31]提出了一种基于一维光子晶体微腔结构的气体检测系统，这种结构用氟化镁和硅作为交替层，其传感器灵敏度为 700nm/RIU，可对甲烷和乙烷气体进行响应。Qian 等[32]设计了一种边耦合微腔结构的光子晶体传感器，并提出了一种光纤衰荡技术用于高精度解调光子晶体谐振腔的输出频谱，这种传感器可对甲烷进行检测，其检测限低至 2.37ppm，如图 6.8 所示。

### 6.2.3　光子晶体光纤

光纤传感技术是一种以光波为载体，光纤为媒介，能够感知和传输外界被测量信号的新型传感技术。与传统的传感器相比较，其具有抗电磁干扰能力强、精度高、可靠性好、体积小、耐腐蚀等优点，特别适合于易燃易爆等危险或者恶劣环境中的在线现场监测。光子晶体光纤（图 6.9）的导光机制一般分为全反射

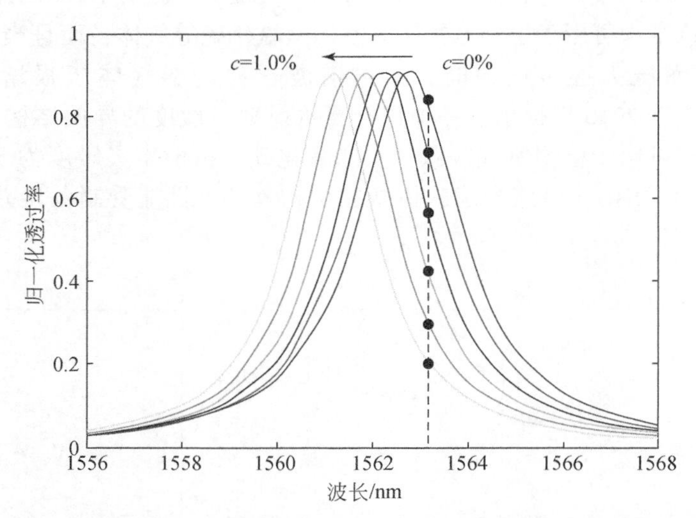


图 6.8　边耦合微腔结构的光子晶体传感器在慢光下对不同甲烷浓度下的归一化透射光谱

（TIR）导光型和光子带隙导光型。全反射导光型也可以称为折射率导光型，光纤的芯区为石英，包层为折射率较低的无序空气多孔结构，这样光被束缚在芯区内传播。光子带隙光纤的包层中为周期性排列的多孔结构，形成二维光子晶体结构，使得某些频段的光在垂直于光纤轴的方向上被禁止传播。光子晶体以及光子晶体光纤由于高双折射、光子带隙等特殊性质，其作为气敏元件已经成为光纤传感器技术领域的一个热点（图 6.10）。Hoo 等[33]设计了光子晶体光纤气体传感器。采用硅材料的实心光子晶体光纤，通过测定包层多孔结构中的消逝场与气体分子相互作用后光强度的变化来测得未知气体的种类和浓度。

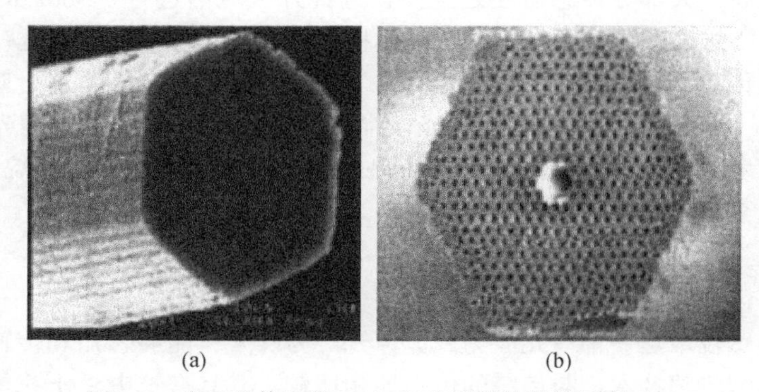


图 6.9　光子晶体光纤（a）和光子晶体带隙导引（b）

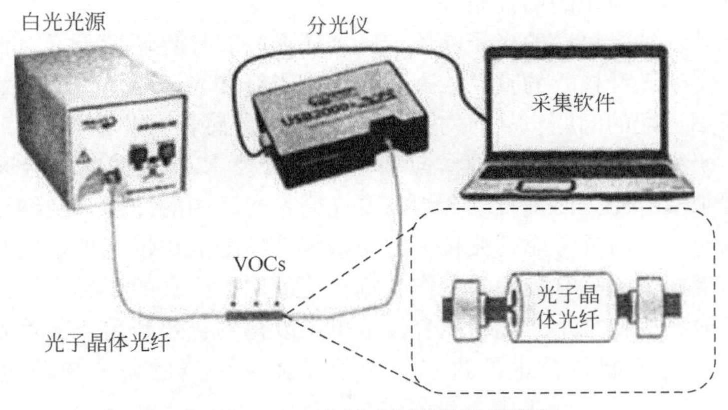


图 6. 10　光子晶体光纤气体传感装置

## 6. 3　总结与展望

VOC 是环境空气中常见的污染物之一，对人类的身体健康有很大的危害。开发性能优良、成本低廉、便携稳定的气体传感器，及时、准确地对 VOC 进行检测与控制成为改善人们生活质量的重要任务之一。目前 VOC 气体传感器往往存在选择性差、操作复杂，设备昂贵的问题，因此开发新型的光子晶体传感器对于 VOC 气体的检测具有重要的实用价值。本章详细阐述了 VOC 气体对于环境和人体的危害，介绍了光子晶体的基本概念、结构特征以及基于光子晶体的 VOC 传感器的各项工作研究。

尽管光子晶体传感器具有灵敏度高、便于携带、成本低廉、抗电磁干扰等特点，但这种传感器在制作过程中的加工精度和耦合技术等限制了其大规模的应用。光子晶体中光子禁带和透射信号强度主要取决于结构中孔隙的半径，孔隙半径几纳米的差别反映到工作波长上往往会移动数十纳米，这种特性对于典型的纳米级带宽的 PC 腔结构是非常重要的。光子晶体传感器光谱的发射信号强弱同样受气结构微孔半径的影响，1% 的孔隙半径波动可造成 15dB/mm 的透射衰减[34]。根据摄动理论，对于长度为 1mm 的装置，当其透射率大于 90% 时，其晶格变化必须小于 0. 3%，孔径波动必须小于 0. 5%。由于光子晶体结构的孔隙直径是亚微米级的，因此需要较高的制造精度。目前，光子晶体的制备技术问题已经受到了广泛的关注。研究人员提出了多种方法来制备光子晶体器件，如光刻技术：电子束光刻、聚焦离子束光刻、全息光刻和 dippen 纳米光刻技术。但这些方法面临着制备复杂、成本高的问题[35,36]，而在光子晶体结构中引入缺陷同样加剧了其制备的复杂性。因此，成本低廉、制作简单、响应灵敏的制备方法已经成为光子晶体传感器大规模应用的前提条件。

除此之外，纳米尺度的光子晶体传感器还面临着外界环境干扰对传感过程带来的挑战。由于光纤核心的直径较大，因此在光纤和光子晶体传感器之间的接口存在着模态不适配的问题，从而对整个光子晶体传感器产生影响[37]。为了解决这一问题，研究人员提出了各种横向和垂直耦合技术[38]。横向耦合通常利用点尺寸转换器来耦合光，而垂直耦合则需要光栅将光纤中的光耦合到纳米光子结构中。光栅耦合技术需要考虑到波长，这使得传感器的工作带宽被限制在了几十纳米以内，而横向耦合具有较大的工作带宽，更适用于广义的传感应用。然而，由于气体的折射率变化很小，光栅耦合技术也可以得到有效利用。随着光子晶体技术的发展以及各项制备技术的进步，光子晶体传感器的研究也将会更上一个台阶。

## 参 考 文 献


[1] Zhu Z，Wu R J. The degradation of formaldehyde using a Pt@ $TiO_2$ nanoparticles in presence of visible light irradiation at room temperature. Journal of the China Taiwan Institute of Chemical Engineers，2015，50：276-281.

[2] Opperman S H，Brown R C. Voc emission control with polymeric adsorbents and microwave desorption. Pollution Engineering，1999，31（1）：58-60.

[3] Nasreddine R，Person V，Serra C A，et al. Development of a novel portable miniaturized GC for near real-time low level detection of btex. Sensors and Actuators B：Chemical，2016，224：159-169.

[4] Lee C S，Li H Y，Kim B Y，et al. Discriminative detection of indoor volatile organic compounds using a sensor array based on pure and Fe-doped $In_2O_3$ nanofibers. Sensors and Actuators B：Chemical，2019，285：193-200.

[5] Meng F，Zheng H，Chang Y，et al. One-step synthesis of Au/$SnO_2$/RGO nanocomposites and their VOC sensing properties. IEEE Transactions on Nanotechnology，2018，17（2）：212-219.

[6] Marlow F，Muldarisnur，Sharifi P，et al. Opals：status and prospects. Angewandte Chemie International Edition，2009，48（34）：6212-6233.

[7] Vigneron J P，Pasteels J M，Windsor D M，et al. Switchable reflector in the Panamanian tortoise beetle *Charidotella egregia*（Chrysomelidae：Cassidinae）. Physical Review E，2007，76（3）：031907.

[8] Singh S，Sinha R K，Bhattacharyya R. Photonic crystal slab waveguide-based infiltrated liquid sensors：Design and analysis. Journal of Nanophotonics，2011，5（1）：053505.

[9] Goyal A K，Pal S. Design and simulation of high-sensitive gas sensor using a ring-shaped photonic crystal waveguide. Physica Scripta，2015，90（2）：025503.

[10] Endo T，Yanagida Y，Hatsuzawa T. Colorimetric detection of volatile organic compounds using a colloidal crystal-based chemical sensor for environmental applications. Sensors and Actuators

B：Chemical，2007，125（2）：589-595.

[11] Wang F，Zhu Z，Xue M，et al. Cellulose photonic crystal film sensor for alcohols. Sensors and Actuators B：Chemical，2015，220：222-226.

[12] Ji Yang Z Z，Feng J S，Xue M，et al. Dimethyl sulfoxide infiltrated photonic crystals for gas sensing. Microchemical Journal，2020，157：105074.

[13] Smith N L，Hong Z，Asher S A. Responsive ionic liquid-polymer 2D photonic crystal gas sensors. Analyst，2014，139（24）：6379-6386.

[14] Cai Z Y，Liu Y J，Lu X M，et al. Fabrication of well-ordered binary colloidal crystals with extended size ratios for broadband reflectance. ACS Applied Materials & Interfaces，2014，6（13）：10265-10273.

[15] Cai Z Y，Liu Y J，Lu X M，et al. *In situ* "doping" inverse silica opals with size-controllable gold nanoparticles for refractive index sensing. The Journal of Physical Chemistry C，2013，117（18）：9440-9445.

[16] Pan P，Ma J K，Yan J，et al. Response of inverse-opal hydrogels to alcohols. Journal of Materials Chemistry，2012，22（5）：2018-2025.

[17] Zhang Y Q，Qiu J H，Hu R R，et al. A visual and organic vapor sensitive photonic crystal sensor consisting of polymer-infiltrated $SiO_2$ inverse opal. Physical Chemistry Chemical Physics，2015，17（15）：9651-9658.

[18] Zhang Y Q，Qiu J H，Gao M M，et al. A visual film sensor based on silole-infiltrated $SiO_2$ inverse opal photonic crystal for detecting organic vapors. Journal of Materials Chemistry C，2014，2（42）：8865-8872.

[19] Zhang Y Q，Sun Y M，Liu J Q，et al. Polymer-infiltrated $SiO_2$ inverse opal photonic crystals for colorimetrically selective detection of xylene vapors. Sensors and Actuators B：Chemical，2019，291：67-73.

[20] Liu J，Zhang Y，Zhou R，et al. Volatile alcohol-responsive visual sensors based on p（HEMA-*co*-MA）-infiltrated $SiO_2$ inverse opal photonic crystals. Journal of Materials Chemistry C，2017，5（24）：6071-6078.

[21] Krauss T F. Slow light in photonic crystal waveguides. Journal of Physics D：Applied Physics，2007，40（9）：2666.

[22] Zhao Y，Zhang Y N，Wang Q. High sensitivity gas sensing method based on slow light in photonic crystal waveguide. Sensors and Actuators B：Chemical，2012，173：28-31.

[23] Kumar A，Saini T S，Sinha R K. Design and analysis of photonic crystal biperiodic waveguide structure based optofluidic-gas sensor. Optik，2015，126（24）：5172-5175.

[24] Lai W C，Chakravarty S，Wang X，et al. On-chip methane sensing by near-IR absorption signatures in a photonic crystal slot waveguide. Optics letters，2011，36（6）：984-986.

[25] Zhang Y N，Zhao Y，Wu D，et al. Theoretical research on high sensitivity gas sensor due to slow light in slotted photonic crystal waveguide. Sensors and Actuators B：Chemical，2012，173：505-509.

[26] Zhang Y N, Zhao Y, Wang Q. Optimizing the slow light properties of slotted photonic crystal waveguide and its application in a high-sensitivity gas sensing system. Measurement Science and Technology, 2013, 24 (10): 105109.

[27] Zhang Y N, Zhao Y, Wang Q. Multi-component gas sensing based on slotted photonic crystal waveguide with liquid infiltration. Sensors and Actuators B: Chemical, 2013, 184: 179-188.

[28] Sünner T, Stichel T, Kwon S H, et al. Photonic crystal cavity based gas sensor. Applied Physics Letters, 2008, 92 (26): 261112.

[29] Jágerská J, Zhang H, Diao Z, et al. Refractive index sensing with an air-slot photonic crystal nanocavity. Optics letters, 2010, 35 (15): 2523-2525.

[30] Shankar R, Leijssen R, Bulu I, et al. Mid-infrared photonic crystal cavities in silicon. Optics Express, 2011, 19 (6): 5579-5586.

[31] Bouzidi A, Bria D, Akjouj A, et al. A tiny gas-sensor system based on 1D photonic crystal. Journal of Physics D: Applied Physics, 2015, 48 (49): 495102.

[32] Qian X, Zhao Y, Zhang Y N, et al. Theoretical research of gas sensing method based on photonic crystal cavity and fiber loop ring-down technique. Sensors and Actuators B: Chemical, 2016, 228: 665-672.

[33] Elosua C, Matias I R, Bariain C, et al. Volatile organic compound optical fiber sensors: A review. Sensors, 2006, 6 (11): 1440-1465.

[34] Pergande D, Geppert T M, Rhein A V, et al. Miniature infrared gas sensors using photonic crystals. Journal of Applied Physics, 2011, 109 (8): 083117.

[35] Dey R K, Cui B. Electron beam lithography with feedback using *in situ* self-developed resist. Nanoscale Research Letters, 2014, 9 (1): 1-6.

[36] Vieu C, Carcenac F, Pepin A, et al. Electron beam lithography: Resolution limits and applications. Applied Surface Science, 2000, 164 (1-4): 111-117.

[37] Kopp C, Bernabe S, Bakir B B, et al. Silicon photonic circuits: On-cmos integration, fiber optical coupling, and packaging. IEEE Journal of Selected Topics in Quantum Electronics, 2010, 17 (3): 498-509.

[38] Dutta H S, Goyal A K, Srivastava V, et al. Coupling light in photonic crystal waveguides: A review. Photonics and Nanostructures-Fundamentals and Applications, 2016, 20: 41-58.

（杨 吉 薛 敏）

# 第7章　光子晶体检测生物大分子

## 7.1　引　　言

传统医学向分子医学的转变已成为生命科学和现代医学发展的大趋势。高灵敏生物分子检测方法及相互作用研究对疾病的诊治具有重要意义，发展和应用新技术对生物分子功能及行为进行定性和定量分析，是生物分子功能研究的热点领域，将为重新诠释生命活动、寻找疾病标志物和药物靶点提供重要的分子基础。

生物分子对温度、pH、有机溶剂等非常敏感。蛋白质具有复杂的晶体结构，可以通过X射线晶体分析技术进行解析，然而这种方法只能测得结晶状态下的蛋白结构。蛋白质在水溶液中，呈现出无规则、松散、灵活多变的状态。2002年诺贝尔化学奖获得者库尔特·维特里采用将蛋白的核磁共振信号与分子中质子对应的分析方法，可以测定溶液中生物大分子三维结构，满足了在蛋白最自然的生理状态下进行测试的需求。

生物传感器的原理是生物分子进入传感器件中的生物敏感区域，发生特异性分子识别相互作用，传感器将此转化成可传输处理读取的信号，定性或定量地反映出来。蛋白定量的分析是临床常见的诊断方法，其传统方法包括测量紫外吸光法、二喹啉酸（BCA）检测法、Bradford检测法，以及Lowry试剂盒检测法等[1]。而针对特定蛋白，实现了灵敏特异性的检测，常见方法包括酶联免疫吸附测定（ELISA）、荧光法和免疫印迹分析等，但是由于微量样品的检测常需要使用昂贵的检测仪器和大量的酶标抗体，在一定程度上限制了这些方法的使用。

自从1987年，E. Yablonovitch[2]和S. John[3]在研究自辐射和光子局域化时分别提出了光子晶体的概念以来，光子晶体已有三十多年的发展历史。光子晶体是由两种及两种以上具有不同介电常数（折射率）的材料在空间按照一定的周期顺序排列所形成的具有有序结构的材料。当电磁波在光子晶体中传播时，介电材料的周期结构引起的布拉格（Bragg）散射效应，就会形成能带结构，称为光子能带（photonic energy band）。在能带与能带之间存在着带隙，称为光子带隙，频率落在光子禁带中的电磁波不能在光子晶体中传播。控制光子晶体的晶格间距，使光子带隙处于可见光波长范围时，所得光子晶体结构可显现裸眼可见的结构色。作为一种新兴的纳米结构功能材料，光子晶体可以用作光学传感器，越来越多地应用在环境、化学和生物传感等诸多领域。分子特异性识别和响应性光学性能信号输出的有机结合是对目标物传感的基础，将生物分子亲和技术与光子晶体传感技术相结合，有望取代复杂昂贵的酶标传感器和电化学传感器，为相关标志物提供快速简便的检测方法。

根据空间不同方向的周期性结构特征，光子晶体被分为一维、二维和三维光子晶体。不同空间维度光子晶体的制备方式也不相同。以不同维度的生物分子光子晶体传感器为对象，对其制备进行研究，并对光子晶体传感器对目标物的传感机理进行讨论总结。

## 7.2 不同空间维度的光子晶体传感器

### 7.2.1 一维光子晶体传感器及其应用

一维光子晶体是由两种不同折射率介质只在一个方向上呈周期性排列而形成的结构。在一维光子晶体的周期结构中传播的波符合 Bloch 波解的理论，因此其光子禁带的表现形式为全角度全偏振反射[4]，即以任意入射角度和偏振状态进入禁带的入射光都可以实现完全反射。对规则周期的一维光子晶体进行局部破坏，使禁带中出现掺杂模式，形成能带，可选择性地对某一频带的电磁波全反射，表现出可见光范围的光信号或者使特定波段的电磁波得到增强。

1. 多孔硅一维传感器

生物分子大小的细微参数变化（如浓度、数量等）对一维光子晶体传感器有效折射率变化有影响，而有效折射率的变化会影响光信号。多孔硅材料由于其多吸附位点、高折射率、近红外通信频带中的低损耗以及小感应尺寸等诸多优点，在光学器件的应用中具有明显优势。Jia Z H 课题组[5,6]通过电化学腐蚀法在 p 型硅晶片上制备出单量子阱结构（多孔硅微腔结构），其发光光峰的半峰宽缩短至约 15nm，并应用于氨氧化细菌（AOB）的无 DNA 检测中。当 DNA 分子耦合到孔壁上时，会大大改变多孔硅的有效折射率，使响应峰发生波段移动，灵敏度为 3. 04nm/(μmol/L)，检测限为 32nmol/L。将量子点引入多孔硅体系中，光子晶体的高反射带隙与量子点荧光发射峰相叠加，增强量子点的荧光信号。对于链霉亲和素（streptavidin）和生物素反应，检测限达到 pmol/L 量级[7]。

夹心免疫荧光微阵列是检测生物分子常用的手段，荧光输出信号的强度决定了检测的灵敏度。目前已有很多研究通过开发新型荧光材料，增强发光强度，另外，通过增强检测基板的荧光效果也可以提高荧光信号的强度。用光子晶体基板替换常规的玻片基板，成为通过基板提高荧光强度的方法之一。如图 7. 1 所示，Cunningham 课题组采用软接触压花方法在玻璃基板上刻蚀出低折射率且多孔的表面结构，然后设计并制造了光子晶体增强荧光微阵列检测仪器[8,9]，该仪器可提供准直的照明并能够调节入射角以精确匹配共振耦合条件，通过对细胞因子肿瘤坏死因子-α（TNF-α）和乳腺癌生物标志物等目标物的检测，Cy5 等染料的荧光强度增强了 11～20 倍。通过耦合波分析（RCWA）和时域有限差分（FDTD）模拟来预测一维光子晶体生物传感器的共振波长和体折射率灵敏度。结果表明，光子晶体的光学特性可以增加用于标记测定抗体的荧光分子的激发强度，从而提高分辨率并降低检测限。

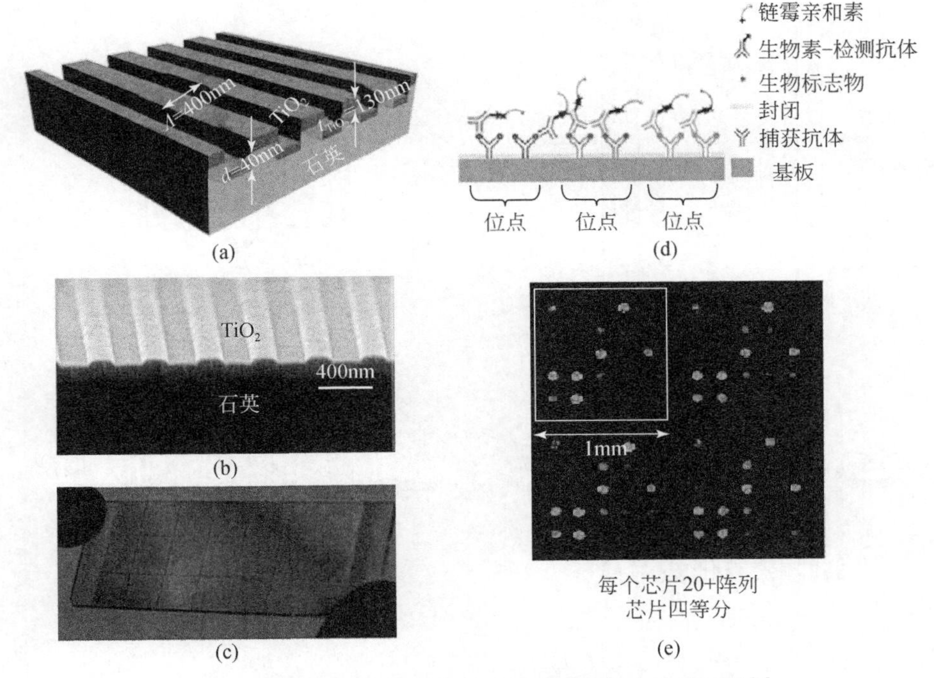


图 7.1　软接触印花法制备的一维光子晶体生物传感器[8]

（a）刻蚀有凹槽结构的基板；（b）（a）的表面 SEM 照片；（c）表面具有光子晶体结构的载玻片的照片，尺寸为 1in×3 in；（d）ELISA 微阵列平台的示意图；（e）每个芯片上有 20+微阵列，芯片一式四份进行检测

Lo 等提出了一种基于一维光子晶体硅基微环谐振器的无标记光学生物传感器[10]。由于该传感器一维光子晶体纳米梁腔与谐振环复合，光场能量可以随谐振膜倏逝场延伸到多孔硅的孔区域，提高体折射率和灵敏度，待测物的光区域得到增强。当生物分子附着到孔区域中时，将 DNA 和蛋白特异性结合到孔区域，检测灵敏度约为 248nm/RIU，是传统谐振环结构的 2 倍。

多孔硅微腔缺陷是将缺陷层引入周期性多孔硅光子晶体结构，是一种典型的缺陷态结构。多孔硅的孔区域相互连通，为载有分析物的流体提供了流动通道，有助于实现实时监测。Feng 等在单硅层型缺陷结构和对称的双硅层型缺陷结构的基础上，构建了对称的三缺陷耦合结构，允许生物样品定向流入和流出三个狭缝，通过优化工作波长、晶格常数、缺陷参数等参数，利用该一维光子晶体结构，可在低折射率区域内定位更多的光强度，从而增强了共振波长偏移对背景折射率（蛋白质溶液浓度）轻微变化的敏感性，以分析液体折射率变化的位置和样品溶液的变化。该方法极大地提高了检测极限[11,12]。不同类型缺陷结构的硅基生物传感器模型见图 7. 2。

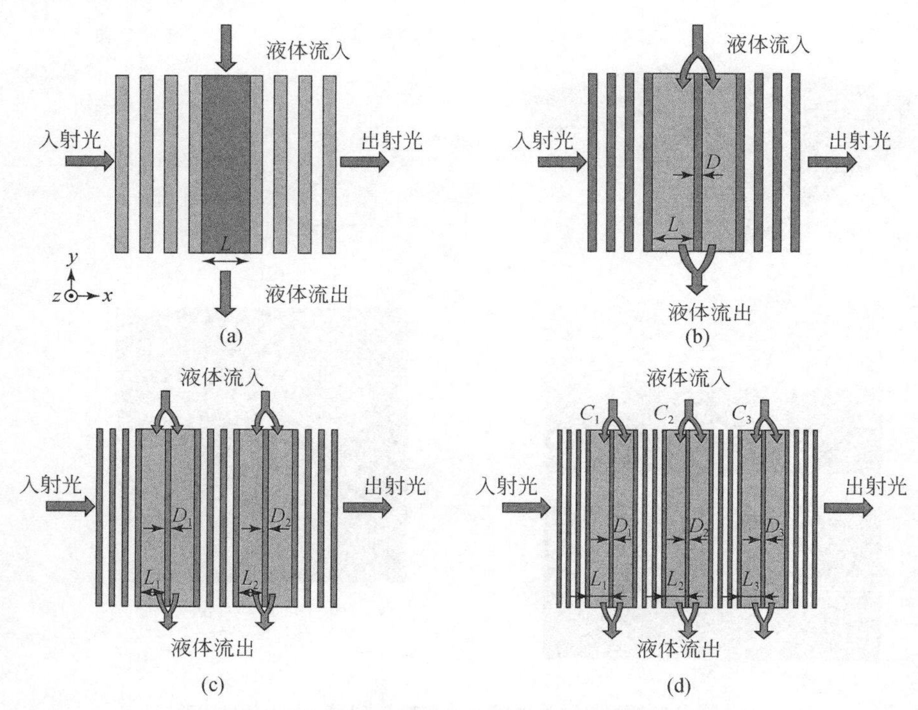


图 7. 2　不同类型缺陷结构的硅基生物传感器模型[12]

（a）单缝型缺陷结构示意图；（b）对称槽型缺陷结构示意图；（c）非对称双缺陷耦合结构示意图；（d）对称三缺陷耦合结构示意图

### 2. 全息一维传感器

全息光聚法是通过多束非共面光束相互干涉，在感光材料中产生亮暗交替的干涉图样，并通过曝光显影记录图样，得到具有周期性有序的多层结构[13,14]。全息光子晶体传感器是通过全息光聚法，将全息感光材料与响应性的成膜材料经原位聚合反应得到的一维光子晶体传感器[15,16]。通常，成膜材料由功能化的聚合物网络构成，由于与分析物发生物理化学等相互作用，会受分析物体系的影响发生敏感的体积变化。体积变化对传感器的作用包括改变晶格的周期间隔和介质的折射率，进而导致全息传感器的光谱峰位置和强度发生变化，达到传感的效果。基于上述原理，开发出多种生物传感器用于生物分子检测和微生物培养[17,18]。通过激光刻蚀法制造全息图案的示意图见图 7.3。

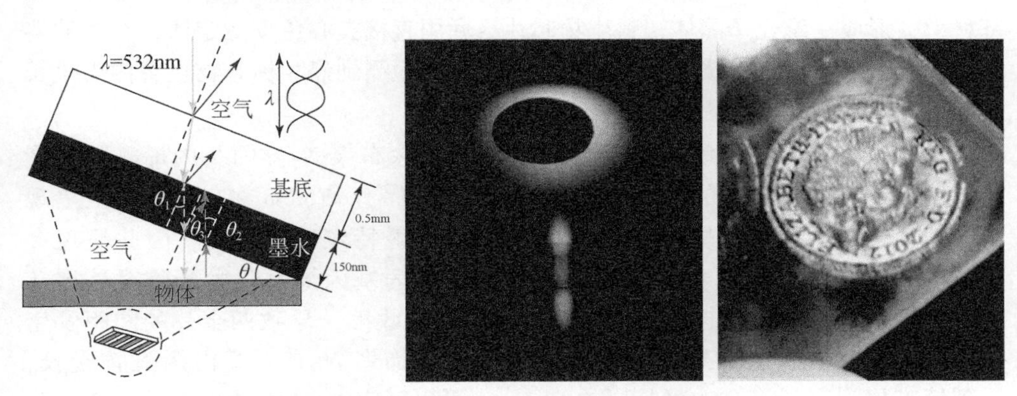


图 7.3　通过激光刻蚀法制造全息图案的示意图[13]

Millington 团队专注于全息光子晶体技术的研究[19]，制备了基于明胶的全息生物传感器，并将其用于对胰蛋白酶和胰凝乳蛋白酶浓度的光学响应[20]。光谱测量结果表明，传感器能够分别量化浓度低至 20μg/mL 和 23μg/mL 的胰蛋白酶和胰凝乳蛋白酶溶液，该全息生物传感器可作为一种低成本定量筛查胰腺酶紊乱的有效方法。

Soppera 和 Haupt 以睾丸激素为模板分子，乙二醇二甲基丙烯酸酯（EGDMA）为模板分子，季戊四醇三丙烯酸酯（PETIA）为黏性交联剂，利用干涉光刻法聚合得到图案化的分子印迹聚合物薄膜[21]。所得的印迹聚合物薄膜具有全息显微结构，特异性结合睾丸激素后，聚合物网络发生变化，从而导致薄膜的衍射效率发生变化。另外，通过选取合适的模板分子，如酶或蛋白质等生物分子，可将分子印迹的干涉光刻全息传感技术作为一种快速廉价且可重现的微图案化化学传感方法，扩展到对各种目标分析物的检测分析中。

人泪液中的主要蛋白质成分包括酶（溶菌酶）、神经肽、抗体和乳铁蛋白等。近年来，有许多关于特定生物分子在泪液与血液中分布的研究表明，两者含量呈现相关性。因此人们通过眼睛和泪膜的特性进行诊断，并已经开发出隐形眼镜作为用于诊断和药物输送的平台。例如，用于分析眼泪的葡萄糖成分的隐形眼镜传感器，可以作为血糖监测的替代方法；还有通过非侵入性连续测量眼压来诊断青光眼的隐形眼镜传感器。Yetisen 等综述了全息一维光子晶体作为临床生物标志物传感器的机理和关键技术，并评估了其在离体和体内临床试验中的表现[22]。随着微纳米加工技术的进步，可以大批量生产隐形眼镜传感器来量化泪液中生物分子的浓度。

### 3. 其他一维传感器

Rizzo 等通过等离子体粒子辅助蒸发的方法将 $SiO_2$ 和 $TiO_2$ 层交替沉积在塑料基材上，形成一维光子晶体塑料生物芯片，利用直接夹心免疫测定法，在缓冲溶液、细胞上清液和人血浆等不同生物基质中成功检测到癌症标志物血管内皮生长因子（VEGF）[23]。

Serpe 课题组在两片平行的半透金薄片之间涂布聚 *N*-异丙基丙烯酰胺微凝胶，制成具有光学特性的器件 Etalon（图 7.4）[24,25]。Etalon 在一维方向上呈现有序性，通过干扰与光相互作用，可以反射/透射特定波长的光，因此呈现多彩的颜色，具有多个反射光谱峰。基于聚 *N*-异丙基丙烯酰胺微凝胶对外界环境的敏感性，微凝胶根据其所受到的刺激溶胀或收缩，导致两金片的间距发生变化，引起反射波长的可逆变化。用生物素修饰聚 *N*-异丙基丙烯酰胺凝胶，得到填充聚阳离子聚合物凝胶层的 Etalon，可以确定 pmol/L 浓度下链霉亲和素的浓度。通过类似修饰，该传感器还可以用于检测雌二醇[26]、DNA[27,28] 和蛋白质[29] 等。

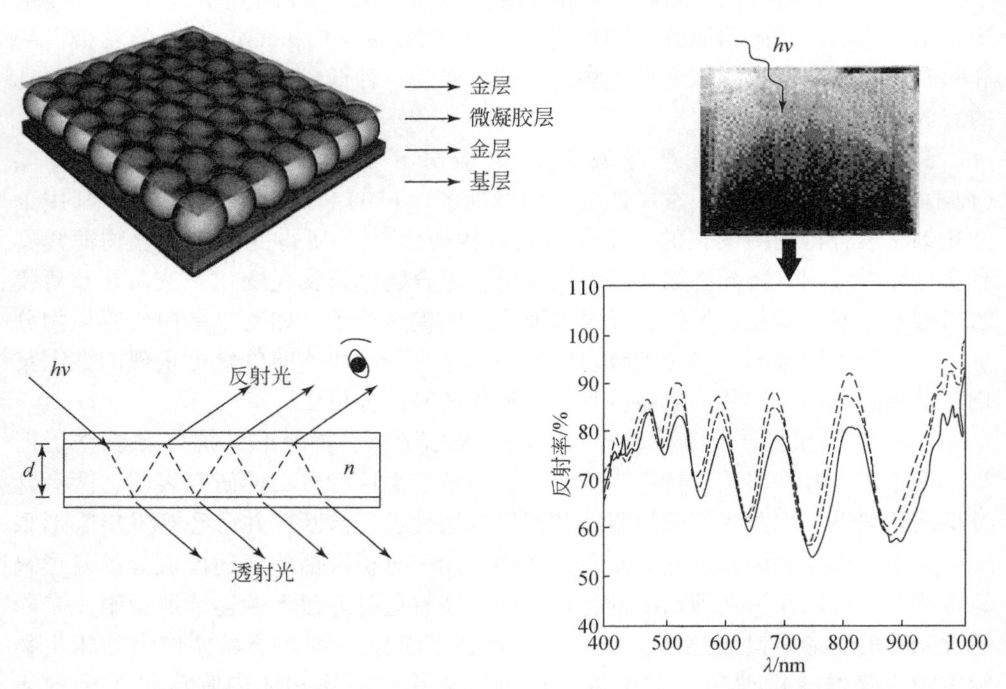


图 7.4　基于两层反射金属（Au）夹着微凝胶电介质的 Etalon 的结构及其反射光谱[25]

除上述方式外，还有多种一维光子晶体的构建方法，如镀膜/旋涂法的层层堆叠体系[30,31]、纳米颗粒磁组装为一维动态有序链条结构[32-37]、液晶手性螺旋自组装[38-42]以及表面活性剂/嵌段共聚物的自组装[43-50]等方法。这些方法可以将一维光子晶体的晶格常数调整到可见光波长量级，基于这些方法制备的光学传感器同样在对温湿度、溶剂、pH、机械力、生物和化学等传感领域有重要的应用前景。

### 7.2.2 二维光子晶体传感器及其应用

二维光子晶体是由两种不同介电常数的材料在平面内呈周期性排列而形成的结构。由于二维光子晶体独特的制备工艺、各向异性能带结构和光传输特性，近年来研究者对其理论研究越来越深入，其在光纤、波导、滤波器和传感器等应用领域中的优势正逐渐体现出来。二维光子晶体生物传感器根据其制备方法的不同，可以分为二维光子晶体微腔传感器、光子晶体光纤传感器、二维纳米胶体晶体阵列传感器等。

1. 二维光子晶体微腔传感器

二维光子晶体微腔通常使用精密的激光刻蚀法制备，所得到的光子晶体参数可通过模拟仿真的手段进行设计。Choi 等通过纳米压印光刻法在硅晶片上构建二维纳米球阵列，并在硅片表面涂覆 $SiO_2$ 和 Ag 薄膜，形成圆顶状结构。时域有限差分法模拟了与共振相关的局部电场分布，测量模型和人免疫球蛋白 G（IgG）之间的结合常数，证明了等离激元纳米球阵列作为生物传感应用程序的功能性接口的实用性[51]。王晓玲等基于平面波展开法和耦合模式理论对光子晶体微腔的光传输性质和波导模式进行研究，并根据模拟结果优化光子晶体相关参数，搭建超紧凑型光子晶体液体生化传感平台，验证理论模型的正确性[52]。童凯等构建了生物传感器的结构模型，该模型是由二氧化钛沉积到聚乙烯基板上的二氧化硅二维阵列表面形成的。通过有限差分法模拟蔗糖、氯化钠、生物小分子溶液对应的折射率，以及晶格周期、占空比、沉积层、光栅参数等对传感器反射特性的影响[53]。据此推断，当有生物分子进入光子晶体结构中时，传感器的光谱将发生敏感变化。

Zlatanovic 等将二维光子晶体芯片的微腔表面固载生物素化的牛血清白蛋白（b-BSA），然后集成到具有光电探测器的探测系统中。当抗生物素流经芯片时，会与生物素分子特异性结合，传感器记录光子晶体微腔共振波长的相对位移。经分析，得到抗生物素与 b-BSA 的结合常数 $K_{aff}$ 为 $6.94\times10^7$ L/mol，该值与文献报道值相当[54]。

Cunningham 课题组开发出一种新型光学生物传感器[55,56]。首先通过激光刻蚀法在玻璃基板表面刻蚀出线性或者二维结构的光栅。光栅提供极其狭窄的共振模式，该共振模式的波长对表面沉积物特别敏感。当受体分子连接到光栅表面，无需使用任何种类的荧光探针或颗粒标记即可检测互补结合分子。此外，该传感器还可以被整合到一次性实验耗材中，如 96 孔、384 孔和 1536 孔标准微孔板以及微阵列载玻片，与多数生化实验室采用的标准流体处理基础设施可以兼容，可进行高通量生物分子相互作用分析。根据生物分子复合物相互作用的特异性，以修饰有抗轮状病毒 IgG 的光子晶体传感器引入 384 微孔板，成功检测了猪轮状病毒，检测限可达 36FFU[57]。在传感器表面引入人 T 细胞淋巴瘤细胞（Jurkat T）的单克隆抗体，可以选择性地识别 Jurkat T 细胞，这种传感器为研究蛋白质-细胞相互作用提供了一种简单便捷的方式[58]。相似的传感器用来研究蛋白质与蛋白质之间的相互作用[59]。具有光栅结构的比色共振生物传感器的示意图及实物图见图 7.5。

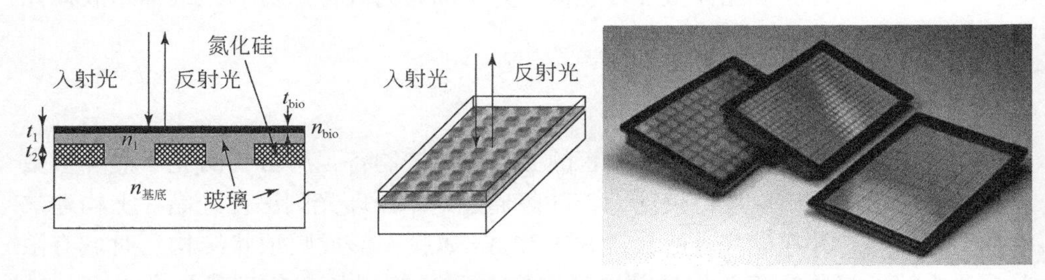


图 7.5　具有光栅结构的比色共振生物传感器的示意图及实物图[55]

## 2. 光子晶体光纤传感器

光子晶体光纤是一类光纤包层具有实心或二维周期性有序排布微孔结构的特殊光纤，微孔纵向贯穿整条光纤，具有独特的导光性能[60]。根据纤芯的差异，可以分为纤芯为实心的内全反射型光子晶体光纤[61]和纤芯为空气孔的光子带隙型光子晶体光纤[62,63]。与传统光纤相比，光子晶体光纤由于具有可调制色散、可控远距离传输等性质，在信号传输和光电路集成模块设计中显示出巨大的优势[64]。除此之外，由于生化反应常伴随着折射率的变化，以光子晶体光纤作为传感器，在化学和生物医学参数的实时精确监测应用领域中受到了越来越多的关注[65-68]。根据响应原理不同，可以分为吸收型、荧光型、光栅型及表面等离子体共振型光子晶体光纤传感器[63,65]。本节内容旨在简要概述多种响应类型的光子晶体光纤（图 7.6）传感器的生物分子检测能力，并证明其在传感应用中的重要性。

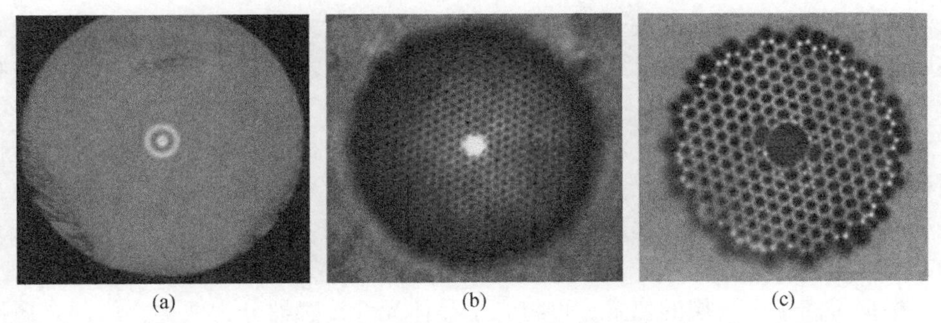

图 7.6　普通光纤（a）、内全反射型晶体光纤（b）、光子带隙型光子晶体光纤（c）的光学显微照片[63]

吸收型光子晶体光纤传感器是目前应用最广泛的一种传感器。将气体、蒸气或低折射率液体渗透到光子晶体光纤的孔结构中，当光束穿过光子晶体光纤中介质时会发生特征吸收，通过对吸收光谱分析可以标定目标物的吸收峰位置。吸收过程符合 Lambert-Beer 定律，通过测量输入光强和输出光强可以得到吸光度，建立待测物浓度与吸光度之间的关系。光子晶体光纤的独特结构使其成为对微量样品材料进行光学分析的理想选择。Wynne 等提出了一种基于实心三孔光子晶体光纤和近红外吸收光谱技术鉴定含水介质中单克隆抗体（mAb）的方法[69]。通过毛细管作用将人免疫球蛋白 G（IgG）溶液吸入光子晶体光纤中，光谱分析仪收集并分析 IgG 的吸收光谱。对于 80cm 的光纤，样品体积可低至 4.5nL，检测限可达 0.37mmol/mL。该方法对单克隆抗体 mAb 的无标记检测具有普适性[70]。

将待测荧光物质填充到荧光型光子晶体光纤的气孔中，通过输入特定波长的入射光激发待测物质发射荧光，然后对荧光信号进行收集和传输，最后通过检测器分析，从而实现对样品的定量分析。Padmanabhan 等将分离自 MCF-7 乳腺癌细胞裂解物的雌激素受体 ER-$\alpha$ 固定在空心光子晶体光纤内壁，以抗雌激素受体 ER（抗兔）为一抗蛋白，以山羊抗兔 IgG 作为二抗，分别用绿色 Alexa Fluor 488 和红色 555 荧光染料染色，在 515nm 和 585nm 处检测到了绿色和红色染料的发射峰，印证了 ER-$\alpha$ 蛋白的特异性结合，该方法具有高灵敏度，样品量仅需 50nL[71]。

长周期光栅的光子晶体光纤可看作包层区域被长周期光栅破坏的一种结构，光波可以透过纤芯透射到包层，具有纤芯折射率周期性调制的特点。其折射率易受外界环境的影响，当折射率变化时，其谐振波长将发生明显偏移。Rindorf 等用 $CO_2$ 激光脉冲法在二氧化硅光子晶体光纤侧面写入长周期光栅，并用聚-L-赖氨酸将带负电荷的双链 DNA 分子吸附在光栅处[72]。由于光栅层的结构改变，共振波长发生偏移，因此在波长偏移与生物分子层厚度之间建立线性关系，即生物膜厚度增大 1nm，共振波长红移 1.4nm。因此，该技术可用于无标记地检测生物分子之间的选择性结合。

表面等离子共振（SPR）是一种新型的生物分子相互作用分析技术，无需任何标记和纯化，即可对生物分子进行原位在线测量[73]。使用金银等纳米颗粒在光子晶体光纤的表面镀金属层，调整 SPR 和设计光纤有效折射率，实现模式耦合和共振，可以大大提高光子晶体光纤传感器的灵敏度。

根据等离子金属层的位置，可将光子晶体光纤传感器分为两类：内部金属层涂覆传感器[74-76]和外部金属层涂覆传感器[77-81]。SPR 是表面增强拉曼的增强机理之一。Dinish 等在金纳米颗粒表面修饰报告分子，并将其作为纳米标签固载到空心光子晶体光纤微孔内表面（图 7.7）[74]。这种光子晶体光纤传感器用于细胞的三种癌症标志物——表皮生长因子受体（EGFR）、甲胎蛋白（AFP）和甲-1-抗胰蛋白酶（A1AT）的检测，生物分子与金纳米颗粒标签偶联激发出表面增强拉曼光谱信号，用 20nL 样品即可检测出癌症标志物。

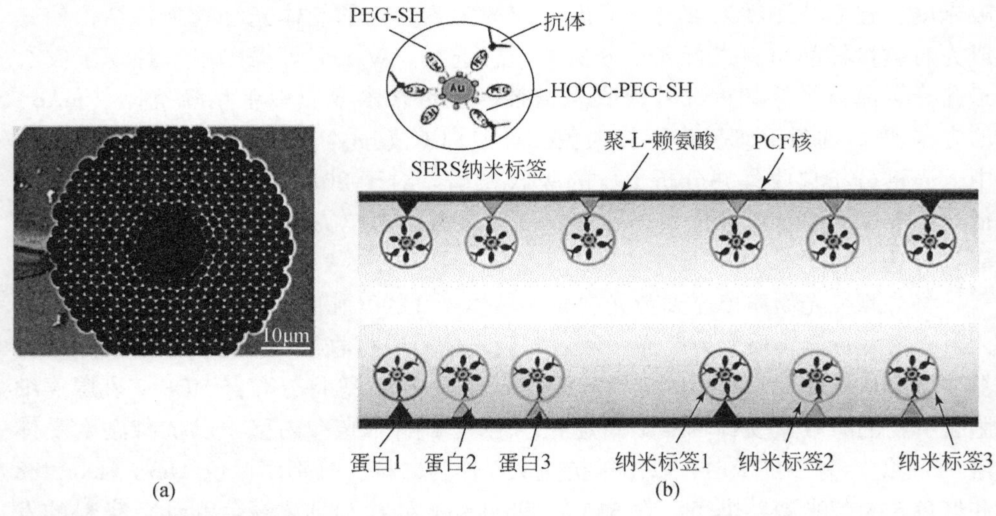


图 7.7　等离子层在微孔内表面的光子晶体光纤传感器结构（a）和检测原理示意图（b）[74]

Wang 等设计了一种 D 型光子晶体光纤生物传感器，金层附着光纤平板表面，以避免等离子层不均匀。对于折射率为 1.345 ~ 1.41 的未知分析物液体，平均灵敏度为 12450nm/RIU，分辨率为 $8\times10^{-6}$ RIU[75]。Rifat 等提出了一种等离子体共振层在外层的光子晶体光纤生物传感器（图 7.8）[79]，以铜作为等离子体材料，然后涂覆石墨烯，防止铜氧化并增强传感器性能，使用有限元方法对传感器性能进行了数值研究，当分析物折射率在1.33～1.37范围内时，其灵敏度为2000nm/RIU，分辨率为$5\times10^{-5}$RIU。

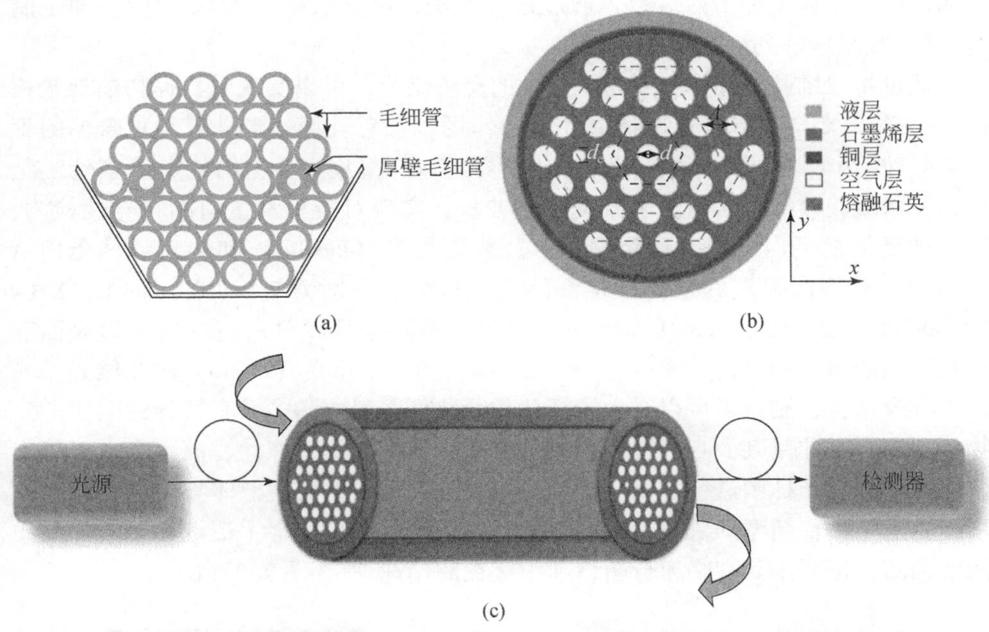


图7.8　等离子共振层在外层的光子晶体光纤生物传感器结构及实验装置示意图[79]
（a）所提出的光子晶体光纤堆叠式预成型件的横截面；（b）传感器；（c）实验装置示意图

3. 二维纳米胶体晶体阵列传感器

二维纳米胶体晶体阵列通常是胶体颗粒经过自组装得到的二维光子晶体阵列。不同于刻蚀等方法在整体介质中引入结构性的单元空隙形成周期性结构，胶体自组装是利用单一分散的胶体颗粒通过颗粒间的非共价相互作用（静电作用、范德瓦耳斯力等）自发地组装形成规整结构。目前，通过自组装制备二维光子晶体的主要方法较多，包括界面自组装法、旋涂法与溶剂挥发沉积法等[82-85]。胶体的自组装过程可发生于重力场、离心场和电场等中，是一种简单、经济和有效的方法。

界面自组装法是利用气/液界面或液/液界面之间的表面张力差异，将单分散的胶体颗粒组装成为规则排列的单层薄膜的方法。Asher课题组开发了一种二维胶体晶体阵列。将单分散的PS亚微米球溶液，由针尖导流到液面。由于PS溶液中含有一定比例的醇，当接触液面时，醇溶剂在表面张力梯度的驱动下，带动PS胶体颗粒快速在液面上铺展，自组装成单层高度有序的六方密堆积阵列。阵列呈现明亮多彩的颜色，经单色衍射光照射，可在背景屏幕上产生有序的德拜环衍射[86]。德拜环直径与颗粒间距成反比，而德拜环的亮度和厚度取决于二维光子晶体的有序程度和衍射级数。通过这种方法，可在汞[87,88]和水[89]的表面上制造二维 PS 微球阵列［图 7.9（a)］。

通过将二维胶体晶体阵列与响应性的凝胶结合，可以实现对目标物的裸眼检测[90]。凝集素与糖蛋白具有特异性结合作用。含有乳糖、半乳糖和甘露糖的聚丙烯酰胺-丙烯酸凝胶二维光子晶体传感器可以与凝集素蛋白的特定“多价”结合，使水凝胶收缩，从而显著改变衍射波长，实现对凝集素蛋白的特异性检测，对三种凝集素蛋白，蓖麻毒蛋白、木菠萝凝集素（jacalin）和伴刀豆球蛋白 A（Con A）表现出强烈的选择性检测能力，检测限分别为 $7.5\times10^{-8}$ mol/L、$2.3\times10^{-7}$ mol/L 和 $3.8\times10^{-8}$ mol/L[91,92]。类似的传感器也可以对白色念珠菌等表面存在糖蛋白的微生物进行检测[93]。Murtaza 等将糖化白蛋白（G-alb）与二维光子晶体水凝胶结合，制备了可以对大肠杆菌和绿脓杆菌表面脂多糖有特异性响应的生物传感器，在此基础上与分子印迹技术相结合，对牛奶、橙汁、河水和血清等实际样品中的大肠杆菌进行定量分析[94]。Wang 等基于功能性配体与蛋白质相互作用，制造了一种新型的快速筛选溶菌酶的传感器，成功测定了泪液和尿液样品中的溶菌酶，证明了其在临床分析诊断中潜在的用途[95]［图 7.9（b)］。

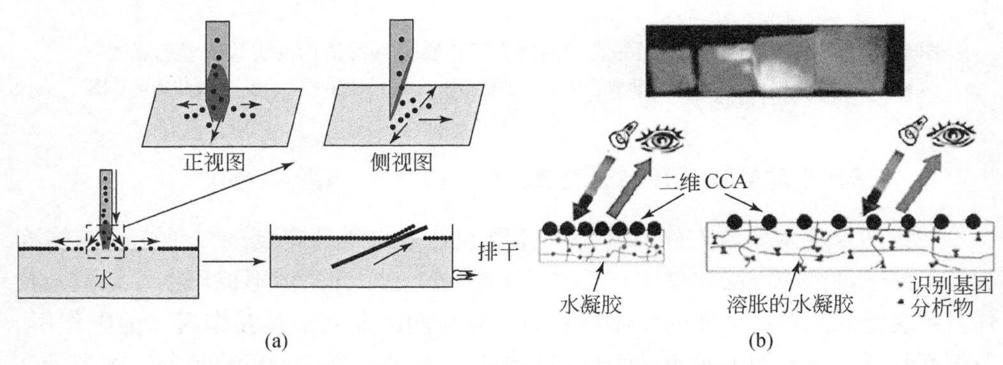


图 7.9 通过针尖导流法在空气/水界面制备二维 PS 光子晶体阵列（a)[89]及基于二维阵列的凝胶传感器（b)[90]

在二维胶体晶体的基础上发展了胶体球刻蚀法，将二维胶体晶体阵列作为模板进行沉积或蚀刻得到新的二维阵列。Qi 等将聚苯乙烯微球在气液界面组装成二维阵列，并将其转移至硫代乙酸铵和乙酸锌溶液表面，大面积原位生成 ZnS 纳米碗阵列。所制备的 ZnS 纳米碗显示出强烈的结构色和可调节的光子带隙特性。此外，该阵列的碗状开口结构有利于待检测分子的附着。将生物素标记的牛血清白蛋白修饰到 ZnS 纳米碗基底上，可以特异性识别结合生物素，检测范围为100pmol/L～100nmol/L[96]。

### 7.2.3　三维光子晶体传感器及其应用

三维光子晶体是由两种及以上不同介电常数的材料在空间内呈周期性排列而形成的结构。由于三维光子晶体能够产生完全的光子带隙，其制备和应用一直是研究的重点。利用单分散的胶体颗粒进行组装的三维光子晶体制备方法相对成熟，所制备的光子晶体广泛应用于光学传感器和光学器件等。根据结构的不同，三维光子晶体的传感器可以分为三维胶体晶体阵列、三维凝胶光子晶体传感器和反蛋白石型光子晶体传感器。另外，新的制备技术和分析方式也为三维光子晶体传感器的研究和应用开拓了广阔的空间。

1. 三维胶体晶体阵列

三维胶体晶体阵列通常可以通过单分散的胶体颗粒以自下而上的形式组装而成。用来进行自组装的胶体颗粒材料需要具备高折射率的特点，常见的材料包括：$SiO_2$、ZnS等无机材料和PS、PMMA等有机材料[97-100]。自组装通常可以在重力场、离心力场、电场和磁场中进行。

基于三维光子晶体阵列的生物传感器通常利用其光学增强效应提高检测的灵敏性[101,102]。宋延林课题组开发了一种带有PC的DNA检测系统。检测系统中，荧光素标记的DNA探针和溴化乙锭分别作为供体和受体，探针的发射光谱与溴化乙锭的吸收光谱重叠。当目标DNA与探针结合时，可利用探针到受体的荧光共振能量转移（FRET），实现荧光量子产率增加，从而达到检测的目的。光子晶体由单分散的聚（苯乙烯-甲基丙烯酸甲酯-丙烯酸）［poly（St-MMA-AA）］微球的自组装而成，该系统利用满足光学增强效应要求的光子晶体，大大提高了总体能量转移效率，实现了光学信号的放大。该方法可通过优化的PC实现高达13.5fmol/L的超灵敏性[103]。另外，他们提出了一种生物素化的三维胶体光子晶体阵列增强免疫荧光信号的方法。选择合适染料，通过优化组成光子晶体的胶体颗粒尺寸改变结构光子晶体禁带位置，使之与染料发射峰重叠，以提高检测荧光信号的强度（图7.10）[104]。中山大学徐旭东课题组将银溅射沉积到三维$SiO_2$胶体晶体阵列上作为衬底，并用于腺嘌呤的检测。光子晶体的慢光子效应与银纳米颗粒增强的散射和电磁场效应协同，实现了显著的拉曼增强。实验结果表明，杂化基底对腺嘌呤的检测极限达到纳摩尔每升级，计算出的增强因子为$1.13\times10^7$，与常规表面增强拉曼光谱增强方法相比，大大提高了检测的灵敏性[105]。Kim等利用二氧化硅胶体晶体阵列作为传感器平台来检测染料标记的DNA分子。与常规平面平台相比，使用胶体晶体阵列作为平台获得的荧光信号增强了100倍[106]。

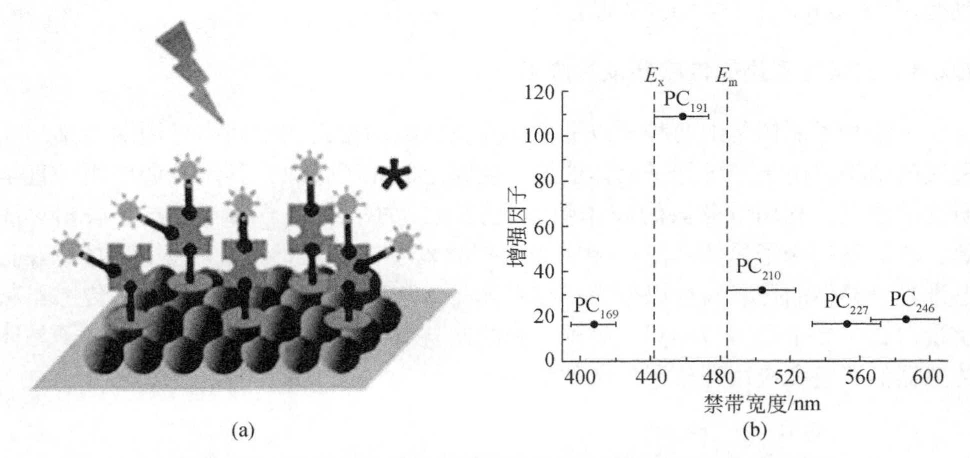


图 7.10 基于三维胶体晶体阵列的增强荧光高灵敏生物传感器[100]

硬质胶体颗粒，如 $SiO_2$、PS 或 PMMA 等胶体颗粒自身形变能力差，自组装形成的光子晶体阵列常通过有效折射率的变化进行传感响应。而凝胶微球等软质胶体颗粒自身具有响应性，可发生溶胀压缩等形变。当温度、湿度、pH 以及电场等外界环境条件发生变化时，由其组装成的光子晶体阵列也具有刺激响应性[107-109]。因此，很多研究将核壳结构的胶体颗粒用于自组装，一般来说核为硬质胶体，壳为软质胶体。Chen 等将牛血红蛋白（Hb）表面印迹的二氧化硅微球作为传感元件，构建了新型的比色传感器阵列。首先对 $SiO_2$ 微球进行硅烷化改性，然后通过铜离子的螯合作用固定 Hb，并进行印迹，洗脱模板后将得到的微球自组装为三维光子晶体。当 pH 为 7 时，1mg/mL 的 Hb 使传感器发生了约 23nm 红移，结构色由蓝色变为浅蓝色[110]。为了提高表面蛋白印迹光子晶体传感器阵列的响应性能，通过使用氢氟酸溶液刻蚀二氧化硅内核并进行自组装，得到蛋白质印迹空心球光子晶体阵列。实验结果表明，空腔结构明显提高了传感器的吸附容量和响应性，相同浓度的 Hb 溶液使印迹空心球阵列发生 43nm 的红移[111]。Wei 等制备了一种三维光子晶体微球条形码，用于与膀胱癌相关的 microRNA 的临床多重检测[112]。

2. 三维凝胶光子晶体传感器

刺激响应性水凝胶是一种高灵敏传感材料，将光子晶体与生物分子敏感的水凝胶材料相结合，可以实现在生物传感器中的应用。传统水凝胶敷料与皮肤的贴合能力差，容易脱落，Zhao 等受螳螂捕捉足上锯齿状微结构具有出色抓握能力的启发，发明了一种带有微针阵列结构的水凝胶。通过铁磁流体成型技术制备了朝中线倾斜的锯齿状微孔阵列的负膜，然后在丝蛋白水凝胶上复刻出几百微米的微针。这种带有微针的水凝胶具有优异的皮肤贴附能力、生物相容性和良好的药物释放能力。微针尖端非常尖锐，可以穿透皮肤，通过角质层并形成微通道，而且不会接触皮内神经纤维和毛细血管。将含有糖皮质激素的水凝胶微针治疗小鼠由咪喹莫特诱发的银屑病，结果表明小鼠的皮肤状况得到明显改善[113]。在之后的研究中，将微针阵列水凝胶与光子晶体编码技术相结合，实现组织液中生物标志物的多重特异性检测。向反蛋白石结构的光子晶体微球添加与败血症小鼠的三种炎性细胞因子（TNF-$\alpha$、IL-1$\beta$和IL-6）相应的荧光探针形成不同颜色的夹心免疫复合物光子晶体微球，然后在微针尖端搭载探针修饰的光子晶体微球。当微针针尖刺破皮肤时，组织液中的炎症因子能迅速通过微针渗透并在针尖特异性富集。根据光子晶体条码的不同反射峰和荧光强度区分特定的生物标记以及检测其相对含量[114]（图7.11）。

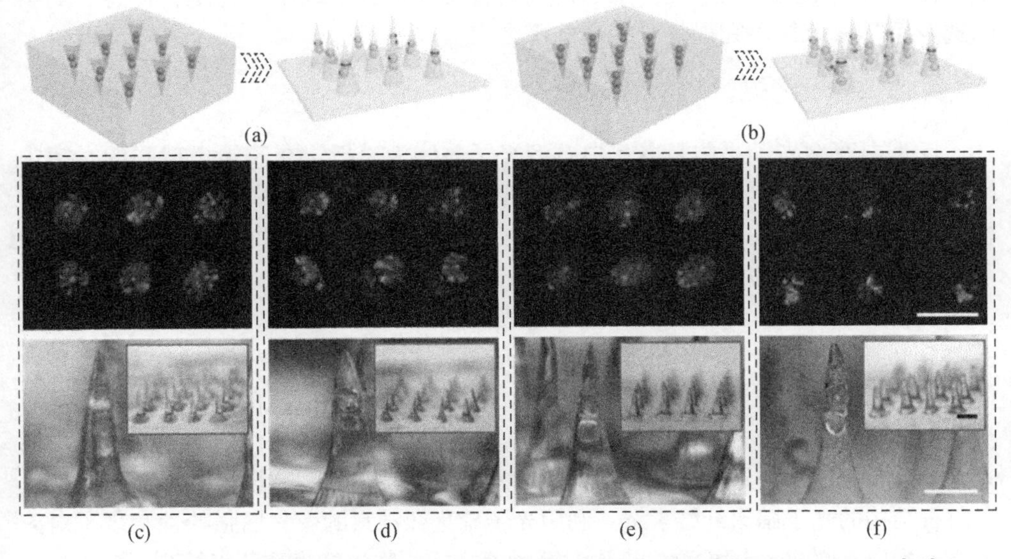


图7.11　在同一尖端中装有多个光子晶体条码的微针水凝胶示意图及光学图像[114]
图中比例尺均为300μm

非密堆积的胶体晶体阵列是指颗粒间具有明显距离的三维胶体晶体阵列。胶体颗粒表面带有负电荷，在静电斥力互相作用以及范德瓦耳斯力的共同作用下，在溶液体系中自组装为具有面心立方晶格结构的规整阵列。在胶体颗粒的间隙中填充电中性的凝胶基质，经聚合后可以将阵列进行固定。Asher课题组将聚苯乙烯胶乳颗粒自组装成为非紧密堆积的三维晶体胶体阵列，并固定在功能化的聚丙烯酰胺水凝胶中，开发了一种检测和定量肾功能障碍的标志物肌酐的光子晶体凝胶传感器。水凝胶对肌酐的识别通过肌酐脱亚氨酶（CD）和2-硝基苯酚

(2NPh) 基团实现，肌酐被 CD 酶迅速水解，释放的—OH 使凝胶中的 2NPh 去质子化，导致水凝胶膨胀，使衍射峰红移。该传感器在体液环境下对肌酐的检测限为 6μmol/L[115]。Wu 等开发了一种基于二氧化硅非密堆积光子晶体的青霉素酶生物传感器。将青霉素酶固定在胶体晶体水凝胶上，用来催化青霉素 G 水解产生青霉素酸，降低环境 pH，从而导致 pH 敏感的光子晶体水凝胶膜收缩并引发蓝移。通过测量衍射位移，可以灵敏地测量 $\beta$- 内酰胺类抗生素和 $\beta$- 内酰胺酶抑制剂的浓度[116]。Qin 等利用抗体–抗原相互作用，设计了“基于竞争”的非密堆积光子晶体生物传感器，对酶类的检测具有很高的通用性[117]。

顾忠泽、赵远锦等设计制备出了一系列基于微流控技术的光子晶体水凝胶微珠[118-122]。将流体中的单分散胶体颗粒组装限制在微液滴中，通过微通道对微量流体进行精准操作，达到控制微珠形貌的目的。此后，研究者将光子晶体水凝胶微珠作为显色单元，构筑在传感芯片和器官芯片等微系统中，为生化传感、药物筛选及医学诊疗等研究提供了崭新的平台[123]。

3. *反蛋白石型光子晶体传感器*

反蛋白石型光子晶体是以蛋白石型光子晶体为模板，在胶体微球间的空隙中填充高折光指数前驱体介质材料，待材料固化后用化学腐蚀和煅烧等方法除去模板，形成具有三维有序多孔结构。反蛋白式结构的光子晶体由于其独特的孔结构和光学性能，为生物传感器快速检测提供了新的可能。

Blum 等实现了光子晶体对荧光蛋白表观发射颜色的控制。将四聚体红色荧光蛋白 DsRed2 包封到二氧化钛反蛋白石型光子晶体内部，光子晶体对天然荧光蛋白的颜色控制，随着光子晶体晶格参数的增加，蛋白质的颜色从橙色变为红色，然后突然变为绿色。实验中的颜色变化趋势与理论预期的在光子晶体的阻带附近逸出的光重新分布的现象一致[124]。顾忠泽等将单分散 $SiO_2$ 纳米颗粒自组装为模板制备反蛋白石结构的光子硝化纤维素纸。利用光子硝化纤维素的荧光增强特性实现了对人免疫球蛋白 G 的非标记检测，进而对两种癌症标志物进行多重荧光检测[125]。

Lee 等提出了一种基于多孔结构的 3D 反蛋白石型光子晶体和量子点（Qdot）荧光探针的“OFF-ON”检测方案，用于检测 H1N1（甲型流感病毒），如图 7.12 所示[126]。在 H1N1 检测溶液中，Qdot 与病毒适配体 DNA（G-DNA）偶联，Qdot 的荧光发射信号通过 FRET 转移到猝灭剂中，传感器呈现“OFF”状态。当待检测溶液中有 H1N1 存在时，病毒与 G-DNA 适体结合，恢复了 Qdot 荧光信号，从而使生物传感器变为“ON”状态。3D 光子晶体结构中通过特定波长的发射光导，显著增强了输出荧光信号和传感器的灵敏性，检测限可达 138pg/mL。将非靶向病毒或蛋白，如 H5N1、H3N2 或凝血酶引入生物传感器时，荧光强度仅发生微小变化。

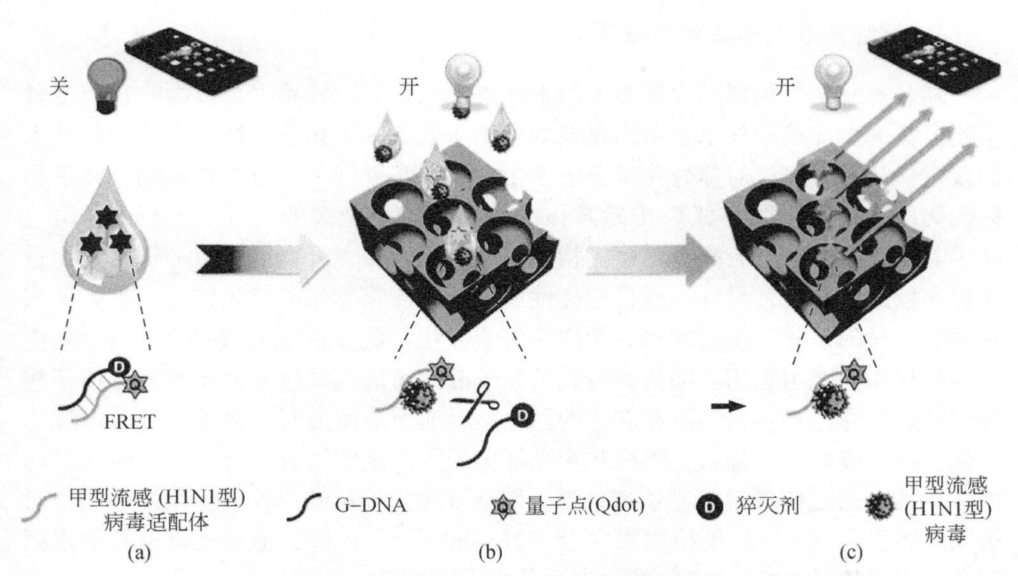


图7.12　基于Qdot-适体共轭物和3D反蛋白石多孔光子晶体生物传感器的"OFF-ON"检测原理[126]

顾忠泽课题组报告了基于光子晶体硝化纤维素的图案化伪纸的ELISA试剂盒，用于高度敏感的荧光生物分析，如图7.13所示。以二氧化硅纳米颗粒为模板，制备了反蛋白石结构的硝化纤维素试纸，并固定在聚丙烯基材上。人IgG的定量检测限为3.8fg/mL，低于常规ELISA和基于纸张的ELISA。由于检测信号被显著放大，因此简单的智能手机摄像头就足以现场分析检测。与常规ELISA相比，样品和试剂的消耗量也减少了33倍[127]。

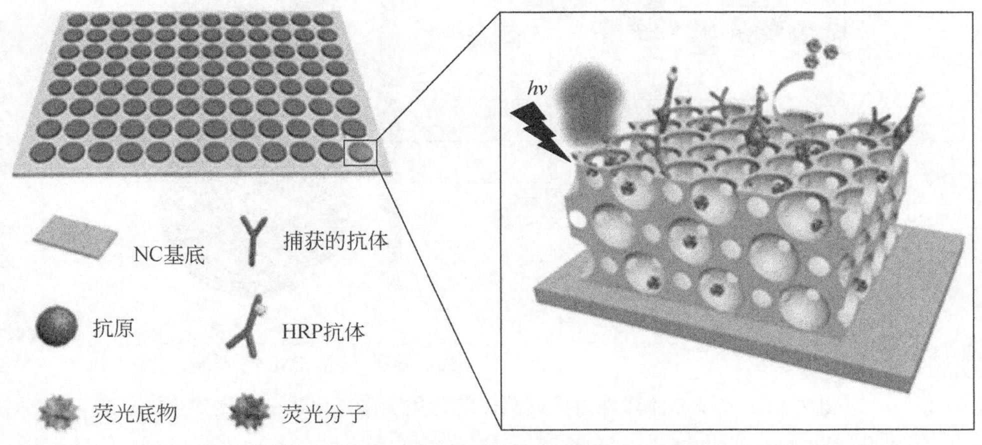


图7.13　基于光子晶体硝化纤维素的图案化伪纸的ELISA试剂盒检测示意图[127]

4. 新型三维光子晶体传感器

随着对复杂生物样品检测需求的不断增加，在同一样品中可以同时进行多种生物分析的多元检测技术显示出重要的应用前景。基于光子晶体的光学编码技术的多重检测方式可以对体外化学分子、蛋白、核酸进行高通量筛选检测，光子晶体编码作为信号增强方式和传感载体，受到了越来越多的关注[128]（图 7. 14）。光子晶体凝胶微珠具有高孔隙率的特点，其内孔表面上可容纳大量分子探针，进而提高检测灵敏度。另外，通过选择性增强不同传感单元的荧光信号，扩大了底物检测信号的差异，提升对多底物样品的差异化检测分析能力（图 7. 14）。东南大学赵祥伟课题组利用不同排列方式的光子晶体组成不同颜色的微球，并连接相应的肿瘤抗体，再将它们嵌在芯片的网格上，当血液流过时，血液中的肿瘤标志物就会被相应的抗体捕获，随后和荧光标记的第二抗体结合，形成了一种“三明治”结构，通过图像分析和数据处理，能获取癌症检测结果，实验结果表明，对抗人甲胎蛋白（AFP）的检测限为 18. 92ng/mL[129]。此外，他们还将多孔的水凝胶微珠用于拉曼染料（RD）编码多元分析[130]。

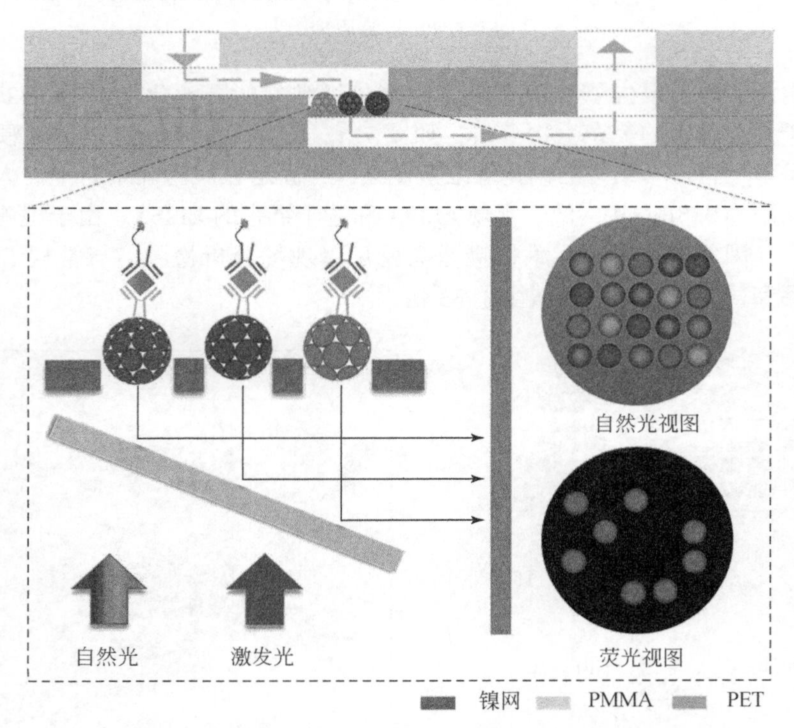


图 7. 14　光子晶体微珠自编码载体芯片用于多重生物分子测定[129]

赵远锦等在液滴中将二氧化硅胶体纳米颗粒和氧化石墨烯（GO）进行共组装，两者沉积分层并形成了具有氧化石墨烯的扁平球面的顶面和由二氧化硅胶体纳米颗粒组成的半球形底面的 Janus 结构微球。微球经过温敏性水凝胶包埋与硅胶模板刻蚀得到了反蛋白石结构的凝胶微珠。将凝胶微珠作为心肌细胞培养的微载体培养一段时间后，心肌细胞生长良好，然后进行心肌细胞力学传感和监测（图 7.15）。随着其中约 20 个心肌细胞收缩和舒张，每个凝胶微珠体积增大或缩小，带动凝胶内部的晶体结构排列变化，伴随着颜色和光谱变化[131]。

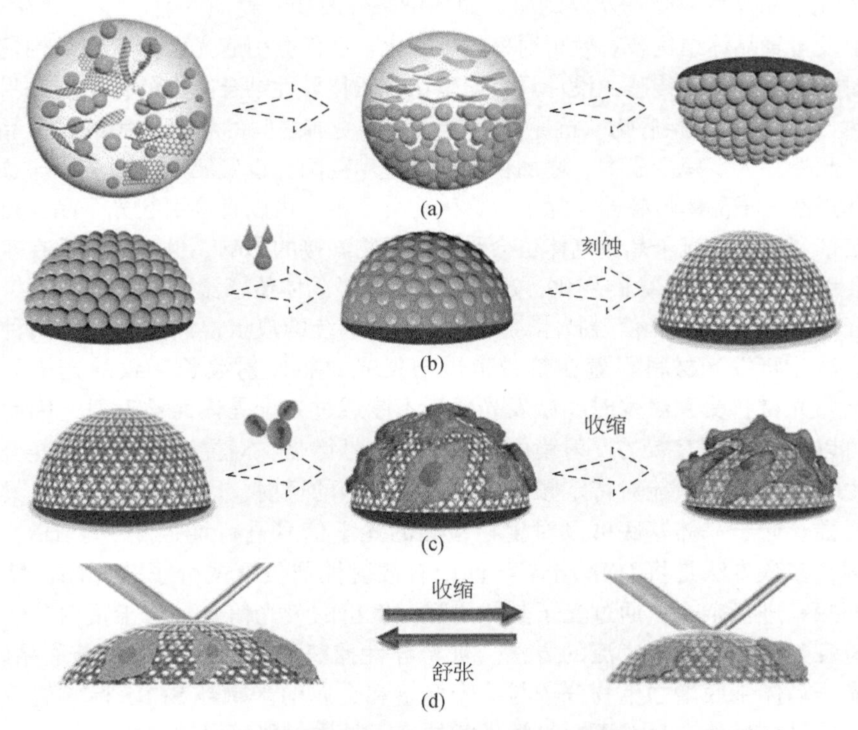


图 7.15　Janus 型彩色水凝胶的制备过程和心肌细胞监测示意图[131]

（a）各向异性的 Janus 型彩色微球的制备过程；（b）反蛋白石结构的各向异性彩色水凝胶微球的制备过程；（c）心肌细胞监测平台的构建；（d）心肌细胞可视化监测平台的检测示意图

此外，光子晶体制备新技术不断涌现出来，例如，将毛细管等曲面作为光子晶体的附着基质，制备具有特殊结构的光子晶体传感器[132]。喷墨印刷、3D 立体打印技术[101]也为大面积光子晶体的开发创造了更加广阔的空间。光子晶体生物传感器正在从理论研究走向实际应用，多种形式的光子晶体材料有望应用于人造器官监测和各种医疗器械中。Fujishima 等以二氧化硅微球为模板，使用多功能羧酸和多元醇合成了可生物降解的可植入式反蛋白石光子晶体[133]。赵远锦等制备了洋葱状的生物相容性胆固醇衍生物微滴激光器，可以用于光学成像[134]。基于光子晶体的可穿戴设备也显示出广阔的应用前景[135-137]。

## 7.3 总结与展望

光子晶体生物传感器主要利用了光子晶体能够具有光学禁带的性质，其传感原理可以分为禁带调节传感和信号增强传感。

当光子晶体材料受到外界刺激，如环境条件改变、物质附着、承受载荷等时，容易引发自身晶体结构或有效折射率发生变化，从而会引起光学禁带和结构色的改变。对于生物分子的传感，设计具有与生物分子特异性结合能力的传感器是目前研究的热点，如基于酶–底物、抗原–抗体、配基–受体之间的相互作用的光子晶体传感器。此外，为了减少成本、增加稳定性和应用范围，也发展出基于分子印迹技术等高选择性光子晶体传感器。除了目标生物分子本身可以直接引起光子晶体材料的光学禁带变化外，光子晶体基体也会受到目标物间接的影响，例如，负载在基质上的酶会引起如 pH 等参数的变化，这可以通过光子晶体传感器测量。

光子晶体增强发光信号技术，可以为复杂系统的痕量检测分析提供一种新的通用方法。将发光材料附着在禁带范围与发光材料发射波长一致的光子晶体表面，当发光材料受到激发时，激发光由于不能透过光子晶体而被反射，因此光子晶体可以作为一种有效的反射镜面，使光学信号增强，对提高检测灵敏度至关重要。由于光子晶体只能对特定频率的光进行强烈的反射，因此发光增强也具有高度选择性。光子晶体基底可以对生物检测的光学信号进行增强。对于 DNA 分子的检测，多数方法是将 DNA 分子与标记有放射性同位素或分子荧光团的特定碱基序列探针进行杂交，通过光子晶体增强激发出的荧光信号。对于蛋白分子的检测，免疫分析是使用最广泛的方法。被特异性捕获的抗体被固定在光子晶体上，利用光子晶体基底增强生物分子与荧光标签和金属纳米颗粒 SERS 标签偶联激发出光学信号。另外，具有不同光学带隙的光子晶体材料可以选择性地增强不同通道中的光学传感信号，在此原理上设计的光子晶体芯片可实现多分析物的高性能检测。

光子晶体对光的特殊调控性能已经受到越来越多科学工作者的关注，并广泛应用于生物分子传感中。目前对光子晶体生物传感器的研究主要集中在光子晶体新型结构的制造、传感单元的选择和应用，以及具有优异光学效应的光子晶体新型结构的研究等方面。另外，对生物分子特异性识别、快速灵敏响应和光学多重检测分析仍需不断探索。可穿戴设备、植入式设备以及器官芯片等新技术为光子晶体生物传感器的设计提供了新思路，从理论到实际应用更是光子晶体生物传感器急需攻克的难题。

## 参 考 文 献


[1] Olson B J S C, Markwell J. Assays for determination of protein concentration. Current Protocols in Pharmacology, 2007: ps0304s48.

[2] Yablonovitch E. Inhibited spontaneous emission in solid-state physics and electronics. Physical Review Letters, 1987, 58 (20): 2059-2062.

[3] John S. Strong localization of photons in certain disordered dielectric superlattices. Physical Review Letters, 1987, 58 (23): 2486-2489.

[4] 武东升，顾培夫，刘旭，等．一维光子晶体及其应用．激光与光电子学进展，2001，12 (432): 1-6.

[5] Chen W, Jia Z H, Li P, et al. Refractive index change detection based on porous silicon microarray. Applied Physics B, 2016, 122 (5): 120.

[6] Zhang H, Lv J, Jia Z H. Detection of ammonia-oxidizing bacteria (AOB) using a porous silicon optical biosensor based on a multilayered double bragg mirror structure. Sensors, 2018, 18 (2): 105.

[7] 王佳佳，李彦宇，贾振红．量子点/多孔硅光子晶体生物传感器用于检测链霉亲和素．新疆大学学报（自然科学版），2019，36 (2): 132-137.

[8] Cunningham B T, Zangar R C. Photonic crystal enhanced fluorescence for early breast cancer biomarker detection. Journal of Biophotonics, 2012, 5 (8-9): 617-628.

[9] George S, Chaudhery V, Lu M, et al. Sensitive detection of protein and mirna cancer biomarkers using silicon-based photonic crystals and a resonance coupling laser scanning platform. Lab on a Chip, 2013, 13 (20): 4053.

[10] Lo S M, Hu S, Gaur G, et al. Photonic crystal microring resonator for label-free biosensing. Optics Express, 2017, 25 (6): 7046.

[11] 赵婷婷，吴超，冯帅，等．多类型缺陷结构一维硅基光子晶体生物传感器的性能分析．中国科技论文，2018，13 (8): 854-857.

[12] Wu C, Liu X, Feng S, et al. High-sensitivity silicon-based photonic crystal refractive index biosensor based on defect-mode coupling. Optics Communications, 2018, 427: 409-417.

[13] Vasconcellos F d C, Yetisen A K, Montelongo Y, et al. Printable surface holograms via laser ablation. ACS Photonics, 2014, 1 (6): 489-495.

[14] Yetisen A K, Naydenova I, da Cruz Vasconcellos F, et al. Holographic sensors: Three-dimensional analyte-sensitive nanostructures and their applications. Chemical Reviews, 2014, 114 (20): 10654-10696.

[15] 周玲，姜岚，张晓辉，等．仿生结构一维光子晶体传感器的制备与应用．功能材料，2018，49 (3): 03042-03052.

[16] 杜睿，于丹，王施婵，等．新型聚合物凝胶全息传感器及其溶液 pH 值响应特性．仪表技术与传感器，2019，(4): 5-9.

[17] Oliveira N C L, Khoury G E, Versnel J M, et al. A holographic sensor based on a biomimetic

affinity ligand for the detection of cocaine. Sensors and Actuators B: Chemical, 2018, 270: 216-222.

[18] Chan L C Z, Khalili Moghaddam G, Wang Z, et al. Miniaturized pH holographic sensors for the monitoring of lactobacillus casei shirota growth in a microfluidic chip. ACS Sensors, 2019, 4 (2): 456-463.

[19] Mayes A G, Millington R B, Blyth J, et al. Holographic biosensors. Biochemical Society Transactions, 1999, 27 (1): A28.

[20] Millington R B, Mayes A G, Blyth J, et al. A hologram biosensor for proteases. Sensors and Actuators B: Chemical, 1996, 33 (1-3): 55-59.

[21] Fuchs Y, Soppera O, Mayes A G, et al. Holographic molecularly imprinted polymers for label-free chemical sensing. Advanced Materials, 2013, 25 (4): 566-570.

[22] Farandos N M, Yetisen A K, Monteiro M J, et al. Contact lens sensors in ocular diagnostics. Advanced Healthcare Materials, 2015, 4 (6): 792-810.

[23] Rizzo R, Alvaro M, Danz N, et al. Bloch surface wave label-free and fluorescence platform for the detection of vegf biomarker in biological matrices. Sensors and Actuators B: Chemical, 2018, 255: 2143-2150.

[24] Li X, Gao Y, Serpe M J. Responsive polymer-based assemblies for sensing applications. Macromolecular Rapid Communications, 2015, 36 (15): 1382-1392.

[25] Sorrell C D, Carter M C D, Serpe M J. A "paint-on" protocol for the facile assembly of uniform microgel coatings for color tunable etalon fabrication. ACS Applied Materials & Interfaces, 2011, 3 (4): 1140-1147.

[26] Jiang Y, Colazo M G, Serpe M J. Poly (*n*-isopropylacrylamide) microgel-based etalons for the label-free quantitation of estradiol-17$\beta$ in aqueous solutions and milk samples. Analytical and Bioanalytical Chemistry, 2018, 410 (18): 4397-4407.

[27] Islam M R, Serpe M J. Polymer-based devices for the label-free detection of DNA in solution: Low DNA concentrations yield large signals. Analytical and Bioanalytical Chemistry, 2014, 406 (19): 4777-4783.

[28] Islam M R, Serpe M J. A novel label-free colorimetric assay for DNA concentration in solution. Analytica Chimica Acta, 2014, 843: 83-88.

[29] Islam M R, Serpe M J. Label-free detection of low protein concentration in solution using a novel colorimetric assay. Biosensors and Bioelectronics, 2013, 49: 133-138.

[30] Kolle M, Zheng B, Gibbons N, et al. Stretch-tuneable dielectric mirrors and optical microcavities. Optics Express, 2010, 18 (5): 4356.

[31] Colodrero S, Ocaña M, Míguez H. Nanoparticle-based one-dimensional photonic crystals. Langmuir, 2008, 24 (9): 4430-4434.

[32] 由爱梅，倪鑫炯，曹玉华，等. 胶态磁组装分子印迹光子晶体及其对 l-苯丙氨酸的响应性. 高等学校化学学报，2017，38 (2)：182-186.

[33] He L, Wang M, Ge J, et al. Magnetic assembly route to colloidal responsive photonic nano-

structures. Accounts of Chemical Research, 2012, 45 (9): 1431-1440.

[34] Liu Q, Liu Y, Yin Y. Optical tuning by the self-assembly and disassembly of chain-like plasmonic superstructures. National Science Review, 2018, 5 (2): 128-130.

[35] Li Z, Yin Y. Stimuli-responsive optical nanomaterials. Advanced Materials, 2019, 31 (15): 1807061.

[36] Erb R M, Martin J J, Soheilian R, et al. Actuating soft matter with magnetic torque. Advanced Functional Materials, 2016, 26 (22): 3859-3880.

[37] He L, Wang M, Zhang Q, et al. Magnetic assembly and patterning of general nanoscale materials through nonmagnetic templates. Nano Letters, 2012, 13 (1): 264-271.

[38] Shopsowitz K E, Qi H, Hamad W Y, et al. Free-standing mesoporous silica films with tunable chiral nematic structures. Nature, 2010, 468 (7322): 422-425.

[39] Kim S U, Lee S H, Lee I H, et al. Generation of intensity-tunable structural color from helical photonic crystals for full color reflective-type display. Optics Express, 2018, 26 (10): 13561.

[40] Shopsowitz K E, Hamad W Y, MacLachlan M J. Flexible and iridescent chiral nematic mesoporous organosilica films. Journal of the American Chemical Society, 2012, 134 (2): 867-870.

[41] Terpstra A S, Hamad W Y, MacLachlan M J. Photopatterning freestanding chiral nematic mesoporous organosilica films. Advanced Functional Materials, 2017, 27 (45): 1703346.

[42] Chu G, Qu D, Zussman E, et al. Ice-assisted assembly of liquid crystalline cellulose nanocrystals for preparing anisotropic aerogels with ordered structures. Chemistry of Materials, 2017, 29 (9): 3980-3988.

[43] Marsat J N, Heydenreich M, Kleinpeter E, et al. Self-assembly into multicompartment micelles and selective solubilization by hydrophilic-lipophilic-fluorophilic block copolymers. Macromolecules, 2011, 44 (7): 2092-2105.

[44] Hill J, Shrestha L, Ishihara S, et al. Self-assembly: From amphiphiles to chromophores and beyond. Molecules, 2014, 19 (6): 8589-8609.

[45] Lee E, Kim J, Myung J, et al. Modification of block copolymer photonic gels for colorimetric biosensors. Macromolecular Research, 2013, 20 (12): 1219-1222.

[46] Kong J, Chu S, Huang J, et al. Use of distributed bragg reflectors to enhance fabry-pérot lasing in vertically aligned ZnO nanowires. Applied Physics A, 2012, 110 (1): 23-28.

[47] He C, Stoykovich M P. Self-assembly: Profile control in block copolymer nanostructures using bilayer thin films for enhanced pattern transfer processes. Advanced Functional Materials, 2014, 24 (45): 7224-7224.

[48] Jiang J, Jacobs A G, Wenning B, et al. Ultrafast self-assembly of sub-10nm block copolymer nanostructures by solvent-free high-temperature laser annealing. ACS Applied Materials & Interfaces, 2017, 9 (37): 31317-31324.

[49] Chiang Y W, Chou C Y, Wu C S, et al. Large-area block copolymer photonic gel films with solvent-evaporation-induced red-and blue-shift reflective bands. Macromolecules, 2015, 48 (12): 4004-4011.

[50] Song D P, Zhao T H, Guidetti G, et al. Hierarchical photonic pigments via the confined self-assembly of bottlebrush block copolymers. ACS Nano, 2019, 13 (2): 8b07845.
[51] Choi C J, Semancik S. Effect of interdome spacing on the resonance properties of plasmonic nanodome arrays for label-free optical sensing. Optics Express, 2013, 21 (23): 28304-28313.
[52] Wang X L, Lü N G, Tan Q F, et al. Investigation of biosensor built with photonic crystal microcavity. Chinese Optics Letters, 2008, 6 (12): 925-927.
[53] Zhou Z, Tong K, Lu J, et al. Measurement and characteristic analysis of refractive index of biological medium adsorption on two-dimensional photonic crystal surface. 2014, 9233: 92330.
[54] Zlatanovic S, Mirkarimi L W, Sigalas M M, et al. Photonic crystal microcavity sensor for ultra-compact monitoring of reaction kinetics and protein concentration. Sensors and Actuators B: Chemical, 2009, 141 (1): 13-19.
[55] Cunningham B, Li P, Lin B, et al. Colorimetric resonant reflection as a direct biochemical assay technique. Sensors and Actuators B: Chemical, 2002, 81 (2-3): 316-328.
[56] Cunningham B T, Li P, Schulz S, et al. Label-free assays on the bind system. Journal of Biomolecular Screening, 2004, 9 (6): 481-490.
[57] Pineda M F, Chan L L Y, Kuhlenschmidt T, et al. Rapid specific and label-free detection of porcine rotavirus using photonic crystal biosensors. IEEE Sensors Journal, 2009, 9 (4): 470-477.
[58] Lin B, Li P, Cunningham B T. A label-free biosensor-based cell attachment assay for characterization of cell surface molecules. Sensors and Actuators B: Chemical, 2006, 114 (2): 559-564.
[59] Heeres J T, Kim S H, Leslie B J, et al. Identifying modulators of protein-protein interactions using photonic crystal biosensors. Journal of the American Chemical Society, 2009, 131 (51): 18202-18203.
[60] Russell P. Photonic crystal fibers. Science, 2003, 299 (5605): 358-362.
[61] Knight J C, Birks T A, Russell P S J, et al. All-silica single-mode optical fiber with photonic crystal cladding. Optics Letters, 1996, 21 (19): 1547-1549.
[62] Knight J C. Photonic band gap guidance in optical fibers. Science, 1998, 282 (5393): 1476-1478.
[63] Knight J C. Photonic crystal fibres. Nature, 2003, 424 (6950): 847-851.
[64] 陈诚，董志强，陈昊文，等. 二维光子晶体. 化学进展，2018，30 (6)：775-784.
[65] De M, Gangopadhyay T K, Singh V K. Prospects of photonic crystal fiber for analyte sensing applications: An overview. Measurement Science and Technology, 2020, 31 (4): 042001.
[66] Caucheteur C, Guo T, Albert J. Review of plasmonic fiber optic biochemical sensors: Improving the limit of detection. Analytical and Bioanalytical Chemistry, 2015, 407 (14): 3883-3897.
[67] Wang X D, Wolfbeis O S. Fiber-optic chemical sensors and biosensors (2013-2015).

Analytical Chemistry, 2015, 88 (1): 203-227.

[68] Fan X, White I M. Optofluidic microsystems for chemical and biological analysis. Nature Photonics, 2011, 5 (10): 591-597.

[69] Battinelli E, Anuszewski F, Reimlinger M, et al. Steering wheel photonic crystal fiber for monoclonal antibody detection. 2011 Proceeding of IEEF Sensors, 2011: 1921-1924.

[70] Rabah J, Mansaray A, Wynne R, et al. Human immunoglobulin class g (IgG) antibody detection with photonic crystal fiber. Journal of Lightwave Technology, 2016, 34 (4): 1398-1404.

[71] Padmanabhan S, Shinoj V K, Murukeshan V M, et al. Highly sensitive optical detection of specific protein in breast cancer cells using microstructured fiber in extremely low sample volume. Journal of Biomedical Optics, 2010, 15 (1): 017005.

[72] Rindorf L, Jensen J B, Dufva M, et al. Photonic crystal fiber long-period gratings for biochemical sensing. Optics Express, 2006, 14 (18): 8224-8231.

[73] Zong C, Xu M, Xu L J, et al. Surface-enhanced raman spectroscopy for bioanalysis: Reliability and challenges. Chemical Reviews, 2018, 118 (10): 4946-4980.

[74] Dinish U S, Balasundaram G, Chang Y T, et al. Sensitive multiplex detection of serological liver cancer biomarkers using sers-active photonic crystal fiber probe. Journal of Biophotonics, 2014, 7 (11-12): 956-965.

[75] Wang G, Li S, An G, et al. Highly sensitive d-shaped photonic crystal fiber biological sensors based on surface plasmon resonance. Optical and Quantum Electronics, 2015, 48 (1): 043.

[76] Zhang N M Y, Hu D J J, Shum P P, et al. Design and analysis of surface plasmon resonance sensor based on high-birefringent microstructured optical fiber. Journal of Optics, 2016, 18 (6): 065005.

[77] Hassani A, Skorobogatiy M. Photonic crystal fiber-based plasmonic sensors for the detection of biolayer thickness. Journal of the Optical Society of America B, 2009, 26 (8): 1550-1557.

[78] Rifat A A, Mahdiraji G A, Shee Y G, et al. A novel photonic crystal fiber biosensor using surface plasmon resonance. Procedia Engineering, 2016, 140: 1-7.

[79] Rifat A A, Mahdiraji G A, Ahmed R, et al. Copper-graphene-based photonic crystal fiber plasmonic biosensor. IEEE Photonics Journal, 2016, 8 (1): 1-8.

[80] Yang X, Lu Y, Wang M, et al. An exposed-core grapefruit fibers based surface plasmon resonance sensor. Sensors, 2015, 15 (7): 17106-17114.

[81] An G, Li S, Wang H, et al. Metal oxide-graphene-based quasi-d-shaped optical fiber plasmonic biosensor. IEEE Photonics Journal, 2017, 9 (4): 1-9.

[82] Mihi A, Ocaña M, Míguez H. Oriented colloidal-crystal thin films by spin-coating microspheres dispersed in volatile media. Advanced Materials, 2006, 18 (17): 2244-2249.

[83] Jiang P, McFarland M J. Large-scale fabrication of wafer-size colloidal crystals, macroporous polymers and nanocomposites by spin-coating. Journal of the American Chemical Society, 2004, 126 (42): 13778-13786.

[84] Kawaguchi H. Thermoresponsive microhydrogels: Preparation, properties and applications. Polymer International, 2014, 63 (6): 925-932.

[85] Tsuji S, Kawaguchi H. Self-assembly of poly (*n*-isopropylacrylamide)-carrying microspheres into two-dimensional colloidal arrays. Langmuir, 2005, 21 (6): 2434-2437.

[86] Smith N L, Coukouma A, Dubnik S, et al. Debye ring diffraction elucidation of 2D photonic crystal self-assembly and ordering at the air-water interface. Physical Chemistry Chemical Physics, 2017, 19 (47): 31813-31822.

[87] Zhang J T, Wang L, Luo J, et al. 2D array photonic crystal sensing motif. Journal of the American Chemical Society, 2011, 133 (24): 9152-9155.

[88] Zhang J T, Wang L, Chao X, et al. Periodicity-controlled two-dimensional crystalline colloidal arrays. Langmuir, 2011, 27 (24): 15230-15235.

[89] Zhang J T, Wang L, Lamont D N, et al. Fabrication of large-area two-dimensional colloidal crystals. Angewandte Chemie international Edition, 2012, 51 (25): 6117-6120.

[90] Cai Z, Smith N L, Zhang J T, et al. Two-dimensional photonic crystal chemical and biomolecular sensors. Analytical Chemistry, 2015, 87 (10): 5013-5025.

[91] Cai Z, Sasmal A, Liu X, et al. Responsive photonic crystal carbohydrate hydrogel sensor materials for selective and sensitive lectin protein detection. ACS Sensors, 2017, 2 (10): 1474-1481.

[92] Zhang J T, Cai Z, Kwak D H, et al. Two-dimensional photonic crystal sensors for visual detection of lectin concanavalin a. Analytical Chemistry, 2014, 86 (18): 9036-9041.

[93] Cai Z, Kwak D H, Punihaole D, et al. A photonic crystal protein hydrogel sensor forcandida albicans. Angewandte Chemie, 2015, 127 (44): 13228-13232.

[94] Murtaza G, Rizvi A S, Irfan M, et al. Glycated albumin based photonic crystal sensors for detection of lipopolysaccharides and discrimination of gram-negative bacteria. Analytica Chimica Acta, 2020, 1117: 1-8.

[95] Wang Z, Meng Z, Xue M, et al. Detection of lysozyme in body fluid based on two-dimensional colloidal crystal sensor. Microchemical Journal, 2020, 157: 105073.

[96] Ye X, Li Y, Dong J, et al. Facile synthesis of zns nanobowl arrays and their applications as 2D photonic crystal sensors. Journal of Materials Chemistry C, 2013, 1 (38): 6112.

[97] Wang X, Wang Z, Bai L, et al. Vivid structural colors from long-range ordered and carbon-integrated colloidal photonic crystals. Optics Express, 2018, 26 (21): 27001.

[98] Martín J, Martín-González M, Francisco Fernández J, et al. Ordered three-dimensional interconnected nanoarchitectures in anodic porous alumina. Nature Communications, 2014, 5: 5130.

[99] Xia Y, Gates B, Yin Y, et al. Monodispersed colloidal spheres: Old materials with new applications. Advanced Materials, 2000, 12 (10): 693-713.

[100] Nam H, Song K, Ha D, et al. Inkjet printing based mono-layered photonic crystal patterning for anti-counterfeiting structural colors. Scientific Reports, 2016, 6: 30885.

[101] Li M, Lai X, Li C, et al. Recent advantages of colloidal photonic crystals and their applications for luminescence enhancement. Materials Today Nano, 2019, 6: 100039.

[102] Hou J, Li M, Song Y. Recent advances in colloidal photonic crystal sensors: Materials, structures and analysis methods. Nano Today, 2018, 22: 132-144.

[103] Li M, He F, Liao Q, et al. Ultrasensitive DNA detection using photonic crystals. Angewandte Chemie International Edition, 2008, 47 (38): 7258-7262.

[104] Shen W, Li M, Xu L, et al. Highly effective protein detection for avidin-biotin system based on colloidal photonic crystals enhanced fluoroimmunoassay. Biosensors and Bioelectronics, 2011, 26 (5): 2165-2170.

[105] Chen G J, Zhang K L, Luo B B, et al. Plasmonic-3D photonic crystals microchip for surface enhanced raman spectroscopy. Biosensors and Bioelectronics, 2019, 143: 111596.

[106] Kim H J, Kim S, Jeon H, et al. Fluorescence amplification using colloidal photonic crystal platform in sensing dye-labeled deoxyribonucleic acids. Sensors and Actuators B: Chemical, 2007, 124 (1): 147-152.

[107] Reese C E, Mikhonin A V, Kamenjicki M, et al. Nanogel nanosecond photonic crystal optical switching. Journal of the American Chemical Society, 2004, 126 (5): 1493-1496.

[108] Chen M, Zhou L, Guan Y, et al. Polymerized microgel colloidal crystals: Photonic hydrogels with tunable band gaps and fast response rates. Angewandte Chemie International Edition, 2013, 52 (38): 9961-9965.

[109] Wang Z, Xue M, Zhang H, et al. Self-assembly of a nano hydrogel colloidal array for the sensing of humidity. RSC Advances, 2018, 8 (18): 9963-9969.

[110] Chen W, Lei W, Xue M, et al. Protein recognition by a surface imprinted colloidal array. Journal of Materials Chemistry A, 2014, 2 (20): 7165-7169.

[111] Chen W, Xue M, Shea K J, et al. Molecularly imprinted hollow sphere array for the sensing of proteins. Journal of Biophotonics, 2015, 8 (10): 838-845.

[112] Wei X, Bian F, Cai X, et al. Multiplexed detection strategy for bladder cancer micrornas based on photonic crystal barcodes. Analytical Chemistry, 2020, 92 (8): 6121-6127.

[113] Zhang X, Wang F, Yu Y, et al. Bio-inspired clamping microneedle arrays from flexible ferrofluid-configured moldings. Science Bulletin, 2019, 64 (15): 1110-1117.

[114] Zhang X, Chen G, Bian F, et al. Encoded microneedle arrays for detection of skin interstitial fluid biomarkers. Advanced Materials, 2019, 31 (37): 1902825.

[115] Sharma A C, Jana T, Kesavamoorthy R, et al. A general photonic crystal sensing motif: Creatinine in bodily fluids. Journal of the American Chemical Society, 2004, 126 (9): 2971-2977.

[116] Xiao F, Li G, Wu Y, et al. Label-free photonic crystal-based $\beta$-lactamase biosensor for $\beta$-lactam antibiotic and $\beta$-lactamase inhibitor. Analytical Chemistry, 2016, 88 (18): 9207-9212.

[117] Qin J, Li X, Cao L, et al. Competition-based universal photonic crystal biosensors by using

antibody-antigen interaction. Journal of the American Chemical Society, 2019, 142 (1): 417-423.

[118] Zhao Y J, Shang L R, Cheng Y, et al. Spherical colloidal photonic crystals. Accounts of Chemical Research, 2014, 47 (12): 3632-3642.

[119] Zhong Q F, Ding H B, Gao B B, et al. Advances of microfluidics in biomedical engineering. Advanced Materials Technologies, 2019, 4 (6): 1800663.

[120] Liu P M, Bai L, Yang J J, et al. Self-assembled colloidal arrays for structural color. Nanoscale Advances, 2019, 1 (5): 1672-1685.

[121] Zhao X W, Ma T F, Zeng Z Y, et al. Hyperspectral imaging analysis of a photonic crystal bead array for multiplex bioassays. The Analyst, 2016, 141 (24): 6549-6556.

[122] Shang L R, Fu F F, Cheng Y, et al. Photonic crystal microbubbles as suspension barcodes. Journal of the American Chemical Society, 2015, 137 (49): 15533-15539.

[123] Gong X, Yan H, Yang J, et al. High-performance fluorescence-encoded magnetic microbeads as microfluidic protein chip supports for AFP detection. Analytica Chimica Acta, 2016, 939: 84-92.

[124] Blum C, Mosk A P, Nikolaev I S, et al. Color control of natural fluorescent proteins by photonic crystals. Small, 2008, 4 (4): 492-496.

[125] Gao B, Liu H, Gu Z Z. Patterned photonic nitrocellulose for pseudo-paper microfluidics. Analytical Chemistry, 2016, 88 (10): 5424-5429.

[126] Lee N, Wang C, Park J. User-friendly point-of-care detection of influenza a (H1N1) virus using light guide in three-dimensional photonic crystal. RSC Advances, 2018, 8 (41): 22991-22997.

[127] Chi J, Gao B, Sun M, et al. Patterned photonic nitrocellulose for pseudopaper elisa. Analytical Chemistry, 2017, 89 (14): 7727-7733.

[128] Fan Y, Wang S, Zhang F. Optical multiplexed bioassays for improved biomedical diagnostics. Angewandte Chemie International Edition, 2019, 58 (38): 13208-13219.

[129] Chang N, Zhai J, Liu B, et al. Low cost 3D microfluidic chips for multiplex protein detection based on photonic crystal beads. Lab on a Chip, 2018, 18 (23): 3638-3644.

[130] Liu B, Zhang D, Ni H, et al. Multiplex analysis on a single porous hydrogel bead with encoded sers nanotags. ACS Applied Materials & Interfaces, 2017, 10 (1): 21-26.

[131] Wang H, Liu Y, Chen Z, et al. Anisotropic structural color particles from colloidal phase separation. Science Advances, 2020, 6 (2): eaay 1438.

[132] Zhao Z, Wang H, Shang L, et al. Bioinspired heterogeneous structural color stripes from capillaries. Advanced Materials, 2017, 29 (46): 1704569.

[133] Fujishima M, Sakata S, Iwasaki T, et al. Implantable photonic crystal for reflection-based optical sensing of biodegradation. Journal of Materials Science, 2008, 43 (6): 1890-1896.

[134] Humar M, Dobravec A, Zhao X, et al. Biomaterial microlasers implantable in the cornea, skin, and blood. Optica, 2017, 4 (9): 1080.

[135] Gao B, Wang X, Li T, et al. Gecko-inspired paper artificial skin for intimate skin contact and multisensing. Advanced Materials Technologies, 2019, 4 (1): 1800392.

[136] Xu H, Xiang J X, Lu Y F, et al. Multifunctional wearable sensing devices based on functionalized graphene films for simultaneous monitoring of physiological signals and volatile organic compound biomarkers. ACS Applied Materials & Interfaces, 2018, 10 (14): 11785-11793.

[137] He Z, Elbaz A, Gao B, et al. Wearable biosensors: Disposable morpho menelaus based flexible microfluidic and electronic sensor for the diagnosis of neurodegenerative disease. Advanced Healthcare Materials, 2018, 7 (5): 1870025.

(王　哲　薛　敏)

# 第8章　POC 诊断光子晶体

## 8.1　引　　言

传统诊断医学主要建立在医院及实验室环境中，然而先进的临床诊断需要复杂的仪器以及专业的医疗人员，例如，酶联免疫吸附测定需要经过抗体固定化、目标结合、标记、底物孵育、信号产生和多个洗涤步骤[1]，需要 2～4h 获得结果，尽管能得到详细而准确的数据，但耗时耗力且价格高昂。对于经济落后及偏远地区，没有充分的医疗资源可以支撑这些检测，各类传染病及慢性病对于这些地区的经济影响也更为巨大，开发能负担得起的、可靠的、快速响应的即时诊断平台是非常重要的[2]。此外，随着互联网消费时代兴起，人们的生活也发生了翻天覆地的变化，对于医疗服务行业，需要在分散的环境中帮助患者诊断疾病并选择治疗方法；对于一般消费者及患者，监控并管理自身健康状况的需求也在逐渐增加。根据 MarketersMEDIA 在 2019 年的一份市场调查报告，到 2024 年，全球体外诊断市场份额预计将达到 872.1 亿美元，较 2018 年的复合年增长率为 5.7%。

主要的 POC 测试包括侧流测试和血糖检测[3]。侧流测试是基于试纸的吸附测试，常被用于 HIV 病毒检测，其操作简单但无法模拟实验室检测多步骤流程，难以得到高重复性及高灵敏度；血糖检测利用与葡萄糖氧化酶反应转化的电化学信号进行分析，对于连续血糖监测（CGM），由于信号漂移的影响需要每天多次校准[4]。另外，作为诊断和药物应用的基础，对生物小分子亲和结合（如蛋白质-蛋白质结合）的研究至关重要[5]，而低分子量或低浓度的生物分子检测仍然具有难度。为了达到廉价、灵敏、用户友好、针对生物制剂、小样本容量检测的目的，光学生物传感器装置正成为满足这些要求的强有力的检测平台，其技术主要基于表面等离子共振、表面增强拉曼散射、耳语通道模式（WGM）、反射干涉光谱（RIFS）和光子晶体等[6]。其中，基于光子晶体的传感器相较其他技术具有许多优势，包括快速响应以及裸眼检测等。光子晶体传感器已被用于检测葡萄糖[7]、蛋白质[8]、核酸[9]等多种生物目标，且可在血液[10]、尿液[11]、泪液[12]等生物体液中进行。此外包括逐层沉积、尖端导流、胶体自组装等自下向上的方法能提供低廉的制备成本[13,14]。

本章将回顾近年来光子晶体在 POC 诊断领域的发展并预测其趋势。在 POC 概况中，将简要描述 POC 发展状况，包括技术及设备。随后，通过基于不同光子结构的传感器实例来描述新兴技术在光子晶体领域的发展及其在 POC 诊断中的潜在应用。最后将总结目前光子晶体面临的挑战及局限性，并对其未来在 POC 诊断领域的发展进行了展望。

## 8.2　POC 概况

由重大传染病（急性呼吸道感染、疟疾、艾滋病和结核病）造成的死亡有 95% 以上发生在发展中国家，其中非洲的情况最为严重。在缺乏诊断检测的情况下，满足可负担和快速响应疾病诊断的需求对行之有效的卫生保健领域提出了重大挑战，这是 POC 诊断主要驱动因素之一[15]。尽管 POC 测试是在患者护理点或附近完成的，但这一定义涵盖了大量可能的 POC 设置，每种设置都对 POC 设备施加了一组特定设计约束，Nayak 等[16]将预算（低等和中等）与基础设施（诊所和家庭）作为两个评价标准，将 POC 用例划分至 2×2 矩阵中，这些用例的 POC 设备包括血气分析仪、连续血糖检测系统、全自动分子诊断系统、可穿戴微针贴片以及侧流免疫层析设备等（图 8.1）。

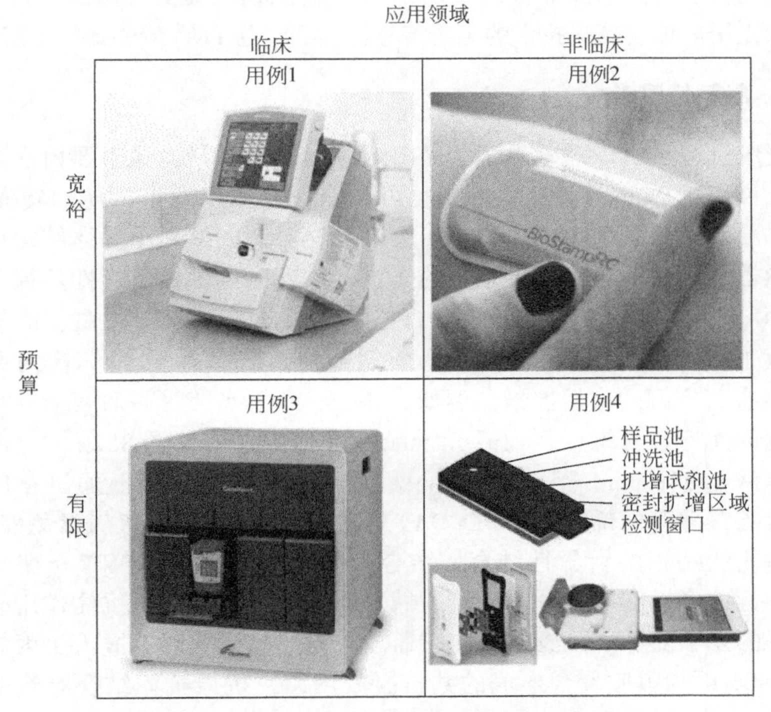


图 8.1　POC 诊断设备[16]

微流体技术是 POC 生态领域的关键部分，是指在微观尺寸下控制、操作和检测复杂流体，是在微电子、微机械、生物工程和纳米技术基础上发展起来的一门交叉学科。为了让用户能够使用 POC 诊断设备，多步诊断分析的不同步骤，包括流体处理、样品处理、信号放大、清洗和检测等必须无缝集成，微流体技术提供了整合的力量。基于纸和芯片实验室（LOC）的微流体分析将使新一代的 POC 设备形成快速、自动化、易使用的集成设备趋势，通过整合聚合酶链式反应（PCR）、滚环扩增（RCA）、环介导等温扩增（LAMP）等生物技术，利用智能手机作为接口，可用于个性化医疗、移动医疗和远程医疗[17]。

## 8.3 光子晶体传感器在 POC 领域的应用

光子晶体的概念最早由 John[18] 和 Yablonovitch[19] 在 1987 年分别研究光局域性和抑制自发辐射时独立提出，光子晶体可被视为具有不同介电常数的规则形状材料在空间上周期性排列的物质，其周期性变化从一维至三维。光子晶体传感器在生物靶标、环境污染物[20]、爆炸物等各类检测上均已有广泛应用，其易于制造、快速响应、无需电源等特性有望为 POC 传感领域提供便携的平台。本节讨论了结合光子晶体与新兴技术的生物传感器，它们为 POC 传感提供了潜在应用。

### 8.3.1 水凝胶传感器

水凝胶是一类可以对外界刺激做出响应的智能材料，是主要由水组成的三维聚合物网络，Donnan 渗透压的变化可以引起其体积发生可逆的转变[21]。通过监测晶格间距或折射率的变化，由水凝胶材料组成的光子晶体结构可以作为生物传感器，并且既可以提供定量的光谱结果，也可以提供定性的裸眼检测数据[22]。由于不依赖标签或电化学进行检测，因此不受标记漂白、信号漂移和电磁干扰的影响[23]，水凝胶以其低的制造成本和简单的光学检测系统，在 POC 领域有着广阔的应用前景。例如，Maeng 等[24]开发了一种可直接用于轮状病毒检测的无标签三维反蛋白石光子晶体生物传感器（图 8.2），可以检测的病毒载量从 6.35μg/mL 至 1.27mg/mL，且无需样品预处理。通过在反蛋白石结构的聚乙二醇双丙烯酸酯（PEGDA）凝胶表面接枝抗轮状病毒免疫球蛋白，实现了对轮状病毒的特异性结合，结合引起的峰波长值（PWV）变化可以定量分析病毒浓度。在生物分子诊断领域，Qin 等[25]利用抗原抗体作用研制出了基于竞争的光子晶体水凝胶生物传感器。在光子晶体阵列上嵌入由丙烯酰化的抗体/抗原与丙烯酰胺聚合形成的共价凝胶网络，抗原抗体结合导致交联增加引起收缩，当目标抗原存在时，竞争性置换导致交联断裂，引起显著但可逆的膨胀，使得光子阵列反射峰红移，结构色改变。变化取决于抗体识别，而不是电荷变化，因此具有高特异性。由于普遍存在的抗原抗体反应，可以通过扩展相同的设计理念来制造不同的生物传感器，为 POC 生物传感器在疾病诊断中的进一步发展提供可能。

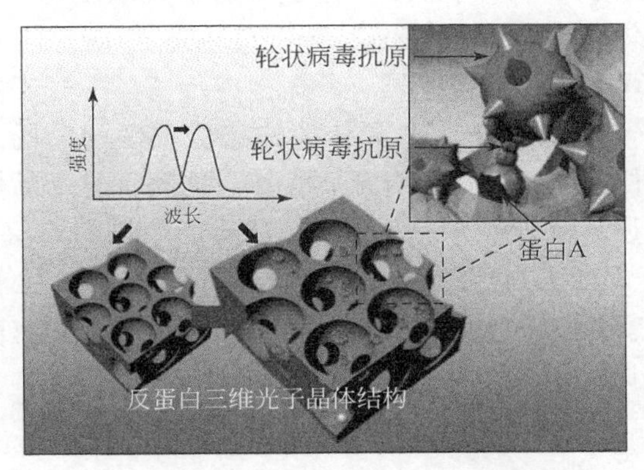


图 8.2　三维反蛋白石光子晶体检测轮状病毒[24]

在慢性病监测中，由胰岛素缺乏或抵抗引起的糖尿病是一项重大的全球性健康挑战[26]，而每日多次的血糖监测造成患者依从性低，因此需要无创、连续的检测方式。Ruan 等[27]将三维聚苯乙烯胶体晶体阵列嵌入 4-甲酰苯硼酸（4-BBA）改性聚乙烯醇水凝胶中，并集成至隐形眼镜上对泪液中的葡萄糖进行检测（图 8.3）。当葡萄糖浓度在 0 ~ 50mmol/L 间变化时，反射峰波长变化范围为 468 ~ 567nm，检测限可低至 0.05mmol/L。良好的生物相容性和便携性为其在 POC 的进一步应用提供了支持。

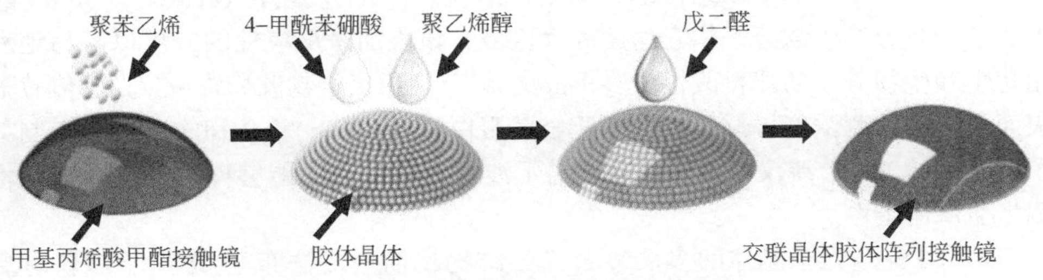


图 8.3　凝胶接触镜传感器制备示意图[27]

### 8.3.2　硅基传感器

硅光子器件是连续、定量无标签生物检测的优良传感器，可以实时直接响应分析物与受体分子之间的亲和相互作用。由于与互补金属氧化物半导体

(CMOS) 铸造工艺的兼容性，硅光学元件可以在高容量下高效生产，同时硅与二氧化硅或其他介质之间的高折射率差异使得小型紧凑的硅传感器成为可能[28]。Zhang 等[29]通过在硅芯片上集成 8 个并行的一维光子晶体腔制备了一种高灵敏度传感器阵列，8 通道可同时进行检测，体积折射率灵敏度均在 400nm/RIU 以上，在多次传感中相对较高。

硅光子传感器可分为干涉传感器、共振微腔传感器、光子晶体传感器以及布拉格光栅传感器[28]。尽管基于光子晶体的传感器灵敏度较低，但其易制备、易集成的特性在便携传感设备制造上有重要作用。同时，光子晶体的独特光学特性使其可以兼容并增强其他传感方式，例如，Qin 等[30]通过在马赫-曾德尔干涉仪 (MZI) 的单传感臂内加入高色散的一维光子晶体（图 8.4），利用慢光效应来挤压光，增加光在传感臂中单位长度的相对相位移，导致光群速度显著下降，与传统的 MZI 传感器相比检测灵敏度提高了 5 倍。

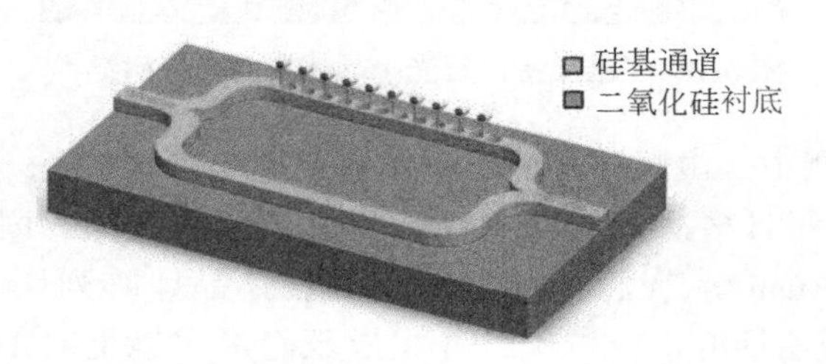


图 8.4　慢光子 MZI 干涉仪示意图[30]

在硅材料领域，多孔硅 (PSi) 具有独特的、可调的光子特性，其制造过程相对简单、成本低廉。它的结构和光学特性可以通过电化学蚀刻工艺参数来调整，从而产生不同的纳米结构或纳米结构形貌。PSi 的高内比表面积 ($800m^2/g$) 形成了一个容纳生物分子相互作用的大区域，该表面是反应性的，可以容易地利用化学和生物分子功能化改性[31]。Gupta 等[32]利用聚合物肽修饰 PSi 光子传感器表面，可以检测浓度极低的特定基质金属蛋白酶 (MMPs)。Barillaro 小组[33]制备了超灵敏的 PSi 干涉仪，通过计算光谱干涉图平均波长，能够以飞摩尔级浓度检测牛血清白蛋白。

结合 PSi 与光子晶体的多层复合光学结构比简单的法布里-珀罗干涉仪有更高的灵敏度。例如，Lv 等[34]简单组合薄多孔硅表面衍射光栅和一维多孔硅光子晶体形成的传感器可以测量在一定入射角度范围内的衍射效率，得到了角分辨衍射效率谱。采用 8 碱基对抗冻蛋白 DNA 杂交的方法研究了该传感器的灵敏度，检测限达到 41.7nmol/L。

### 8.3.3　微流体技术

微流体技术为生物传感系统，特别是 POC 器件带来了巨大的好处。这些优点包括廉价的制造材料（如玻璃、纸和聚合物）、使用微量样品、与光学平台集成的便利性以及制造多通道/多路测试平台的灵活性，集成了微流控技术的光子晶体传感器正逐渐成为强大的生物传感诊断工具[35]。例如，Chang 等[36]开发了基于光子晶体微珠（PCBs）的一次性微流控芯片（图 8.5），其由聚对苯二甲酸乙二醇酯（PET）、聚甲基丙烯酸甲酯（PMMA）片、镍网网格和透明双面胶带制成。在上下通道之间固定镍网，将固定了捕获抗体的 PCBs 注射到微流控芯片中的镍网网格中，样品和试剂在网孔中流过 PCBs 基板阵列后，通过荧光模式进行分析，对抗人 AFP 的检测限为 18.92ng/mL，满足临床需要。而通过在芯片上负载固定了不同抗原的 PCBs，利用 RGB 分析将 IgG、AFP 和癌胚抗原（CEA）区分开来，可以实现芯片的多重检测。

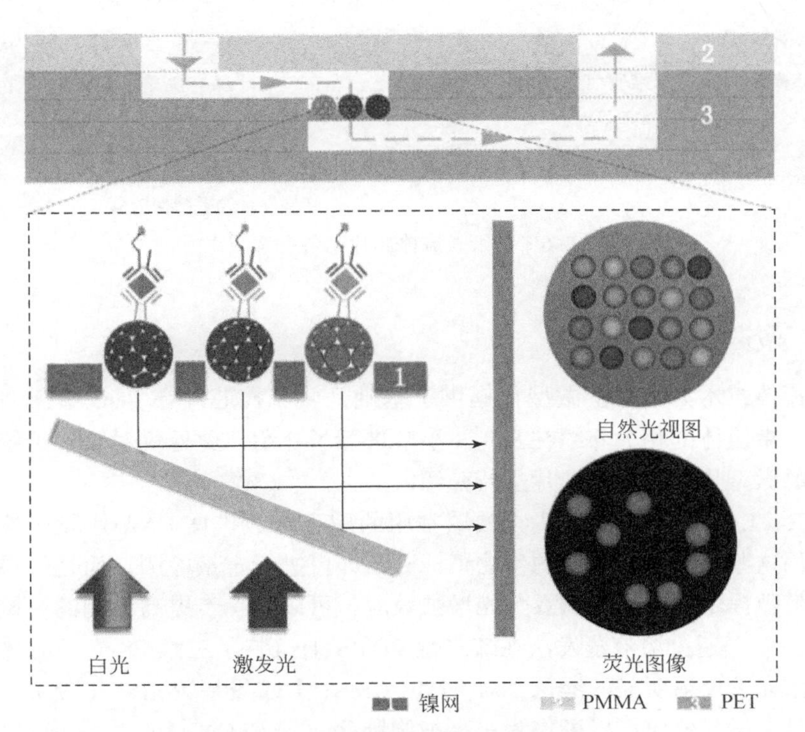


图 8.5　PCBs 微流控芯片结构示意图[36]

纸基微流控分析设备（μPADs）是一种简单、快速、灵活和微型的检测平台，适用于诊断、环境监测和食品安全评估中的生物和化学传感。纸芯片的迅速发展削弱了纸的严格界限。任何具有微/纳米结构的柔性薄膜都可以看作纸，Gao等[37]通过在聚二甲基硅氧烷（PDMS）模具上自组装 $SiO_2$ 或弹性聚合物（EC）纳米球，制备了具有微柱和纳米晶的多级有序结构的仿纸微流体芯片（图 8.6）。微柱阵列间的毛细力可以实现无泵驱动，光子晶体的光子带隙可增强荧光和化学发光。设计的两种传感器可分别用于检测人体心脏标志物和肿瘤标志物，在 POC 诊断领域具有广阔的应用前景。

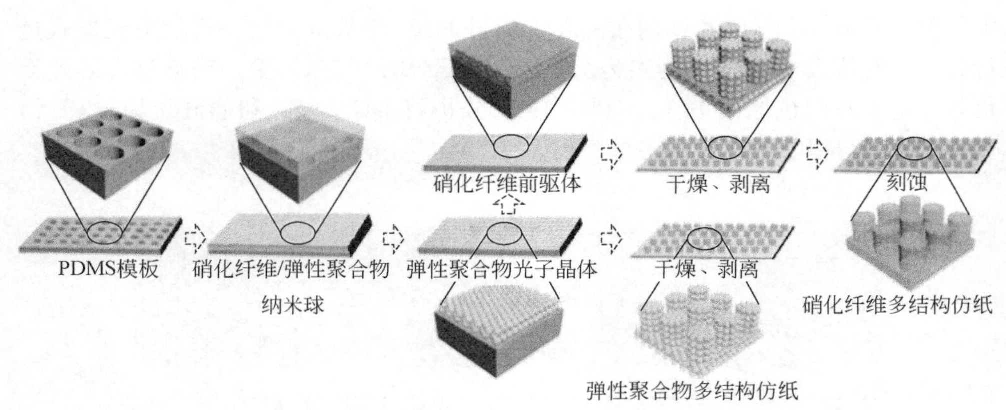


图 8.6　仿纸微流体芯片制备示意图[37]

### 8.3.4　芯片实验室

微流体技术为实验室微型化提供了基础，微流控芯片在 POC 诊断领域有重要作用，微流体的相关介绍在 8.3.3 小节进行了介绍，此处仅对基于传统光子晶体技术的微型化生物检测芯片进行介绍。

PCR、LAMP 及 RCA 是生物领域常用的用于指数扩增 DNA 片段或核酸的方法，利用这些方法仅需微量的生物靶标分子即可进行定量检测，而光子晶体结构的光子带隙提供了结构色以及荧光增强效应，可以进一步提高检测的灵敏度。例如，Yao 等[38]通过溶液蒸发法在疏水性 PDMS 上组装了三维 PS 光子晶体阵列芯片，在阳光下反射明显的绿色，对 SYBR Green Ⅰ或羧基荧光素（FAm）等绿色荧光团具有增强效应。以可作为非小细胞肺癌（NSCLC）诊断生物标志物的 let-7a miRNA 靶点，在 PC 阵列中进行 RCA 反应，由于荧光增强效应，当 let-7a miRNA 浓度低至 0.1amol/L 时在光子晶体阵列上也表现出强烈的荧光，而标准 RCA 的检测限为 10fmol/L。此外，该生物芯片具有良好的特异性，可以用单碱基差异来识别 miRNA。Zhu 等[39]提出了一种模拟沙漠甲虫壳进行肉眼核酸定量的芯片（图 8.7）。利用紫外局部辐照处理的疏水性光子晶体衬底，可以模仿沙漠甲虫外壳的亲水性差异，使样品均匀分散到近千个微点中而不需要仪器和注射泵。在微点中进行数字环介导等温扩增（dLAMP），产生的焦磷酸盐（PPI）与镁离子结合形成难溶性沉淀并由于络合作用被固定在硅衬底上，导致光子晶体结构颜色的消失。因此可通过肉眼检测结构色的消失来定量检测核酸而不需要复杂的试剂或仪器，可用于有限资源条件下的疾病预防及诊断。

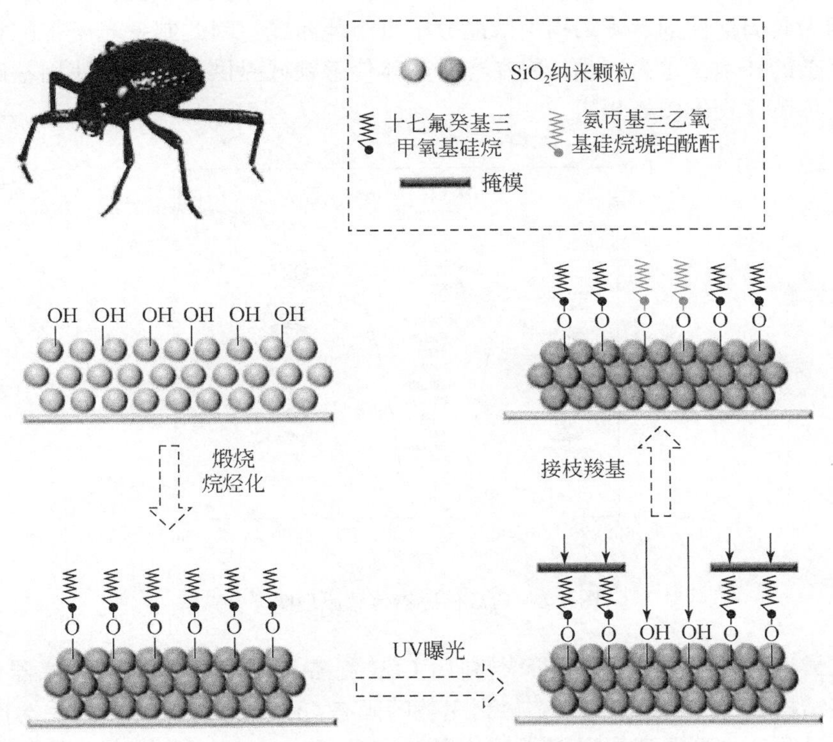


图 8.7 沙漠甲虫 *Stenocara gracilipes* 及仿制芯片示意图[39]

## 8.3.5 液晶材料

液晶（LC）是具有部分各向异性排列的、兼具晶体和液体的部分性质的物质。利用液晶分子与衬底取向层之间的敏感界面效应，可以检测生物分子，最早的向列相液晶传感器是由 Abbott 小组[40]提出的，用于检测牛血清白蛋白。传统的液晶检测基于光学纹理检测，可靠性及重复性均有不足。Hsiao 等[41]通过加入手性掺杂剂构造了双频胆甾液晶（DFCLC）光子器件，实现了的平面（P）和焦锥（FC）状态的快速、直接转换。在此基础上该团队制备了第一个胆甾相液晶（CLC）比色传感器[42]，利用垂直锚定（VA）CLC 的手性检测了牛血清白蛋白（BSA），胆甾相的颜色外观和相应的透射谱随 BSA 浓度的变化而变化，检测限为 1fg/mL。Chen 等[43]改进了该方法，使用更为简单的单垂直锚定 CLC 定量分析了牛血清白蛋白，检测限为 1ng/mL。

与向列相液晶相比，胆甾相液晶 CLC 的结构与堆叠层呈现周期性的螺旋结构，具有特定的螺距，这使得 CLC 本身即可被视为一维光子晶体材料。此外，利用成本相对较低的商用液晶化合物和手性掺杂剂，可以很容易地制备 CLC 材料，因为其周期性的螺旋结构由液晶分子自组装而成，因此制备光子带隙材料不需要复杂的技术，这为液晶材料在光子晶体传感领域提供了很好的使用基础 CLC 传感器传感原理见图 8. 8[44]。

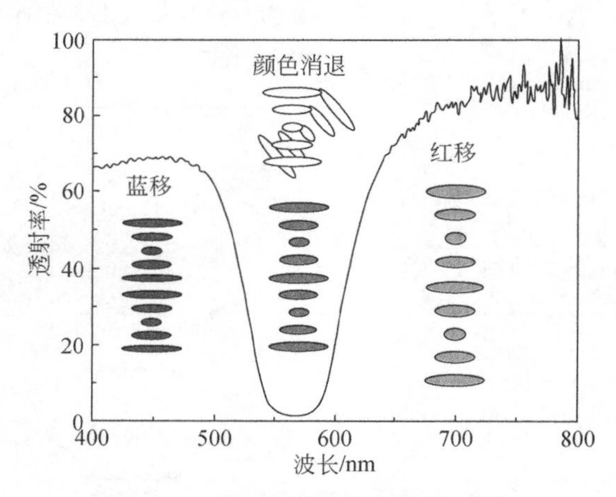


图 8. 8　CLC 传感器传感原理图[44]

在最近的研究中，Munir 等[45]利用 CLC 制备了图案化光子点传感器。CLC 的螺旋结构通过 UV 固化固定，得到完整的固态 CLC。螺距通过控制手性掺杂剂的加入量调整，可得到具有不同结构色的液晶膜。在 CLC 膜上渗入丙烯酸凝胶预聚液并用掩模遮挡进行 UV 照射，未被遮挡的区域形成了由固态 CLC 膜和凝胶网络组成的缠结聚合物网络（IPN）光子晶体阵列。随后在 IPN 点上固定丙烯酰胺苯硼酸（APBA）用以检测葡萄糖（图 8. 9）。该传感器既可以通过肉眼观察其颜色变化进行定性检测，也可以通过分光光度计进行定量分析，在 1 ~ 12mmol/L 浓度范围内，光子带隙波长随葡萄糖浓度的增加而线性增加，检测限为 0. 35mmol/L，且特异性实验表明在血清中有良好选择性。该传感器不需要复杂的仪器或电子元件，适用于 POC 检测。

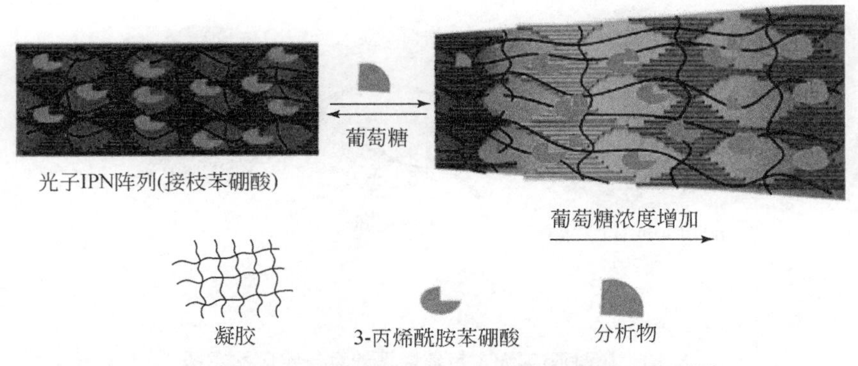


图 8.9 缠结聚合物网络结构响应葡萄糖原理示意图[45]

### 8.3.6 SPR/LSPR 技术

SPR 是一种基于倏逝场的光学传感方式。当光在介质表面发生全反射时，会产生沿表面传播的倏逝波，且强度随着远离表面的距离呈指数衰减。金属表面（尤其是金、银、铜）存在自由电子的集体振荡，称为表面等离子激元，在特定角度，倏逝波与激元发生共振，将能量耦合至金属表面引起反射光能量减少，在光谱上形成尖峰，该角度即为共振角（RA）。与金属表面结合的分子会引起金属表面的折射率（RI）变化，进而引起共振角改变，同时也伴随着 SPR 光谱中反射光强度的变化。

利用 SPR 可以检测生物分子相互作用，但是由于金属薄膜吸收较大，SPR 谐振模式较宽，限制了传统的基于 SPR 的传感器的检测灵敏度，难以检测非常小的分子。Guo 等[46]制备了一种基于一维光子晶体结构的全内反射（PC-TIR）生物传感器，集成了开放的传感表面、可控制的品质因子（$Q$）和可调的操作波长，以非常高的灵敏度测量了大范围分子的结合（分子量 244 ~ 150000），然而该方法需要复杂的制造工艺及较长的扩散时间。

刺激响应聚合物常被用于放大 SPR 信号。基于此，Wei 等[47]设计了一种基于竞争结合的微凝胶传感器（图 8.10），作为概念验证，选择葡萄糖进行检测。微凝胶由异丙基丙烯酰胺（NIPAm）和糖基乙氧基丙烯酸酯（GEMA）共聚形成，加入伴刀豆蛋白 A（ConA）后与 GEMA 结合导致凝胶收缩。当加入游离葡萄糖时，葡萄糖和 GEMA 与 ConA 的竞争性结合打破了交联，导致微凝胶恢复。因此通过 SPR 检测与金表面结合的微凝胶的收缩/膨胀过程可以对溶液中的葡萄糖浓度进行定量，相对于对照组有 9 倍的信号增强。

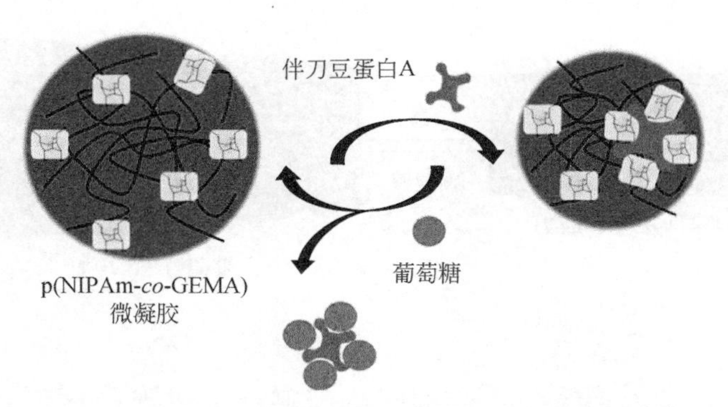


图 8.10　微凝胶 GEMA 与葡萄糖的竞争响应示意图[47]

金、银等贵金属纳米颗粒的局域表面等离子体共振（LSPR）效应常被用于 SERS，但高的共振能量损耗导致拉曼信号减弱，并且使用贵金属成本高昂。而高折射率材料组成的 SERS 衬底可以减少共振能量的损失，Liu 等[48]利用原子层沉积（atomic layer deposition，ALD）法在 $SiO_2$光子晶体上形成 $TiO_2$壳结构，厚度可以调节光子带隙范围，当与激发源波长相匹配时，表现出良好的拉曼信号增强。并且由于 $TiO_2$具有光催化性能，因此可以在简单的 UV 照射下进行再生。

### 8.3.7　基于智能手机的 POC 设备

集成电路及移动连接领域的进步使得个人计算能力显著增强，使用智能手机已成为日常生活的一部分，通过日益小型化和日益强大的移动计算能力，个人越来越有能力持续、实时地监视、跟踪和传输健康指标[49]。微流控技术以及芯片实验室使得便携检测设备成为可能，通过集成智能手机以及微型传感器，在 POC 诊断领域有良好的应用前景。例如，Kenneth 等[50]展示了一种简易的便携式三分析检测仪（图 8.11），仅需要使用智能手机充当光源及图像接收装置。该仪器能够利用内部后置摄像头作为高分辨率光谱仪，从插入测量光路的微流体盒中测量比色吸收光谱、荧光发射光谱和共振反射光谱，可作为一个平台，快速、简单地将现有的商用生物传感检测转化为 POC 设备。

Jahns 等[51]利用智能手机摄像头，设计了手持免检光谱仪成像系统，传感器部分基于一维光子晶体平板与 CMOS 集成，能无标签、多路同时检测抗重组人蛋白 CD40（Cluster of-40）、链霉亲和素和抗 EGF 抗体。Lee 等[52]所设计的生物传感器允许用户利用便携式的自制设备（成本约 20 美元）和智能手机检测 $H_1N_1$，检测限为 70ng/mL。量子点的能量通过荧光共振能量转移转移到与保护 DNA（G-DNA）结合的暗猝灭剂中，当 $H_1N_1$ 病毒存在时与核酸适配体结合并释放 G-DNA，诱导荧光信号的恢复，使传感器进入开启状态。三维光子晶体结构的光子带

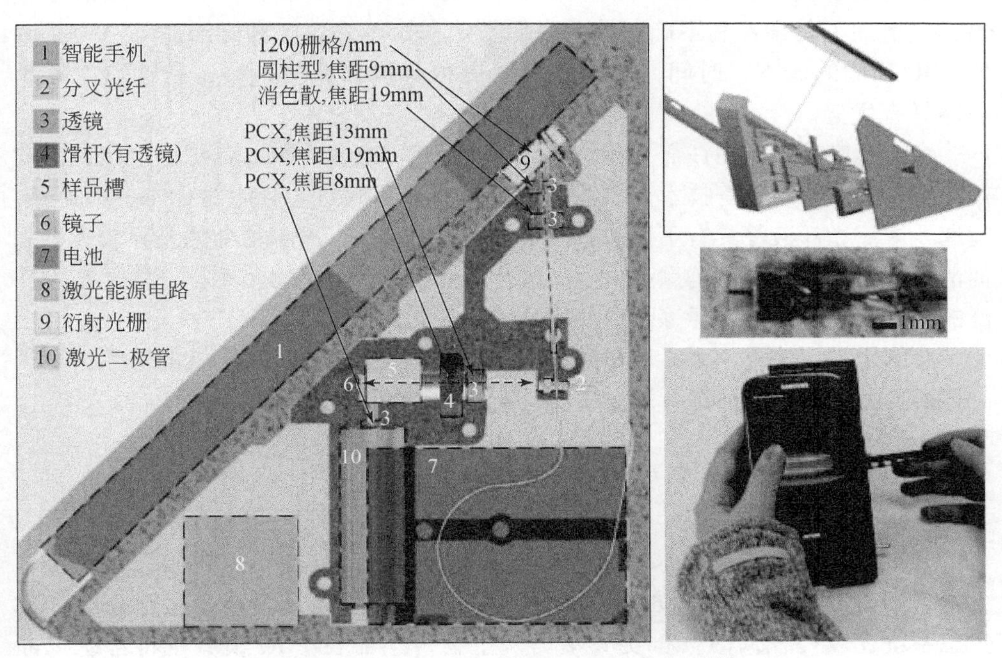


图 8.11　手持式三分析检测仪结构示意图[50]

隙与量子点的荧光波长重叠导致荧光信号增强，具有较高的灵敏度。特异性实验证实了该传感器针对其他种类的甲型流感病毒（H5N1、H3N2）具有高选择性。

### 8.3.8　POC 光子晶体面临的挑战

光子晶体作为一类新兴的光学材料还处在发展阶段，目前仍然面临一些问题。在制备方面，逐层组装、自旋和浸渍涂层等都需要精确地沉积纳米颗粒和聚合物双分子层，复杂且非常耗时；胶体自组装非常便捷但不可避免地会产生缺陷且难以大规模制备。另外，光子晶体传感的一大优越性体现在“视觉读出”上，但是各向异性的光子结构显然会在不同角度下产生不同的衍射光颜色，即具有角度依赖性。非晶光子晶体[53]“短程有序，长程无序”的特殊结构具有各向同性的光子带隙，不产生虹彩效应，并且制备简单，可使用喷涂法大面积制备，为解决以上问题提供了方案与思路。

在传感方面，化学传感具有相当好的稳定性和灵敏度，但它们的选择性往往有限，并且易受干扰，例如，凝胶传感器会受到离子强度、pH、温湿度等的显著影响[23]。生物分子的相互作用具有高度特异性，大幅提高了传感器的选择性，但大多数生物分子结构复杂，易被酸碱、加热等环境破坏，因此生物传感器需要解决储存及操作性差的问题。标志物如荧光分子可以增强信号读出，但增加了复杂性和不确定性，降低了效率如猝灭效应和光漂白等。为了降低 POC 检测的成本、时间，无标签检测更符合该领域的策略，在这方面光子晶体具有优势。

在实际应用中，往往需要检测多个目标，而 POC 设备又需要小型化，因此微流体、芯片实验室等技术需要与光子晶体集成，并且实际生物标本，如血液、唾液、尿液和汗液等具有不同的离子含量、离子强度、pH 及个体差异较大，如何消除这些干扰因素也是重点之一。此外，最终设计的生物传感器还需要经过广泛的临床验证才能在实际诊断中使用。

总的来说，快速、廉价、多路复用、抗干扰是 POC 诊断领域的重点，光子晶体需要针对这些方面进行研究来获得实际可行的 POC 应用。

## 8.4 总结与展望

分析化学、微流控技术、微电路集成以及全球卫生应用为 POC 诊断提供了支持。随着互联设备和移动医疗的兴起，通过终端设备或智能手机建立的 POC 生态系统比以往任何时候都更具活力。生物传感器在 POC 领域正将传统诊断医学作为工具用于对于全球大流行疾病的诊断和监测。光子晶体结构被用作许多生物分子的生物传感器，这些结构可以用金属、氧化物、聚合物等各类材料制造，光子晶体结构与智能手机、柔性材料和可穿戴传感器的结合提高了其作为诊断工具在 POC 中的应用潜力，可以将患者与诊所连接起来，从而提供持续的监测。例如，在需要的时候为糖尿病患者提供葡萄糖传感。光子晶体传感器的读出技术也在不断发展：利用智能手机的闪光灯提供标准光源可以降低噪声并免于使用复杂的光学设备，后置摄像头可以直接获得光学图像，强大的计算能力可分析图像量化传感读数。光子晶体的高兼容性可以与柔性材料（如水凝胶）和其他新兴材料（如碳纳米管和石墨烯）集成，为清除用于 POC 传感路上的障碍提供了广泛的思路和方法。基于光子晶体的传感器将成为 POC 传感领域的重要资本。

## 参考文献

[1] Blacksell S D, Jarman R G, Gibbons R V, et al. Comparison of seven commercial antigen and antibody enzyme-linked immunosorbent assays for detection of acute dengue infection. Clin Vaccine Immunol, 2012, 19 (5): 804-810.

[2] Daar A S, Thorsteinsdottir H, Martin D K, et al. Top ten biotechnologies for improving health in developing countries. Nat Genet, 2002, 32 (2): 229-232.

[3] Chin C D, Linder V, Sia S K. Commercialization of microfluidic point-of-care diagnostic devices. Lab Chip, 2012, 12 (12): 2118-2134.

[4] Durner J. Clinical chemistry: Challenges for analytical chemistry and the nanosciences from medicine. Angewandte Chemie International edtion in English, 2010, 49 (6): 1026-1051.

[5] Wells J A, McClendon C L. Reaching for high-hanging fruit in drug discovery at protein-protein interfaces. Nature, 2007, 450 (7172): 1001-1009.

[6] Tokel O, Inci F, Demirci U. Advances in plasmonic technologies for point of care applications. Chemical Reviews, 2014, 114 (11): 5728-5752.

[7] Asher S A, Alexeev V L, Goponenko A V, et al. Photonic crystal carbohydrate sensors: Low ionic strength sugar sensing. Journal of the American Chemical Society, 2003, 125 (11): 3322-3329.

[8] Washburn A L, Luchansky M S, Bowman A L, et al. Quantitative, label-free detection of five protein biomarkers using multiplexed arrays of silicon photonic microring resonators. Analytical Chemistry, 2010, 82 (1): 69-72.

[9] Li M, He F, Liao Q, et al. Ultrasensitive DNA detection using photonic crystals. Angewandte Chemie International edtion in English, 2008, 47 (38): 7258-7262.

[10] Yetisen A K, Jiang N, Fallahi A, et al. Glucose-sensitive hydrogel optical fibers functionalized with phenylboronic acid. Advanced Materials, 2017, 29 (15).

[11] Robinson S, Dhanlaksmi N. Photonic crystal based biosensor for the detection of glucose concentration in urine. Photonic Sensors, 2016, 7 (1): 11-19.

[12] Alexeev V L, Das S, Finegold D N, et al. Photonic crystal glucose-sensing material for noninvasive monitoring of glucose in tear fluid. Clinical Chemistry, 2004, 50 (12): 2353-2360.

[13] Fenzl C, Hirsch T, Wolfbeis O S. Photonic crystals for chemical sensing and biosensing. Angewandte Chemie International Edtion in English, 2014, 53 (13): 3318-3335.

[14] Cai Z, Smith N L, Zhang J T, et al. Two-dimensional photonic crystal chemical and biomolecular sensors. Analytical Chemistry, 2015, 87 (10): 5013-5025.

[15] Yager P, Domingo G J, Gerdes J. Point-of-care diagnostics for global health. Annual Review of Biomedical Engineering, 2008, 10: 107-144.

[16] Nayak S, Blumenfeld N R, Laksanasopin T, et al. Point-of-care diagnostics: Recent developments in a connected age. Analytical Chemistry, 2017, 89 (1): 102-123.

[17] Vashist S K, Luppa P B, Yeo L Y, et al. Emerging technologies for next-generation point-of-care testing. Trends Biotechnol, 2015, 33 (11): 692-705.

[18] John S. Strong localization of photons in certain disordered dielectric superlattices. Physical Review Letters, 1987, 58 (23): 2486-2489.

[19] Yablonovitch E. Inhibited spontaneous emission in solid-state physics and electronics. Physical Review Letters, 1987, 58 (20): 2059-2062.

[20] Chocarro-Ruiz B, Fernandez-Gavela A, Herranz S, et al. Nanophotonic label-free biosensors

for environmental monitoring. Curr Opin Biotechnol, 2017, 45: 175-183.

[21] Imran A B, Seki T, Takeoka Y. Recent advances in hydrogels in terms of fast stimuli responsiveness and superior mechanical performance. Polymer Journal, 2010, 42 (11): 839-851.

[22] Yetisen A K, Montelongo Y, da Cruz Vasconcellos F, et al. Reusable, robust, and accurate laser-generated photonic nanosensor. Nano Letters, 2014, 14 (6): 3587-3593.

[23] Yetisen A K, Butt H, Volpatti L R, et al. Photonic hydrogel sensors. Biotechnol Advances, 2016, 34 (3): 250-271.

[24] Maeng B, Park Y, Park J. Direct label-free detection of rotavirus using a hydrogel based nanoporous photonic crystal. RSC Advances, 2016, 6 (9): 7384-7390.

[25] Qin J, Li X, Cao L, et al. Competition-based universal photonic crystal biosensors by using antibody-antigen interaction. Journal of the American Chemical Society, 2020, 142 (1): 417-423.

[26] Zimmet P Z, Magliano D J, Herman W H, et al. Diabetes: A 21st century challenge. Lancet Diabetes Endocrinol, 2014, 2 (1): 56-64.

[27] Ruan J L, Chen C, Shen J H, et al. A gelated colloidal crystal attached lens for noninvasive continuous monitoring of tear glucose. Polymers (Basel), 2017, 9 (4): 125.

[28] Luan E, Shoman H, Ratner D M, et al. Silicon photonic biosensors using label-free detection. Sensors (Basel), 2018, 18 (10): 3519.

[29] Zhang L, Fu Z Y, Sun F J, et al. Highly sensitive one chip eight channel sensing of ultra-compact parallel integrated photonic crystal cavities based on silicon-on-insulator platform. 2017 Conference on Lasers and Electro-Optics Pacific Rim (Cleo-Pr), 2017.

[30] Qin K, Hu S, Retterer S T, et al. Slow light mach-zehnder interferometer as label-free biosensor with scalable sensitivity. Optics Letters, 2016, 41 (4): 753-756.

[31] Arshavsky-Graham S, Massad-Ivanir N, Segal E, et al. Porous silicon-based photonic biosensors: Current status and emerging applications. Analytical Chemistry, 2019, 91 (1): 441-467.

[32] Gupta B, Mai K, Lowe S B, et al. Ultrasensitive and specific measurement of protease activity using functionalized photonic crystals. Analytical Chemistry, 2015, 87 (19): 9946-9953.

[33] Mariani S, Strambini L M, Barillaro G. Femtomole detection of proteins using a label-free nano-structured porous silicon interferometer for perspective ultrasensitive biosensing. Analytical Chemistry Analytical Chemistry, 2016, 88 (17): 8502-8509.

[34] Lv C W, Jia Z H, Liu Y J, et al. Angle-resolved diffraction grating biosensor based on porous silicon. Journal of Applied Physics, 2016, 119 (9).

[35] Inan H, Poyraz M, Inci F, et al. Photonic crystals: Emerging biosensors and their promise for point-of-care applications. Chemical Society Reviews, 2017, 46 (2): 366-388.

[36] Chang N, Zhai J, Liu B, et al. Low cost 3d microfluidic chips for multiplex protein detection based on photonic crystal beads. Lab Chip, 2018, 18 (23): 3638-3644.

[37] Gao B, Yang Y, Liao J, et al. Bioinspired multistructured paper microfluidics for poct. Lab

Chip, 2019, 19（21）: 3602-3608.

[38] Yao Q, Wang Y, Wang J, et al. An ultrasensitive diagnostic biochip based on biomimetic periodic nanostructure-assisted rolling circle amplification. ACS Nano, 2018, 12（7）: 6777-6783.

[39] Zhu K, Chi J, Zhang D, et al. Bio-inspired photonic crystals for naked eye quantification of nucleic acids. Analyst, 2019, 144（18）: 5413-5419.

[40] Kim S R, Abbott N L. Rubbed films of functionalized bovine serum albumin as substrates for the imaging of protein-receptor interactions using liquid crystals. Advanced Materials, 2001, 13: 1445-1449.

[41] Hsiao Y C, Wu C Y, Chen C H, et al. Electro-optical device based on photonic structure with a dual-frequency cholesteric liquid crystal. Optics Letters, 2011, 36（14）: 2632-2634.

[42] Hsiao Y C, Sung Y C, Lee M J, et al. Highly sensitive color-indicating and quantitative biosensor based on cholesteric liquid crystal. Biomed Opt Express, 2015, 6（12）: 5033-5038.

[43] Chen F L, Fan Y J, Lin J D, et al. Label-free, color-indicating, and sensitive biosensors of cholesteric liquid crystals on a single vertically aligned substrate. Biomed Opt Express, 2019, 10（9）: 4636-4642.

[44] Mulder D J, Schenning A P H J, Bastiaansen C W M. Chiral-nematic liquid crystals as one dimensional photonic materials in optical sensors. Journal of Materials Chemistry C, 2014, 2（33）: 6695-6705.

[45] Munir S, Hussain S, Park S Y. Patterned photonic array based on an intertwined polymer network functionalized with a nonenzymatic moiety for the visual detection of glucose. ACS Appl Mater Interfaces, 2019, 11（41）: 37434-37441.

[46] Guo Y B, Ye J Y, Divin C, et al. Real-time biomolecular binding detection using a sensitive photonic crystal biosensor. Analytical Chemistry, 2010, 82（12）: 5211-5218.

[47] Wei M, Li X, Serpe M J. Stimuli-responsive microgel-based surface plasmon resonance transducer for glucose detection using a competitive assay with concanavalin A. ACS Applied Polymer Materials, 2019, 1（3）: 519-525.

[48] Liu B, Wang K, Gao B B, et al. $TiO_2$-coated silica photonic crystal capillaries for plasmon-free sers analysis. ACS Applied Nano Materials, 2019, 2（5）: 3177-3186.

[49] Steinhubl S R, Muse E D, Topol E J. The emerging field of mobile health. Science Translational Medicine, 2015, 7（283）: 283.

[50] Long K D, Woodburn E V, Le H M, et al. Multimode smartphone biosensing: The transmission, reflection, and intensity spectral（tri）-analyzer. Lab Chip, 2017, 17（19）: 3246-3257.

[51] Jahns S, Brau M, Meyer B O, et al. Handheld imaging photonic crystal biosensor for multiplexed, label-free protein detection. Biomed Opt Express, 2015, 6（10）: 3724-3736.

[52] Lee N, Wang C, Park J. User-friendly point-of-care detection of influenza a (H1N1) virus using light guide in three-dimensional photonic crystal. RSC Advances, 2018, 8 (41): 22991-22997.

[53] Shi L, Zhang Y, Dong B, et al. Amorphous photonic crystals with only short-range order. Advanced Materials, 2013, 25 (37): 5314-5320.

(胡志伟　孟子晖)

# 第 9 章　光子晶体检测温度、压力

## 9.1　光子晶体温度传感器

### 9.1.1　引言

光子晶体可以用于温度检测，建立温度传感器。目前光子晶体用于检测温度主要有两种类型[1]。一种是将光子晶体与水凝胶结合，利用聚合物的溶胀以感知温度的变化；另一种是利用无机材料，通过无机化合物的相变以及折射率变化检测温度的变化。

聚（*N*-异丙基丙烯酰胺）（PNIPAm）微凝胶对外界刺激反应较灵敏。将光子晶体与水凝胶结合，主要是利用聚合物在温度的作用下发生膨胀、收缩作用。其中，由于聚（*N*-异丙基丙烯酰胺）具有比较低的临界溶液温度（32～33℃），该类型温度传感器被广泛研究。

### 9.1.2　研究进展

Hayward 等[2]创建了一种新的方法用于构建基于光交联聚合物的一维光子多层比色传感器。该种温度传感器由两种折射率不同的材料相互交叠构成(图 9.1)。通过颜色的变化能够分辨出其所在的不同温度。高折射率物质采用的是聚对甲基苯乙烯（PPMS），低折射率物质采用的是聚（*N*-异丙基丙烯酰胺）。根据$\lambda_{max}=2(n_{high}d_{high}+n_{low}d_{low})$，通过调节溶液中共聚物的浓度和搅拌速率以调节每层的厚度，使得其反射波长能够位于可见光的范围之内。通过将获取物质放在水中，聚（*N*-异丙基丙烯酰胺）吸水膨胀，层的厚度发生变化，根据上述公式可知$\lambda_{max}$变大，反射峰发生了红移。之后，通过升高温度，聚合物失水收缩，层的厚度就会减少，反射峰又会发生蓝移，这样通过波长或者颜色的变化便可以感知温度。

微凝胶胶体晶体的有序结构是脆弱的，利用聚（*N*-异丙基丙烯酰胺）微凝胶表面可聚合的乙烯基，首先自组装成高度有序的胶体晶体，之后通过乙烯基的光引发自由基聚合来锁定有序结构[3]。由此产生的聚合微凝胶胶体晶体可以同时对温度和离子浓度做出响应，且响应速率比较快。当温度从 1℃加热到 24℃时，由于微凝胶颗粒的收缩，薄膜的颜色逐渐发生变化，相应地，反射峰也发生蓝

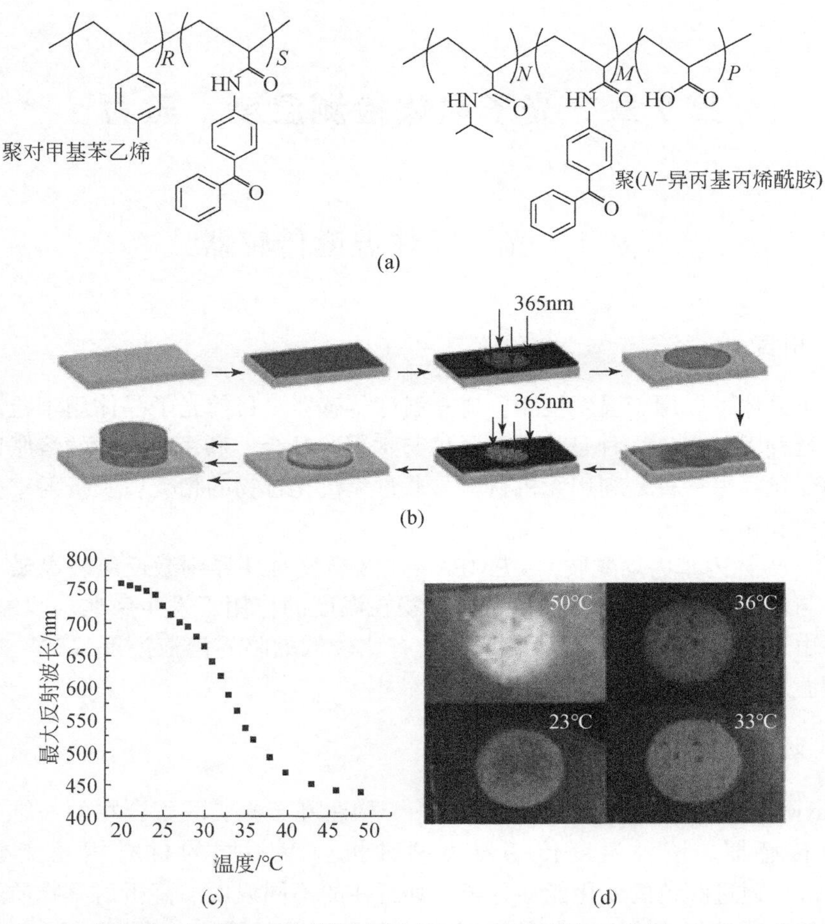


图 9.1　（a）构成层状结构物质的结构示意图；（b）层状结构示意图；（c）最大反射波长随温度的变化关系；（d）不同温度下显示出不同的结构色[2]

移。当加热至27℃时，由于最大反射波长漂移到可见光波长范围以外，因此呈现出白色。

以二氧化硅胶体晶体为模板，将具有热响应性质的材料聚（*N*-异丙基丙烯酰胺）和pH响应型聚丙烯酸甲酯引入膜中，此种材料可以同时完成对温度和pH的检测[4]。同样，Zhu等利用微流体技术和模板技术，将*N*-异丙基丙烯酰胺（NIPAm）和甲基丙烯酸结合，制备出具有反相结构的水凝胶光子晶体微粒子，可以对温度和pH做出响应，且通过控制过渡温度可以实现一个大的温度检测传感窗口[5]。同时也有相关工作表明，基于缺陷模式和界面状态的混合效应，提出了一种用于气体浓度和温度同时测量的一维光子晶体结构。当光子晶体中的气体浓度和环境温度发生变化时，反射峰的波长也会发生变化[6]。

Xu 等[7]受生物表面结构的启发，利用蝴蝶翅膀作为模板，将具有温度响应的材料聚（*N*-异丙基丙烯酰胺）-*co*-丙烯酸（PNIPAm-*co*-AAc）与生物光子晶体结构结合，构建了具有多层结构的光子晶体温度传感器。该种传感器主要得益于丙烯酸与翅膀结构之间形成强烈的氢键，这使得 PNIPAm-*co*-AAc 能够稳定涂覆在光子晶体结构的表面。同时，阐述了聚（*N*-异丙基丙烯酰胺）在感应温度方面的机理（图 9.2）。

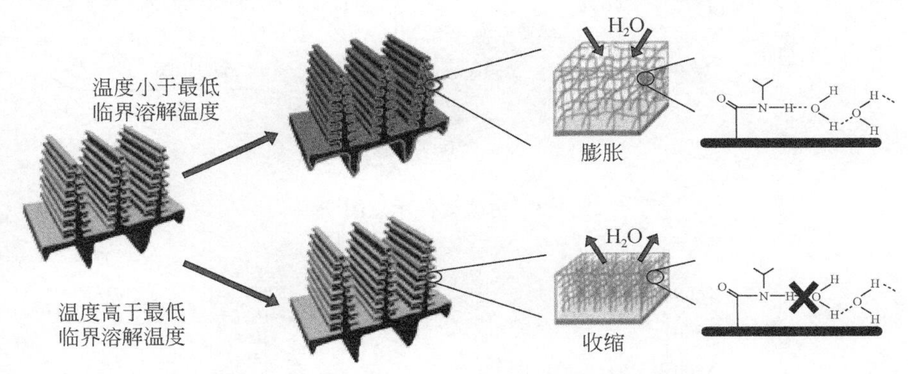


图 9.2　PNIPAm-*co*-AAc-PC 温度响应机制[7]

同样，利用蝴蝶翅膀作为模板，与聚（*N*-异丙基丙烯酰胺）结合，并掺杂纳米银粒子，获得温度响应性材料[8]。利用原位形成银纳米粒子，涂覆在热敏聚合物聚（*N*-异丙基丙烯酰胺）的表面，利用贵金属纳米粒子具有的等离子体共振特性，在光照下，复合材料中的银纳米粒子产生热量，扩散到基体中，导致温度升高，热敏性聚合物感知温度变化，导致水凝胶收缩，从而改变反射波长。

为了改变传统水凝胶光子晶体对温度检测的不灵敏性，通过对薄膜部分改进，将含单晶胶体晶体的热敏型聚（*N*-异丙基丙烯酰胺）凝胶圆膜，用垫圈夹紧圆边用来抑制凝胶膜的平面收缩[9]。通过抑制凝胶的面内收缩，将聚（*N*-异丙基丙烯酰胺）固定化可调谐胶体光子晶体的热敏性进行提升（图 9.3）。这让操作具有更高的灵敏度和更宽的波长范围，而这在各向同性收缩凝胶中是无法实现的。同时，这也可以用于其他的胶体晶体传感方面。

为了使光子晶体传感器具有更广的适用性，Schenning 等[10]实现了在高湿度环境下对温度的检测。这种传感器的原理是在较低的温度下，水蒸气从空气中吸收到涂层中，使光子层膨胀。在高湿度条件下，胆甾相液晶聚合物能够吸收空气中的水蒸气，从而导致光子涂层的膨胀。通过提高温度，水从涂层中被解吸，导致光子反射带可逆地移动 420nm（图 9.4）。

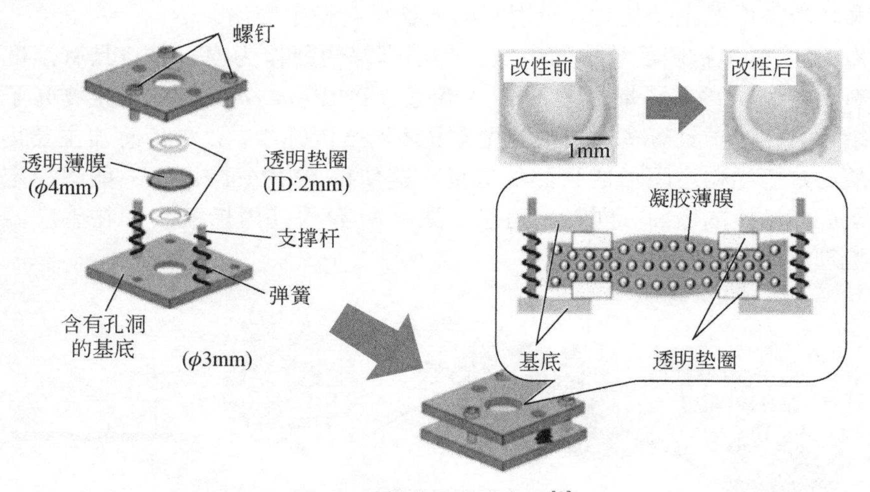


图 9.3　薄膜改性示意图[9]

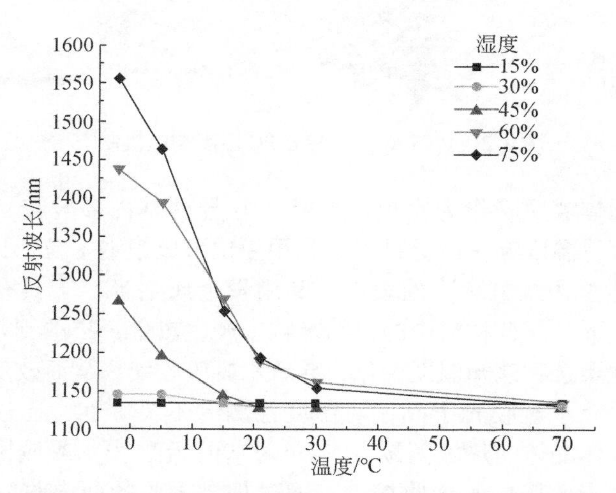


图 9.4　不同湿度下反射波长随温度的变化曲线[10]

为了使光子晶体温度传感器具有更好的稳定性，Shin-Hyun Kim[11]创建了一种内置胶体晶体的光子胶囊传感器。该传感器是利用薄膜将胶体晶体包裹起来以改善胶体晶体的不稳定特点，使其不受外部应力的影响。此外，胶囊形式的微传感器可以注射、悬浮和植入任何目标体积。通过形成单晶，每个单晶都由一个紧密排列的阵列构成，可以实现高的色亮度和宽的色彩。固体薄膜内部体系主要由水-油-水的结构构成，以聚苯乙烯作为核，PNIPAm-*co*-AAc 作为壳用来构成该种材料。该传感器在 25 ~ 38℃不断加热过程中，反射波长的位置由 661nm 蓝移至 529nm，并且可以通过改变响应胶体壳的组成改变温度窗口。重要的是，即使在搅拌的条件下，该传感器也可以实现对温度的检测。

另外，光子晶体温度传感器还可以利用无机化合物的相变引发折射率变化对温度实现检测，此类传感器可以避免聚合物类的反应速率不够快、温度检测范围有限等缺点。Se@ $Ag_2Se$ 核-壳胶体组成的乳色晶格在温度由 110℃ 加热到 150℃ 时，引起的发射波长发生了明显的变化，当温度再次冷却到 110℃ 时，波长恢复[12]。

### 9.1.3　总结与展望

结合光子晶体温度传感器在温度方面的研究进展可以看出，当前在温度传感方面，绝大部分是利用温度响应的聚合物为基础，利用聚合物在不同温度下的收缩-膨胀程度不同，光子晶体的反射波长会发生变化以检测温度，小部分是利用无机材料在不同温度下折射率发生变化，产生了不同的反射波长以检测温度。以有机聚合物为基础的光子晶体温度传感器具有灵敏性比较高、制备简单、成本低等特点，但是其检测温度窗口有限，只能在比较低的温度范围内使用。无机化合物基光子晶体温度传感器可以在较高的温度下使用，但是其制备过程相对来说比较困难。

在温度检测方面，应不断增强其检测的灵敏度，关键是要提高聚合物在单位温度下晶格间距或者晶面间距的变化量，同时要不断提高材料的响应速率和可循环利用次数。

## 9.2　光子晶体压力传感器

### 9.2.1　引言

光子晶体结合不同的聚合物可以完成对压力的检测。其中，光子晶体压力传感器主要是将光子晶体与具有较好弹性的聚合物相结合。当弹性聚合物被沿一个方向压缩或者拉伸时，垂直于该方向的聚合物就会相应地被动拉伸或压缩，其中包含的光子晶体之间的晶格间距就会相应地发生改变，因此就会引起反射峰的变化，通过制备合适的粒径大小的光子晶体，可以在可见光范围内观察到颜色的变化[13]。为了引发有效的机械变形，通常需要弹性聚合物的连续相。将预聚物渗透到预先制备好的光子结构中，然后通过光聚或其他方式进行聚合，形成复合结构的物质，检测限以及灵敏度通常是由聚合物的弹性优劣决定的。组装过程中，要使光子晶体颗粒之间保持一定的距离，以便压缩过程中光子晶体粒子移动。

### 9.2.2　研究进展

1994 年，Asher 等[14]首先利用 *N*-乙烯基吡咯烷酮、丙烯酰胺和聚苯乙烯胶体组成的复合膜，其通过相应操作可以发生一系列变化，衍射波长由于粒子间距的改变而发生变化。Foulger 等[15]通过在光聚合中使用 2-甲氧基丙烯酸酯（MOEA）膨胀 PEGMA-PS 光子水凝胶，开发出一种无水、坚固、快速响应的复合材料。此种聚合物大部分由 MOEA 构成，这在很大程度上决定了转变温度，因此该种材料具有很好的热稳定性，可以在不同的温度下进行拉伸和压缩。使用 145kPa 的压缩力对薄膜进行压缩，材料的衍射峰从 610nm 蓝移至 517nm，应力释放后其在较短的时间内便恢复了。

Howell 等[16]利用有机材料和无机材料相结合，通过控制高折射率金属氧化物纳米颗粒/聚合物复合材料的组成，制备出具有折射率差异的不同层状一维光子晶体。合成的弹性体聚合物通过具有较高折射率的纳米粒子氧化锆（$ZrO_2$），从而减少了制备材料所需要的层数，而且具有较高的灵敏度。Lu 等[17]采用原位自由基共聚法制备了一种弹性纳米复合水凝胶，*N*,*N*′-二甲基丙烯酸酰胺和丙烯酸与氧化铝纳米粒子通过氢键、静电相互作用等形成了有效的交联，之后将聚甲基丙烯酸酯胶体阵列包封在水凝胶中。该材料具有良好的力学强度和回弹性，响应速率比较快。使用 20% 丙烯酸时可以达到最大的拉伸强度（220%）。同时，该材料可以对 pH 做出响应。Yan 等[18]发现了一种易于制备的对张力和温度敏感的双敏纳米复合水凝胶传感器，该传感器将聚甲基丙烯酸甲酯胶体阵列嵌入水凝胶中以获得光学响应。通过向该体系中加入热敏的 *N*-异丙基丙烯酰胺，温度响应可以重复 7 次以上。

Wang 等[19]利用四氧化三铁（$Fe_3O_4$）纳米颗粒、丙烯酰胺、*N*,*N*′-亚甲基双丙烯酰胺、乙二醇等为原料，将磁组装策略和快速的光聚合应用于超快机械响应光子水凝胶的设计。该水凝胶薄膜在 0～10kPa 的压力范围内具有较强的灵敏度，经过压力压缩后可以出现 230nm 的蓝移（图 9.5）。而且，该水凝胶薄膜响应速率比较快，在 1s 之内可以进行两次相同颜色的转换。借助于该水凝胶薄膜对压力敏感特性，结合 3D 打印技术，可以同时显示多色。该材料的应用将为水凝胶技术在光开关、快速响应传感器和动态显示等新领域的应用提供广阔的前景。

以含氟聚合物为研究对象，利用核-夹层-壳层粒子制备了光子晶体[20]。由于粒子由软核、硬的夹层和软壳组成，所得到的蛋白石薄膜能够在施加压力时改变其形状大小，同时还伴随着可视的结构颜色的可逆变化。将紫外交联剂加入蛋白石膜中，然后用不同的紫外辐射时间进行处理，得到稳定的、压敏的蛋白石膜。在中压作用下，蛋白石薄膜会发生可逆和不可逆的颜色变化。

改变传统的聚合物交联方式，增强聚合物的弹性性能，Hong 等[21]通过晶体

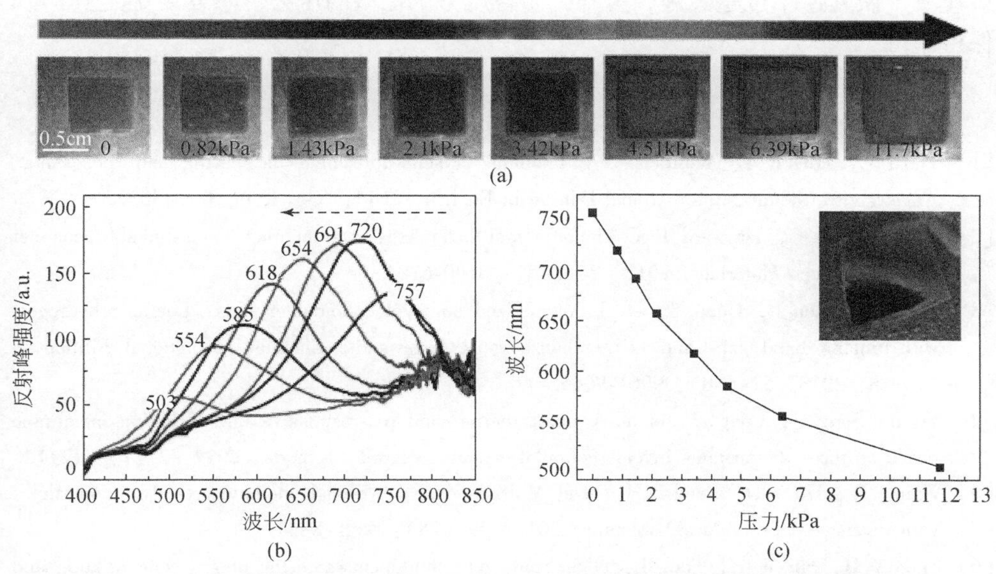


图9.5　（a）水凝胶颜色和（b）水凝胶在不断增加的压缩应力下的反射光谱；（c）反射波长随压力的变化关系[19]

胶体阵列进行物理交联，胶体阵列交联光子水凝胶（ACG）是以均匀分布的胶体球为交联剂、增强剂以及布拉格反射器的线性聚丙烯酰胺。通过一系列方法，根据不同的配方，合成的光子水凝胶具有较高的变形能力，拉伸变形大于2800%，压缩变形大于98%。ACG-17-31材料在大的压缩变形时，反射峰位移为460nm，压缩力的变色是完全可逆的。

Yang等[22]利用不同粒径的二氧化硅纳米粒子作为模板，使用SU-8进行填充，之后不再进行交联，制备了SU-8反蛋白石结构压力传感器，并研究了三维弹性体结构的力学变形，还在一定程度上研究了高交联聚合物三维微结构的力学变形。由未交联的SU-8产生的反蛋白石拥有独特的性能，在压痕后仍能保持结构的完整性，变形后的结构和颜色保持不变，因此，可以制备比例条码对力的大小进行准确测量。而且机械感应的范围比较大（17.6～20.4MPa），灵敏度比较高。

### 9.2.3　总结与展望

光子晶体在压力传感检测方面，主要是利用了弹性聚合物可压缩、可拉伸的特点，并结合光子晶体在压缩或拉伸之后，晶格间距或晶面间距发生变化，从而引起反射波长发生蓝移或者红移。

在压力检测方面，关键还是在于聚合物，要提高其可拉伸、可压缩强度，响应速率、恢复速率也是关键。另外，制备压力记忆型的压力传感器要确定其形状保持率。

## 参 考 文 献

[1] Fenzl C, Hirsch T, Wolfbeis O S. Photonic crystals for chemical sensing and biosensing. Angewandte Chemie, International Edition in English, 2014, 53 (13): 3318-3335.

[2] Chiappelli M C, Hayward R C. Photonic multilayer sensors from photo- crosslinkable polymer films. Advanced Materials, 2012, 24 (45): 6100-6104.

[3] Chen M, Zhou L, Guan Y, et al. Polymerized microgel colloidal crystals: Photonic hydrogels with tunable band gaps and fast response rates. Angewandte Chemie International Edition in English, 2013, 52 (38): 9961-9965.

[4] Yu B, Song Q, Cong H, et al. A smart thermo- and pH-responsive microfiltration membrane based on three-dimensional inverse colloidal crystals. Scientific Reports, 2017, 7 (1): 12112.

[5] Wang J Y, Hu Y D, Deng R H, et al. Multiresponsive hydrogel photonic crystal microparticles with inverse-opal structure. Langmuir, 2013, 29 (28): 8825-8834.

[6] Chen Y H, Shi W H, Feng L, et al. Study on simultaneous sensing of gas concentration and temperature in one-dimensional photonic crystal. Superlattices and Microstructures, 2019, 131: 53-58.

[7] Xu D, Yu H, Xu Q, et al. Thermoresponsive photonic crystal: synergistic effect of poly (*N*-isopropylacrylamide)-*co*-acrylic acid and morpho butterfly wing. ACS Appl Mater Interfaces, 2015, 7 (16): 8750-8756.

[8] Fei X, Lu T, Ma J, et al. A bioinspired poly (*N*-isopropylacrylamide) /silver nanocomposite as a photonic crystal with both optical and thermal responses. Nanoscale, 2017, 9 (35): 12969-12975.

[9] Kanai T, Yano H, Kobayashi N, et al. Enhancement of thermosensitivity of gel-immobilized tunable colloidal photonic crystals with anisotropic contraction. ACS Macro Letters, 2017, 6 (11): 1196-1200.

[10] van Heeswijk E P A, Kloos J J H, Grossiord N, et al. Humidity-gated, temperature-responsive photonic infrared reflective broadband coatings. Journal of Materials Chemistry A, 2019, 7 (11): 6113-6119.

[11] Choi T M, Je K, Park J G, et al. Photonic capsule sensors with built- in colloidal crystallites. Adv Mater, 2018, 30 (43): e1803387.

[12] Jeong U, Xia Y. Photonic crystals with thermally switchable stop bands fabricated from Se@$Ag_2Se$ spherical colloids. Angewandte Chemie, 2005, 117 (20): 3159-3163.

[13] Ge J, Yin Y. Responsive photonic crystals. Angewandte Chemie International Edition in English, 2011, 50 (7): 1492-1522.

[14] Asher S A, Holtz J, Liu L, et al. Self- assembly motif for creating submicron periodic materials. Polymerized Crystalline Colloidal Arrays. Journal of the American Chemical Society, 1994,

116 (11): 4997-4998.

[15] Foulger S H, Jiang P, Lattam A, et al. Photonic crystal composites with reversible high-frequency stop band shifts. Advanced Materials, 2003, 15 (9): 685-689.

[16] Howell I R, Li C, Colella N S, et al. Strain-tunable one dimensional photonic crystals based on zirconium dioxide/slide-ring elastomer nanocomposites for mechanochromic sensing. ACS Appl Mater Interfaces, 2015, 7 (6): 3641-3646.

[17] Lu W, Li H, Huo B, et al. Full-color mechanical sensor based on elastic nanocomposite hydrogels encapsulated three-dimensional colloidal arrays. Sensors and Actuators B: Chemical, 2016, 234: 527-533.

[18] Yan D, Lu W, Qiu L, et al. Thermal and stress tension dual-responsive photonic crystal nanocomposite hydrogels. RSC Advances, 2019, 9 (37): 21202-21205.

[19] Wang F, Zheng J, Qiu J, et al. *In situ* hydrothermally grown $TiO_2$@C core-shell nanowire coating for highly sensitive solid phase microextraction of polycyclic aromatic hydrocarbons. ACS Applied Materials & Interfaces, 2017, 9 (2): 1840-1846.

[20] Kredel J, Gallei M. Compression-responsive photonic crystals based on fluorine-containing polymers. Polymers (Basel), 2019: 10.3390/polym11122114.

[21] Chen J Y, Xu L R, Yang M J, et al. Highly stretchable photonic crystal hydrogels for a sensitive mechanochromic sensor and direct ink writing. Chemistry of Materials, 2019, 31 (21): 8918-8926.

[22] Cho Y, Lee S Y, Ellerthorpe L, et al. Elastoplastic inverse opals as power-free mechanochromic sensors for force recording. Advanced Functional Materials, 2015, 25 (38): 6041-6049.

（徐　旭　邱丽莉）

# 第 10 章　可穿戴光子晶体

## 10.1　引　言

近年来可穿戴设备在人们的生活中出现得越来越频繁，且应用于多个方面，如应用于纺织方面进行智能检测，应用于医疗保健方面对用户的总体健康状况进行监测。这种设备可监测人类通过皮肤、汗液、呼吸、尿液和唾液所释放出的各种生物信号。

其中穿戴式医疗保健具有广泛的使用，它为连续、实时地监控健康状况提供了大量的机会。尽管电化学和光学传感已经取得了巨大的进步，但仍然迫切需要在微型化、耐磨性、顺应性和可拉伸性方面进行替代信号转换。在此前提下，王婷等重点研究了基于压力、应变、挠度和膨胀转换原理的纳米结构。但在样品收集、小型化和无线数据读取方面仍然面临许多挑战，王婷等基于机械的转导为集成物理、电生理和生化传感器的多模式可穿戴医疗系统提供了一条可访问的途径[1]。

可穿戴除了在医疗保健方面研究广泛，在可穿戴传感器方面也有广泛的应用，高炳兵等受鱼鳞图案艺术启发，设计并制造了鱼状可穿戴生物传感器。这种高度可拉伸、充气性良好、可抛弃且可穿戴的鱼贴可实现汗液收集、诊断和运动监控。光子晶体的结构集成在通道中，用于荧光增强的汗液乳酸和尿素的感测，并且可伸展的电子纸网络在运动过程中引起敏感的电阻变化。该传感器适用于各种应用，如个人护理和人机交互[2]。本章应用光子晶体的特殊结构与性质，与可穿戴设备相结合，对可穿戴设备的现状进行了综述。

## 10.2　研究现状

### 10.2.1　基于光子晶体的机械可穿戴医疗传感

响应式光子晶体已经得到了广泛的开发，可以通过操纵光流来实现可调节的结构颜色。其中，易变色光子晶体因操作简便、安全性高和应用广泛而受到越来越多的关注。近年来，提出了光致变色光子晶体纤维以满足蓬勃发展的可穿戴智能纺织品市场的需求。尽管纤维形状是具有广泛应用的常见结构，但直到最近才出现纤维形状的人造机械变色光子晶体，这可能是由于制备困难。目前，机械变色的光子晶体纤维通常是通过以下方法制备的：将光子晶体膜滚动到刚性纤维基质上，然后去除纤维芯，在弹性纤维基质上沉积光子晶体层，并从核–壳微球熔融挤出[3]。在这项研究中，Li 等将机械变色 3D 光子晶体层涂覆到弹性纤维上来开发机械变色 PC 纤维，采用将 PS 微球电泳沉积在弹性导电纤维上以形成 PC。通过进一步将弹性 PDMS 填充并溶胀到 PS 微球的间隔空间中，最终获得了机械变色纤维［图 10.1（a）］。所得到的纤维具有独特的芯鞘结构［图 10.1（b）和（c）］，且弹性基体含量达 98%，这赋予了光子晶体纤维体面的弹性和伸长均匀

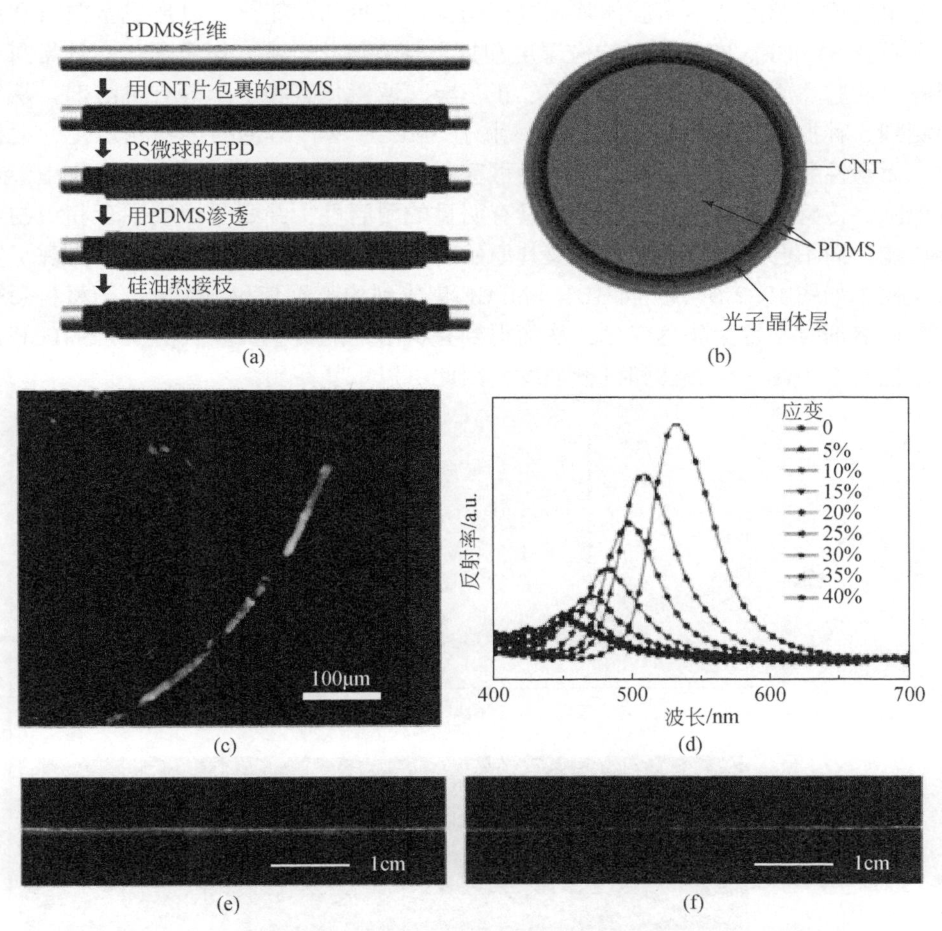


图 10.1　由 PS 微球和 PDMS 基质构成的芯鞘结构的机械变色光子晶体纤维

（a）制备过程的示意图；（b）、（c）纤维横截面的示意图和光学显微照片，外层包含排列的 PS 微球；（d）应变增加时光纤的反射光谱；（e）、（f）纤维在松弛和拉伸状态下的照片，颜色从绿色变为蓝色

以产生颜色的变化。在0~30%的应变下，它们分别表现出鲜明的颜色变化和明显的反射峰位移，即分别源自200nm和240nm PS微球的纤维从红色到绿色以及从绿色到蓝色［图10.1（d）~（f）］。

除了纤维状的光子晶体在可穿戴方面有应用，纤维素与光子晶体相结合在可穿戴设备方面也有良好的应用。纤维素是光子晶体传感器的理想基质，具有良好的生物降解性和仿生性能，另外一种主要成分是蚕丝素（SF）的动物纤维蚕丝，其具有出色的生物相容性、降解性能和出色的机械性能。闫丹等[4]提出了一种可穿戴的柔性材料，它是通过将SF与纤维素结合，然后嵌入三维或二维聚甲基丙烯酸甲酯或聚苯乙烯纳米胶体阵列进行结构化染色和功能化，以形成蛋白石和反蛋白石丝SMPCF。它可用于响应湿度和挥发性有机化合物，以及通过交替暴露于甲醇、乙腈、丙酮、乙醇、异丙醇、正丁醇、四氯化碳和甲苯等有机溶剂，从而检测到5种挥发性有机化合物气体。由于SMPCF具有出色的生物相容性、柔韧性、无毒性和便携性，因此可以作为可穿戴传感器集成到橡胶手套和织物中。与其他刚性传感材料相比，这种材料具有明显的耐磨性，并赋予橡胶手套和织物传感功能，而不会降低佩戴舒适度及其原始功能。这种设计简化了操作并实现了实时监控。如图10.2所示，将3D I-SMPCF集成到橡胶手套和织物中，当材料暴露于有机溶剂时会发生颜色变化，从而得到有机溶剂的类型。并且由于I-SMPCF具有出色的柔韧性、耐磨性和机械强度，因此可以重复使用。

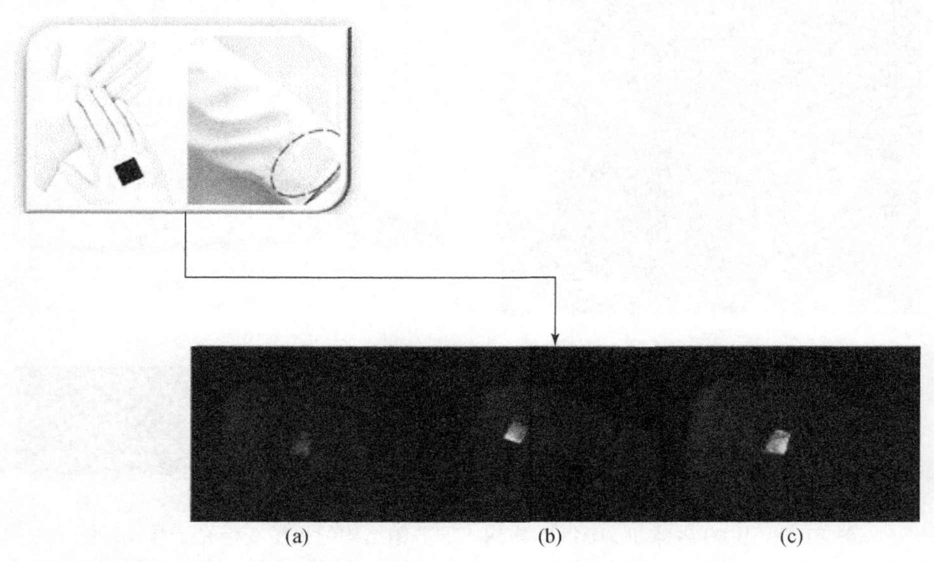


图10.2　橡胶手套和织物的拼接图（顶部面板），以及缝合的手套对空气（a）、甲醇（b）、乙腈（c）的颜色响应

在可穿戴医疗传感设备方面，目前压电传感器和导电胶传感器等的电传感器处于可穿戴医疗传感设备的前沿，这种设备为通过材料的拉伸和弯曲程度来测量材料变形提供了最简单的方法。近来提出了一种更好的替代方法，它基于光学探测传感器技术，即光学传感器，受生物系统独特的刺激响应性颜色变化的启发，成功地获得了各种人造材料，这些材料在机械变形后会发生颜色变化，能够用作应变传感器，以检测光的变形，这里将着重介绍基于光子晶体的光学传感器，该方法为可穿戴医疗传感设备提供了新思路。

Yue 等[5]提出了一种新的仿生策略，以实现具有超快响应的可调谐光子凝胶，从而响应机械刺激，如图 10.3（a）所示。他们采用了化学交联的水凝胶，该凝胶是一个分层系统，既有刚性均聚的聚十二烷基甘油衣康酸酯的双层结构域，又有水解的聚丙烯酰胺水凝胶的化学交联的柔软水凝胶层。在该系统中，刚性双层充当反射片，不仅通过干涉选择性地衍射可见光，而且增强了软凝胶网络，从而形成了机械稳定的材料。得益于复杂的材料设计，水凝胶可以像准弹性体一样变形，即使在几千帕的机械应力下也能实现超快的响应时间（约 0.1ms），并且证明了超快的机械性能。首先，在玻璃杯中对凝胶进行逐步压缩松弛处理，颜色梯度取决于所施加的应力场梯度。此外，他们设计了弹道测试来确定凝胶受到高速冲击时的响应。图 10.3（c）显示了该实验的示意图，其中气枪向凝胶前面的橡胶膜发射直径为5mm 的塑料球，并且通过时间分辨率为 0.1ms 的高速相机记录了球体撞击样品而引起的变形［图 10.3（d）］。该演示清楚地表明，颜色切换的响应时间约为 0.1ms。此外，他们评估了凝胶的抗疲劳性和可重复性，然后发现，这种机械变色的转换行为可以重复进行超过 10000 次，而不会发生任何光学降解。这种超快且坚固的可调谐光子晶体将成为定量检测机械变形的有前途的材料，并可用作光学应变传感器。此外，Shishido 等[6]以及许多从事这一新系统研究的小组报道了另一种有趣的光学检测机械应力或应变的方法。与先进的光子晶体相反，他们使用最简单类型的经典光子晶体作为衍射光栅来衍射入射光。材料结构的周期性不在纳米级，而在微米级，使用自上而下的工艺，可以提高制造的便利性。他们采用了低模量、无定形的 PDMS，该材料可以黏附在任何平坦的基材上，并根据基材的形状变化而变形。通过在附有市售聚萘二甲酸乙二醇酯薄膜的 PDMS 表面刻上衍射光栅结构，成功地远程监测了薄膜弯曲时入射探针激光束的衍射角，并能够定量测量表面应变。该类传感器可以与电传感器相比，通过电子皮肤应用于身体上或体内，从而提供前所未有的诊断和监视功能，其中传感器是皮肤的重要组成部分。

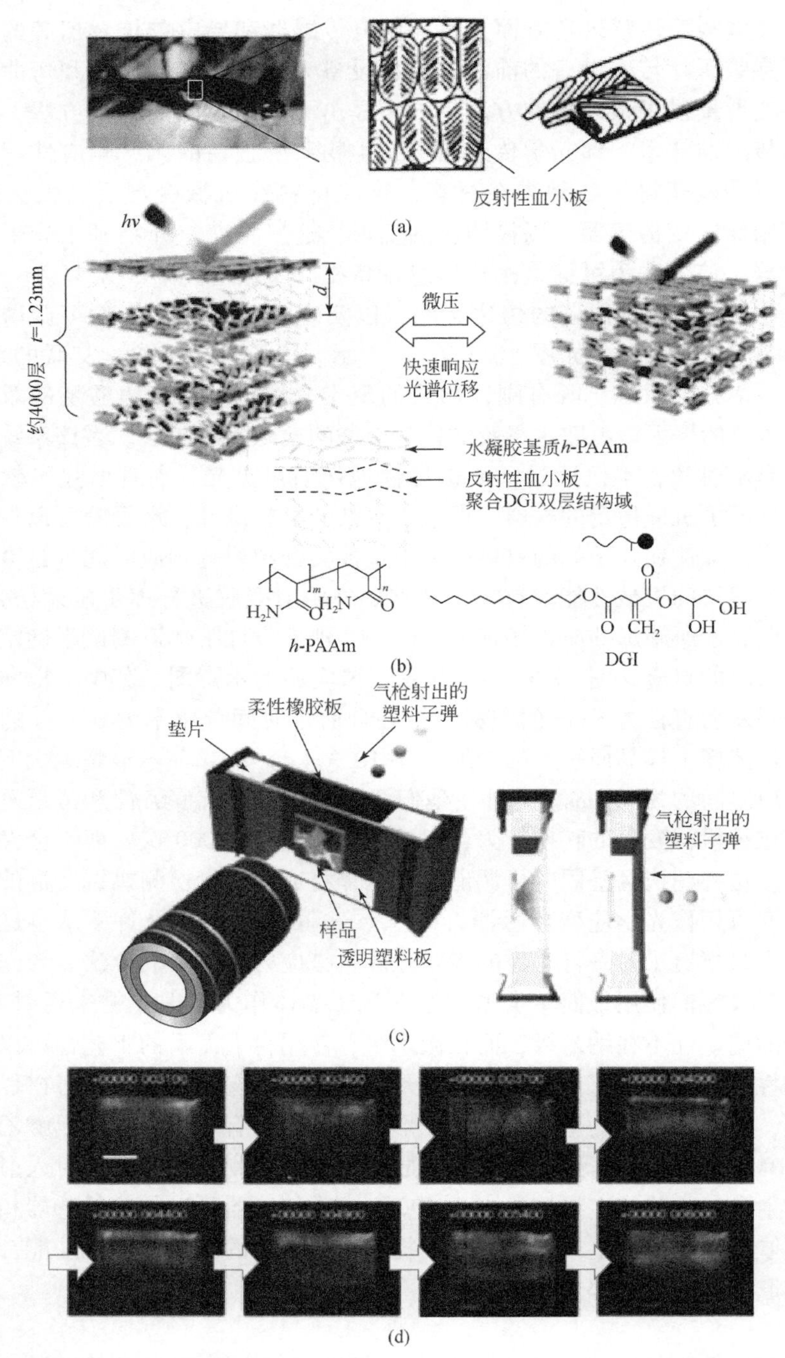


图 10.3　具有超快响应速率和全光谱颜色调整的受生物启发的光子水凝胶的示意图

(a) 具有精确光子结构的热带鱼氖四核的图像；(b) 已开发的光子水凝胶的图像，刚性双层的距离为 150 ~ 250nm，可选择性反射可见光；(c) 弹道冲击实验的实验装置，其中用空气枪向直径为 5mm 的塑料球撞击透明塑料板中心放置的凝胶；(d) 通过高速相机的变色检测出球体撞击样品而引起的变形，比例尺为 10mm

### 10.2.2　基于光子晶体的可穿戴式眼镜传感器

功能全面和强大的磨损能力是下一代可穿戴传感器所应该具有的理想性质。同时监测人体运动和生化指标的可穿戴式传感器越来越多地被使用，并且成为了个性化医学甚至人工智能领域中一个迅速发展的主题。然而，光学葡萄糖传感器需要复杂且耗时的制造过程，并且其读数对于定量分析不切实际，制造具有多种功能的高度集成的传感器仍然具有挑战性。受彩色孔雀尾羽的启发，高冰冰等[7]通过划痕 $SiO_2$ 设计，制造了反蛋白石碳（IOC）棒状电极。将两个平行的柱状电极相互结合，从而模仿鸟毛的倒钩，柱子之间的毛细作用力使得液体沿着电极流动。并且他们应用了光子晶体的独特光学特性，增强了眼泪中乳铁蛋白（LF）的荧光传感能力。IOC 纤维的高孔隙率可实现高灵敏度的电化学检测和高储能能力。作为概念的证明，将 IOC 杆式传感器连接到眼睑，以感测眼泪 LF、葡萄糖含量和眼动频率，以诊断与糖尿病相关的眼疾。除了在眼保健领域中的应用外，他们的概念还为亨廷顿病等疾病的生理和生化混合监测提供了解决方案。

之后，Elsherif 等[8]更是进一步创建了可穿戴式隐形眼镜光学传感器，用于在生理条件下对葡萄糖进行连续定量，从而简化了制造过程并促进了智能手机的读数。在用苯基硼酸官能化的葡萄糖选择性水凝胶膜上印刷周期为 1.6μm 的光子微结构。与葡萄糖结合后，微结构体积膨胀，从而调节了周期性常数。布拉格衍射的最终变化调制了零阶和一阶光斑之间的空间。在 0～50mmol/L 之内的周期性常数和葡萄糖浓度之间建立了相关性。传感器的灵敏度为 12nmol/L，并且饱和响应时间少于 30min。葡萄糖传感器的实用性以即时可穿戴式传感器的形式证明。传感器安装在商用隐形眼镜上，并通过智能手机应用程序测量葡萄糖浓度［图 10.4（a）～（c）］。如图 10.4（b）所示，传感器表现出正常的室内光照条件下的接触透镜表面上的光的彩虹效果。隐形眼镜提供的约束条件不允许光栅间距发生明显变化。但是，传感器的凹槽深度会随着葡萄糖的络合而增加，从而导致衍射效率发生变化。用波长为 532nm 的低功率单色光照射隐形眼镜，并通过功率计算以及智能手机的光电探测器记录一次光点的反射功率，连续监测响应葡萄糖浓度（0～50mmol/L）的反射功率［图 10.4（d）～（g）］[9]。该传感器可与商用隐形眼镜集成在一起，并用于使用智能手机摄像头读数进行葡萄糖的连续监测。一级衍射的反射功率是通过智能手机应用程序测量的，并与葡萄糖浓度相关。在连续监控模式下，可实现 3s 的短响应时间和 4min 的饱和时间。葡萄糖敏感的光子微结构可能会应用于即时护理连续监测设备和家庭环境中的诊断。

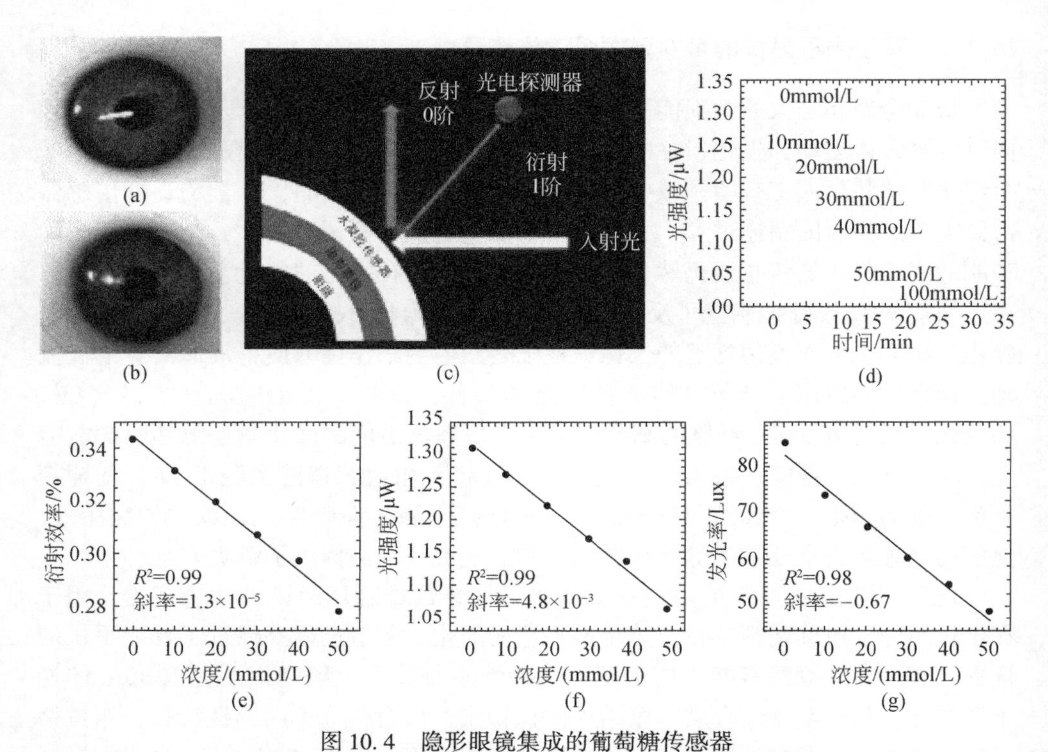


图 10.4　隐形眼镜集成的葡萄糖传感器

(a) 人造眼睛上的商用隐形眼镜的照片；(b) 安装在隐形眼镜上并放在眼模型上的传感器的照片；(c) 测量装置的示意图；(d) 使用光功率计测量的各种葡萄糖浓度（0～50mmol/L）的衍射一阶反射光功率与时间的关系；(e) 传感器的衍射效率与葡萄糖浓度（0～50mmol/L）的关系；(f) 从传感器反射的一阶光点相对于葡萄糖浓度的光功率；(g) 智能手机记录的针对葡萄糖浓度的反射强度

### 10.2.3　基于光子晶体的凝胶式人造光子皮肤

人造皮肤因能够响应环境中触觉刺激的功能，对于下一代可植入的智能机器人至关重要。作为不常见的触觉感测技术，人造光子皮肤（p-皮肤）装置具有许多优势，不仅受到应用光谱学快速发展的技术支持，而且有先进的光子通信的技术支持。另外，p-皮肤装置具有高度的稳定性，因为它们比电气/磁性设备更不容易受到如电磁场等环境影响的破坏。但是，大多数报道的光子压力感应器在低压条件下（<10kPa）显示出较低的灵敏度、缓慢的恢复时间（以分钟或更长的时间计），以及较差的柔韧性和可模塑性。为了弥补这一缺陷，近来，具有三维软材料光子的晶体（3D PC）结构已被广泛研究并应用于各种感应器[10,11]。由于其特殊的结构周期性，3D PC 材料表现出非凡的性能。3D PC 材料周期性的变化会导致其位置和强度的变化。但是，大多数 3D PC 材料的制造需要复杂的机械或

精细的操作，如光刻、电子束蚀刻、激光写入和反蛋白石技术[12-15]。上述制造方法适用于小规模生产大多数无机材料，包括金属和半导体，但由于其有限的化学/物理稳定性而不适用于微结构。因此，为了克服这一障碍，有必要引入一种简单、温和且具有成本效益的方法来实现基于3D PC的p-皮肤设备。

范虎、张林等报道了一种简单而有效的涂层方法来制造人造皮肤，通过将高度柔性的凝胶与3D PC材料结合在一起来制造该设备，整个制造过程均易于操作、可控制且具有成本效益[16]。自组装的胶体晶体最初是紧密排列的阵列，具有很小的随机性，并呈现出明亮的着色。由于机械和黏附特性，凝胶可以通过变形快速响应压力刺激，这同时影响胶体晶体的排列。为了进一步说明压力的工作原理，将3D PC涂层的凝胶样品拉伸约20%（不加压），从而导致涂层的蓝移。反射峰值（$\lambda_{max}$）减小约30nm，并且减小反射强度降低50%［图10.5（a）］。该研究还证明了对于p-皮肤只需调整凝胶尺寸即可调整设备。而且，p-皮肤设备具有出色的凝胶柔韧性和非凡的性能，光子的胶体晶体的输出尺寸、形状和周期均一，并且该装置可以覆盖并黏附在大量不平坦的表面上。此外，p-皮肤可以开发具有更多功能的设备，并可能在人工智能、健康监测和光通信系统来证明其作用。

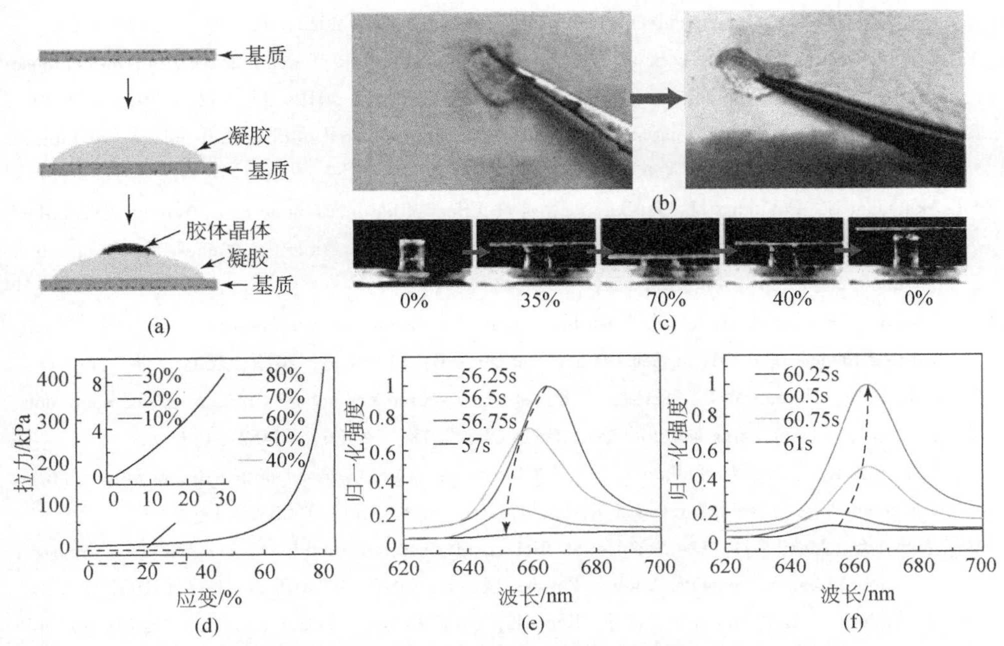


图10.5　(a) 传感器制造流程示意图；(b) 基于角蛋白的凝胶样品折叠过程的照片；(c) 在不同压力应变下的凝胶样品（切成直径5mm、高度6mm的圆柱体）的照片；(d) 角蛋白基凝胶的机械性能；(e) 反射压制过程中凝胶PC样品的光谱；(f) 反射释放过程中凝胶PC样品的光谱

## 10.3　总结与展望

本章详细介绍了可穿戴设备和光子晶体的结合应用。目前市场上可穿戴设备琳琅满目，应用范围也相当广泛，但体积大、携带不便、价格昂贵及柔性差等问题也是显而易见的。

采用光子晶体独特的光学特性，结合应用于可穿戴生物传感器和光子皮肤相关领域中，使得传感器的开发和进步取得重大进展。展望未来，可穿戴光子晶体设备克服以上缺陷后必将量化，从而发挥有效作用。

### 参 考 文 献

[1] Wang T, Yang H, Qi D P, et al. Mechano- based transductive sensing for wearable healthcare. Small, 2018, 14 (11): e1702933.

[2] Gao B B, Elbaz A, He Z Z, et al. Bioinspired kirigami fish- based highly stretched wearable biosensor for human biochemical- physiological hybrid monitoring. Advanced Materials Technologies, 2018, 3 (4): 1700308.

[3] Li H P, Sun X M, Peng H S. Mechanochromic fibers with structural color . Chemphyschem A: European Journal of Chemical Physics & Physical Chemistry, 2015, 16 (18): 3761-3768.

[4] Yan D, Qiu L, Shea K J, et al. Dyeing and functionalization of wearable silk fibroin/cellulose composite by nanocolloidal array. ACS Appl Mater Interfaces, 2019, 11 (42): 39163-39170.

[5] Yue Y F, Kurokawa T, Anamul H M, et al. Mechano-actuated ultrafast full-colour switching in layered photonic hydrogels. Nature Communication, 2014: 4659.

[6] Akamatsu N, Fukuhara M, Fujikawa S, et al. Effect of hardness on surface strain of PDMS films detected by a surface labeled grating method. Journal of the American Society for Information Science, 2018, 31 (4): 523-526.

[7] Gao B, He Z, He B, et al. Wearable eye health monitoring sensors based on peacock tail-inspired inverse opal carbon. Sensors and Actuators B: Chemical, 2019, 288: 734-741.

[8] Elsherif M, Hassan M U, Yetisen A K, et al. Wearable contact lens biosensors for continuous glucose monitoring using smartphones. ACS Nano, 2018, 12 (6): 5452-5462.

[9] Yetisen A K, Jiang N, Fallahi A, et al. Glucose-sensitive hydrogel optical fibers functionalized with phenylboronic acid. Advanced Materials, 2017, 29 (15): 1606380. 1.

[10] Kim J H, Moon J H, Lee S Y, et al. Biologically inspired humidity sensor based on three-dimensional photonic crystals. Applied Physics Letters, 2010, 97 (10): 103701-103703.

[11] Pursiainen O L J, Baumberg J J, Ryan K, et al. Compact strain- sensitive flexible photonic crystals for sensors. Applied Physics Letters, 2005, 87 (10): 101902-101903.

[12] Deubel M, von Freymann G, Wegener M, et al. Direct laser writing of three- dimensional photonic-crystal templates for telecommunications. Nat Mater, 2004, 3 (7): 444-447.

[13] Divliansky I, Mayer T S, Holliday K S, et al. Fabrication of three- dimensional polymer photonic crystal structures using single diffraction element interference lithography. Applied Physics Letters, 2003, 82 (11): 1667-1669.

[14] Ogawa S, Imada M, Yoshimoto S, et al. Control of light emission by 3D photonic crystals. Science, 2004, 305 (5681): 227-229.

[15] Shoji S, Kawata S. Photofabrication of three- dimensional photonic crystals by multibeam laser interference into a photopolymerizable resin. Applied Physics Letters, 2000, 76 (19): 2668-2670.

[16] Hu F, Zhang L, Liu W Z, et al. Gel- based artificial photonic skin to sense a gentle touch by reflection. ACS Appl Mater Interfaces, 2019, 11: 15195-15200.

（张晓静　邱丽莉）

# 第 11 章　光子晶体食品安全检测

## 11.1　引　　言

近年来，食品安全整体形势不容乐观，食品中各种霉菌毒素、有害添加剂和农药残留物等严重影响了人们的身体健康。目前常规检测手段主要包括荧光光谱法[1]、气相色谱法[2]、高效液相色谱法[3]、分光光度法[4]、酶联免疫吸附测定[5]和毛细管电泳[6]等。这些常规检测技术大多依赖大型检测仪器，价格昂贵难以普及基层食品监督部门，且不适用于现场快速检测，难以应对突发事件。因此，灵敏、快速、简便、实用的低成本食品安全检测技术具有重要的实用价值和意义。

光学传感器以其简单、低成本、效率高和准确性高而著称[7]。光子晶体是一种新型的光学传感器，它是由两种或两种以上具有不同折射率的材料在空间上遵循一定的周期顺序排列，从而形成的有序结构功能材料。当电磁波在具有折射率周期性变化特点的光子晶体中传播时，会产生光子带隙[8]。将光子晶体与刺激响应性材料相结合，可以制备出具有光子晶体结构的刺激响应性材料，当外界环境如温度[9]、pH[10]、压力[11]、湿度[12]、光电磁场[13]变化时，这种新型材料会产生体积变化的响应，同时又将引起光子晶体的晶格参数发生变化，导致光子带隙的位置发生移动，材料的光学信号或结构色会发生相应的改变[14]。

## 11.2　光子晶体在食品安全检测领域的应用

### 11.2.1　食品中毒素检测

食品中的毒素如果被人体摄入，很可能会对人体造成致命的伤害。因此，必须要加强对食品毒素的检测。食品中毒素的类别主要包括黄曲霉毒素（AFT）、赫曲霉毒素以及人工合成毒素等[15]。黄曲霉毒素是黄曲霉和寄生曲霉等某些菌株产生的双呋喃环类毒素[16]。黄曲霉毒素[17]由于其极强的致癌性也被认为是迄今发现的最强的天然致癌物质，其中黄曲霉毒素 $B_1$（$AFB_1$）被美国国家癌症研究所列为第 I 类致癌物。

宁保安等[18]制备了一种适配体光子晶体传感器用于 $AFB_1$ 的快速检测。他们首先以甲基丙烯酸甲酯微球为模板制备了二氧化硅反蛋白石光子晶体阵列，接着将 $AFB_1$ 作为靶标，利用核酸适配体作为识别元件，制备适配体光子晶体传感器。采用间接竞争法，建立 $AFB_1$ 的快速检测方法。该方法初步实现了 $AFB_1$ 的快速检测，检测限达 $10^{-3}$ ng/mL。

Li 等[19]提出了一种新型的多重霉菌毒素竞争性免疫测定方法。他们将 $AFB_1$、柑橘素和伏马菌素 $B_1$（$FB_1$）三种毒素的人工抗原（AgS）分别固定在三种 $SiO_2$ 光子晶体微球（SPCM）悬浮阵列的表面上，之后将这些毒素的异硫氰酸荧光素标记抗体加入含有 SPCM 修饰的人造抗原中，最后通过阵列荧光扫描仪收集荧光信号。SPCM 不仅可以通过其独特的反射峰位置加以区分，而且具有较大的表面积，可以容纳更多的分子探针以增强检测信号。$AFB_1$、柑橘素和 $FB_1$ 的检测限分别低至 0.5pg/mL、0.8pg/mL 和 1pg/mL。该技术操作简便、成本效益高、灵敏度高、无干扰、实验通量高且稳定可靠，可用于农产品中真菌毒素的多重检测。

类似地，Zheng 等[20]设计了一种新型的高通量光子晶体微球（PHCM）悬浮阵列用于检测谷物样品中的多种霉菌毒素。该方法将分别用荧光染料和猝灭剂标记的霉菌毒素核酸适体和抗适体的杂交双链 DNA 固定在 PHCM 的羧化表面上。当相应的霉菌毒素靶标与其适体结合时，由 PHCM 的荧光恢复信号强度可以得到霉菌毒素的浓度。$AFB_1$、OTA 和 $FB_1$ 的检测限分别为 15.96fg/mL、3.96fg/mL 和 11.04pg/mL。这种筛选多种真菌毒素的新技术不仅超灵敏、具有高选择性且所需试剂的体积较小，可以广泛地应用在食品安全检测等领域。

### 11.2.2　药物残留检测

随着人们对食品安全的关注及诉求日益增加，特别是食品中的药物残留已成为一个社会热点问题。农药、麻醉剂等残留物的检测是食品检测中一项关键的检测内容。有机磷农药是目前常见的杀虫剂之一。它杀虫效率高、易分解，可如果误服或不慎饮用受污染的水源和食物则会引起中毒事件[21]。

分子印迹技术[22]是制备对特定分子具有专一识别性能的聚合物的技术。将其与光子晶体水凝胶相结合可制得分子印迹光子晶体水凝胶，可以实现对目标分子专一性识别。孟子晖等[23]制备了一种 3D-MIPC 凝胶膜用于检测有机磷的残留物。他们采用聚甲基丙烯酸甲酯胶体小球为阵列模板，以甲基丙烯酸羟乙酯和 *N*-异丙基丙烯酰胺为混合单体，乙二醇二甲基丙烯酸酯和 *N*,*N'*-亚甲基双丙烯酰胺为混合交联剂，正辛醇和乙腈混合溶液为溶剂，光聚得到印迹聚合物。印迹聚合物对目标分子有识别能力，当检测到乙基膦酸（EPA）时，3D-MIPC 的衍射峰会发生移动。在 EPA 浓度从 0.5mmol/L 增加到 1.5mmol/L 的过程中，反射峰的强度会降低并且红移。该凝胶膜对乙基膦酸响应速率快、选择性高，在神经毒剂检测及监控等领域有广阔的应用前景。

Peng 等[24]将光子晶体与分子印迹相结合，成功制备了可以快速测定对硫磷的新型金掺杂分子印迹反蛋白石光子晶体（Au-MIPIOPC）。他们通过将含对硫磷的聚合物溶液与金纳米颗粒填充二氧化硅阵列并用氢氟酸溶液刻蚀，最后除去模板对硫磷，得到 Au-MIPIOPC。合成后的 Au-MIPIOPC 展现出对对硫磷的特异性和对其他竞争性农药分子的选择性。其响应时间仅为 5min，并且可以从实际水样中很好地检测到对硫磷。

Yin 等[25]利用 SHHMs 的悬浮阵列，实现了对有机磷农药和氨基甲酸酯农药的快速检测（图 11.1）。不同的微球阵列可以通过光子晶体的反射峰来区分。采用荧光免疫测定法，测得杀螟松、甲基毒死蜱、倍硫磷、西维因和速灭威的检测限分别为 0.02ng/mL、0.012ng/mL、0.04ng/mL、0.05ng/mL 和 0.1ng/mL。这种悬浮阵列可用于监测水果和蔬菜中的农药，且检测结果与液相-质谱法吻合。

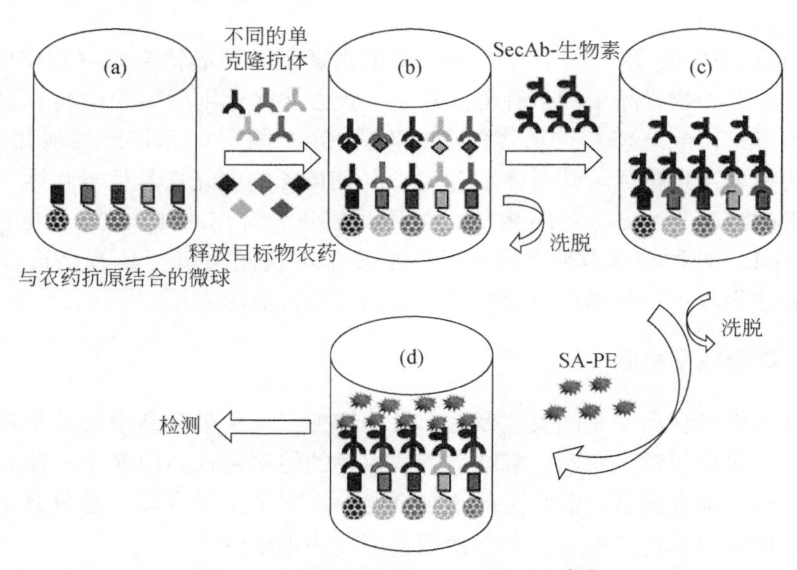


图 11.1　悬浮阵列检测法的示意图[25]

(a) 将农药的抗原共价固定在 SHHMs 上；(b) 使微球表面上的农药抗原和游离的目标农药的抗原在溶液中竞争其相应的单克隆抗体；(c) 添加 SecAb-生物素溶液；(d) 将 SA-PE 加入溶液中并测量微球的荧光强度

Asher 等[26]设计了一种 IPCCA 光子晶体传感器，该材料可以可逆地检测水溶液中微摩尔浓度的甲基对氧磷。该传感器是由聚苯乙烯微球阵列与聚-2-羟乙基丙烯酸酯水凝胶相结合，并用 3-AMP 和 OPH 进行功能化制备而成。OPH 碱性条件下催化甲基对氧磷的水解，产生对硝基苯酚盐、磷酸二甲酯和两个质子。质子降低 pH 并产生稳态 pH 梯度。附着在水凝胶上的 3-AMP 质子化使水凝胶混合自由能较弱，从而导致水凝胶收缩（图 11.2）。IPCCA 的晶格常数减小，这会使衍射峰发生蓝移。衍射峰蓝移量与甲基对氧磷的浓度成正比。甲基对氧磷的检测限是 0.2μmol/L。

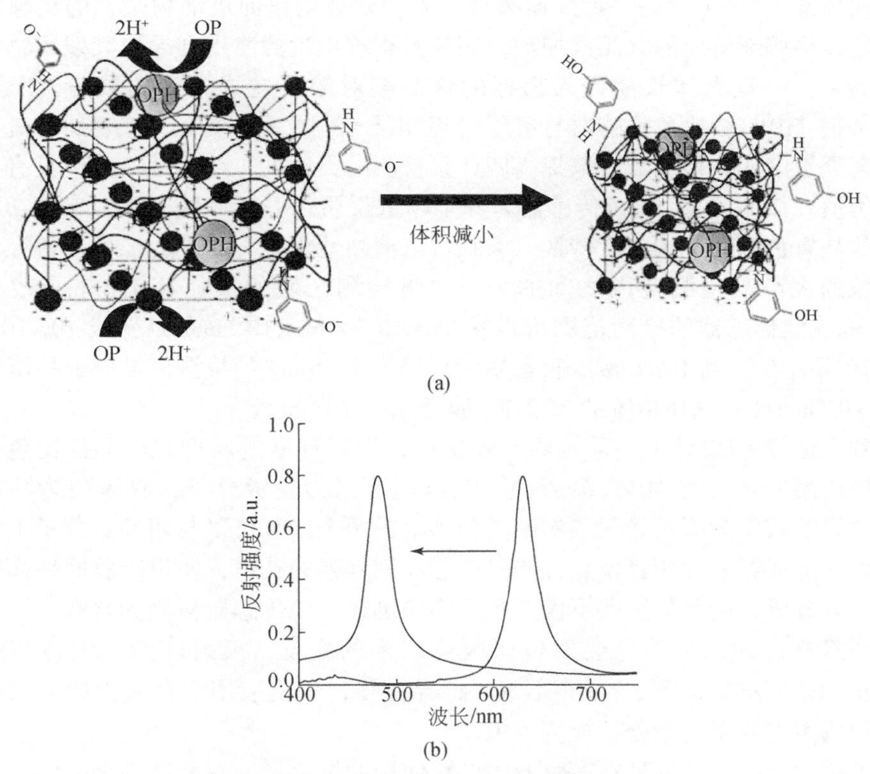


图 11.2　IPCCA 检测甲基对氧磷的原理[26]

孟子晖等[27]开发了无标记 MIPC 以检测神经毒剂的降解产物。神经毒剂沙林、梭曼、维埃克斯和其右旋异构体在碱性条件下水解，生成甲基膦酸，水解产物甲基膦酸被 MIPC 吸收后会引起衍射强度的降低。四者的检测限分别为 $3.5\times10^{-6}$ mol/L、$2.5\times10^{-5}$ mol/L、$7.5\times10^{-5}$ mol/L、$7.5\times10^{-5}$ mol/L，均低于国家军队作战时的饮用水卫生标准。

在渔业生产中，为防止鱼体挣扎受伤、感染鱼病或缺氧死亡，增加运输途中鱼的成活率，苯佐卡因被广泛用作流通环节鱼体麻醉药[28]。国内外已有相关研究表明苯佐卡因会引起高铁红蛋白血症等疾病[29]。Sun 等[30]设计了一种“智能”MIPC 传感器用于检测鱼类中残留的苯佐卡因。当样品中存在苯佐卡因时，传感器会产生可读的光信号和颜色变化，其检测限为 16.5μg/mL。这种 MIPC 材料具有令人满意的特异性、快速的响应性和出色的可回收优势，在苯佐卡因快速可视化检测方面展示出巨大的潜力。

### 11.2.3 抗生素残留检测

四环素（TCs）[31]是一种广谱类抗生素，常被用作促进动物生长的饲料添加剂和延长牛奶新鲜度的食品添加剂。四环素类抗生素的滥用会导致其残留物积聚在食品中，一旦人体长期摄入超标的食品会对健康造成一定的威胁。宋延林等[32,24]将 MIP-PC 比色传感器与富集过程相结合，首次研制出具有亲水-疏水模式的高灵敏度比色传感器，以提高四环素检测的灵敏度，在食品检测中具有实际应用价值。该 MIP-PC 比色传感器为分子印迹反蛋白石凝胶膜，可以实现 200nm 以上的从青色到红色的色度转换，肉眼可以清晰地识别。此外，他们还研究了检测区域的大小与检测范围之间的关系，将检测区域的直径从 1.35mm 改变为 2.79mm，此传感器的检测范围可以从 $10\times10^{-9}\sim60\times10^{-9}$ mol/L 变成 $10\times10^{-9}\sim150\times10^{-9}$ mol/L。当 10μL 液滴被富集到直径为 1.35mm 的检测区域时，检测限降至 $2\times10^{-9}$ mol/L，这比传统的 MIP-PC 膜低了一个数量级。

刘士荣等[31]设计了一种能够有效快速识别四环素的新型光子晶体比色传感器。该传感器是一种 MIPC 凝胶膜，它以四环素为模板分子，衣康酸为功能单体，丙烯酰胺作为凝胶骨架。衣康酸分子上的两个羧基可以与四环素分子上的羟基结合，形成特异性印迹位点，同时还能控制阵列的孔道，使得凝胶网络高效传输四环素分子，因此传感器不仅灵敏且响应迅速。该传感器检测到含有不同浓度的四环素样品时，结构色会发生裸眼可识别的变化，反射峰的最大位移可达 111nm。该方法操作简便、成本低廉、特异性强，有望应用于食品中四环素残留物的现场定性或半定量分析检测当中。

土霉素(OTC)是一种在畜牧业中广泛使用的抗生素，它的滥用会危害人类健康，对食品安全具有潜在的威胁。孟子晖等[33]将光子晶体与分子印迹技术相结合，制备了用于检测 OTC 的二维分子印迹光子晶体水凝胶（MIPCH）传感器。该传感器以 OTC 为印迹模板，在聚合过程中形成了特异性的结合位点。去除模板后，得到的 MIPCH 具有与目标化合物 OTC 互补的特异性纳米活性。在检测过程中，可以通过德拜衍射环的可读性变化来反映 MIPCH 对水溶液中四环素的响应，该变化与 MIPCH 的粒子间距变化有关。当 OTC 浓度从 0 增加到 60mmol/L，MIPCH 传感器的颗粒间距增加到 94nm 左右，结构色由蓝色红移到红色。同时，这种便携式、高性价比的 MIPCH 传感器也可以实现在相同的 OTC 范围内对牛奶样品中 OTC 的检测。随着牛奶样品中 OTC 浓度的增加，MIPCH 传感器的颗粒间距增加了约 92nm，MIPCH 的结构色由蓝色变为绿色再变为橙色。

氯霉素（CAP）[34]的过度使用不但使人和动物产生耐药性，还会对机体产生毒副作用。目前许多国家和组织已经明令限制或者禁止 CAP 的使用。Cao 等[35]

制备了一种MIPC的CAP比色化学传感器。他们首先在磁场中将CAP组装在磁性分子印迹的纳米水凝胶（MMIHs）中，接着将其磁组装成MIPC。当传感器检测到CAP时，CAP分子在特异性印迹位点的重新结合可能会使纳米水凝胶体积膨胀，从而引起磁引力增加，衍射峰蓝移。当MMIHs分散在CAP溶液中并外加磁场时，光子晶体的磁性组装和传感过程可以同时完成，并且响应时间少于1min。该方法为CAP的定性或半定量检测提供了新的策略。

Huang等[36]利用分子印迹*N*-羟甲基丙烯酰胺（MI-HAM）颗粒制造了自交联的印迹密堆积蛋白石CAP传感器。自交联的压印蛋白石结构传感器不仅具有较大的比表面积，具有用于特异性吸附CAP分子的识别位点，而且由于相邻颗粒发生反应形成共价键，因此传感器具有高度稳定的三维密堆积蛋白石结构，用于在CAP识别过程中产生光信号。识别位点固有的高亲和力使自交联的印迹蛋白石光子晶体能够以高特异性识别CAP，周期性结构的变化使自交联的印迹蛋白石光子晶体能够将识别信号转换为可读光信号。蛋白石传感器的衍射峰强度与CAP浓度之间线性相关，而与CAP结构类似的化合物无相关性，表明该传感器对CAP具有类似的高度选择性。该传感器使用方便、成本低、可重用性好，具有高灵敏度和选择性，已成功应用于饮用水样品中氯霉素的检测。

Yu等[37]将三元复合物与响应性光子晶体（RPC）结合，设计了一种新型的环丙沙星检测方法。首先将色氨酸固定在响应性光子晶体的聚丙烯酰胺水凝胶基质中。锌（Ⅱ）离子在传感器中起到“桥”的作用，当检测物样品中有环丙沙星存在时，环丙沙星与锌（Ⅱ）离子、色氨酸形成特定的三元复合物，导致RPC晶格常数改变，反射峰波长向红光方向移动。当环丙沙星浓度为$10^{-4}$mol/L时，衍射峰波长从原来的798nm移至870nm。该检测方法可检测到环丙沙星的最低浓度约为$5\times10^{-11}$mol/L。他们设计的基于三元复合物的RPC传感器对水介质中的环丙沙星具有较高的灵敏度、特异性较强且具有可回收性。

红霉素为糖多孢红霉菌生成的一种大环内酯类抗菌素。刘根起等[38]制备了一种能特异性识别红霉素的分子印迹二维光子晶体水凝胶。当红霉素的浓度从0增加到$1\times10^{-6}$mol/L，德拜环直径增加了6mm。而对于红霉素的类似物罗红霉素、琥乙红霉素溶液，德拜环直径仅分别增加1.5mm和2.0mm，表明水凝胶传感器具有良好的选择性，有望用于食品中红霉素残留物的低成本、简易检测。

### 11.2.4　重金属残留检测

食品中残留的重金属包括铅、砷、汞、镉、锡等都是极其有害的，它们通过各种途径进入并污染食品。食品中残留的重金属被人体摄入，可能会引发急性中毒等严重的后果[39]。这些重金属通过各种途径流入食品中，例如，一些含有重金属的化肥等农用化学品会污染周边水体和土壤；某些食品包装材料制备过程中也可能混有重金属；含有重金属的工业废水不经处理随意排放到河流、湖泊中容易对鱼虾等水产品造成污染。

Zhao 等[40]开发了一种适体功能化的胶体光子晶体水凝胶（CPCH）膜用于重金属离子（如 $Hg^{2+}$和 $Pb^{2+}$）的视觉检测（图 11.3）。CPCH 是由单分散二氧化硅纳米颗粒的胶体晶体阵列与聚丙烯酰胺水凝胶结合，接着在水凝胶网络中使重金属离子响应适体发生交联制备而成的。在检测过程中，重金属离子与交联的单链适体特异性结合导致水凝胶收缩，从而 CPCH 反射峰波长向蓝波方向移动，该蓝移量可用于定量地计算目标离子浓度。CPCH 适体传感器具有高选择性并且能够可逆性筛选宽浓度范围的重金属离子，可以应用于食品、药品和环境中各种金属离子的检测。

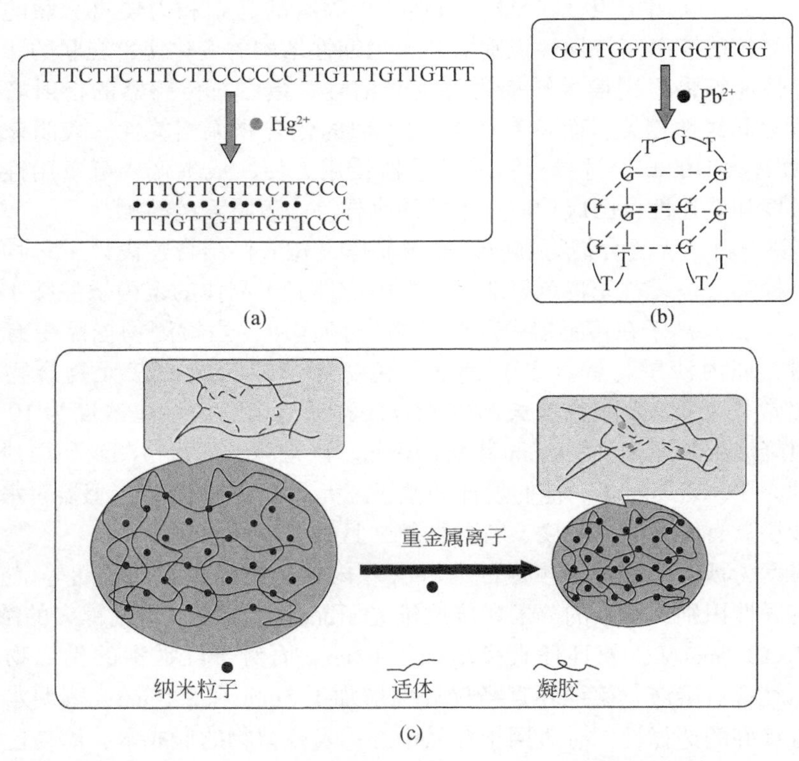


图 11.3　（a）用于检测 $Hg^{2+}$的适体序列；（b）用于检测 $Pb^{2+}$的适体序列；（c）用于检测重金属离子的 CPCH 适配传感器示意图[40]

宋延林等[41]将光子晶体与胸腺嘧啶-$Hg^{2+}$-胸腺嘧啶（T-$Hg^{2+}$-T）络合物相结合，开发了一种用于检测汞（Ⅱ）离子的高灵敏度荧光传感器。荧光团标记的富含 T 的单链 DNA（ssDNA）通过 Au-硫醇结合在 Au 溅射的光子晶体表面自组装，其中 DNA 存在于单链中。由于 ssDNA 的荧光波长在选定的光子晶体禁带范围内，因此 ssDNA 功能化光子晶体膜具有强荧光发射。由于胸腺嘧啶与 $Hg^{2+}$ 反应后形成了 T-$Hg^{2+}$-T 复合物，ssDNA 的构象从原始的单链变为折叠的发夹结构。这导致在荧光团和金薄膜之间的荧光共振能量转移，出现明显的荧光猝灭。与没有光子晶体结构的对照样品相比，光子晶体的布拉格反射可以明显提高检测限为 4nmol/L 的荧光检测器的灵敏度。此外，还可以通过使用半胱氨酸将 T-$Hg^{2+}$-T 碱基对去耦来轻松地再生和重复使用传感器，在有效检测 $Hg^{2+}$ 方面具有巨大的应用潜力。它也可以通过使用不同光子晶体和 DNA 样品用于检测其他的金属离子。

Asher 等[42]设计了能够有效检测 $Pb^{2+}$ 的光子晶体化学传感材料。该材料由含有冠醚分子识别基团的 PCCA 水凝胶组成。PCCA 是一种嵌入了聚苯乙烯胶体阵列的聚丙烯酰胺水凝胶。冠醚螯合基团与 $Pb^{2+}$ 的结合固定其抗衡离子，导致 Donnan 电位产生渗透压使水凝胶膨胀，水凝胶的体积变化改变了阵列间距，使衍射峰波长发生移动。之后，Asher 等开发了基于 Flory 凝胶膨胀理论的水凝胶膨胀预测模型。这一传感材料可以用于环境中 $Pb^{2+}$ 的灵敏检测。

### 11.2.5　食品中其他有害物质检测

除了残留药物、抗生素以及真菌毒素外，食品中还存在双酚 A（BPA）、各种添加剂等其他有害物质，一旦超标会对人体健康造成威胁。BPA 在工业上常被用作合成聚碳酸酯和环氧树脂等材料，也被广泛地用于制造食品饮料包装、奶瓶、幼儿用的吸口杯等。研究表明 BPA 会导致人体内分泌失调，威胁着胎儿和儿童的健康。此外，其也可能引发癌症和新陈代谢紊乱导致的肥胖。Gao 等[7]设计了一种新型蛋白石光子晶体传感器（OPCS）用于检测 BPA（图 11.4）。光子晶体微球间整齐排列的孔允许目标分子嵌入和运输。OPCS 利用 BPA 印迹单分散 PMMA 球体中纳米腔固有的高亲和力来特异性识别 BPA。识别过程中微球会发生膨胀，因此 OPCS 的反射峰强度随 BPA 浓度增大而降低。OPCS 的检测范围为 1ng/mL ~ 1μg/mL。该传感器对天然形式的目标分子具有很高的选择性，易于使用且成本低廉。Mangeney 等[43]结合 Langmuir-Blodgett 技术和光子晶体模板法制备了三维多孔 PMAA 阵列，其中包含 BPA 的分子印迹和由大小不同的大孔组成的平面缺陷层。与等效的无缺陷系统相比，这种新型的刺激性光学材料具有更高的灵敏度。

魏杰课题组[44]基于 MPA 与印迹水凝胶之间的氢键亲和力，设计了一种便携且无标记的 MPA 反蛋白石比色传感器。该传感器可以实现肉眼检测以及从绿色到红色的大于 120nm 的红移，无需任何复杂且耗时的工具即可轻松识别。此外，将印有 MPA 的 CCA 水凝胶颗粒存储到移液器吸头或笔芯中，可以方便地有效携带和检测食品表面 MPA 的存在，可以用眼睛代替其他仪器在 5min 内实现半定量

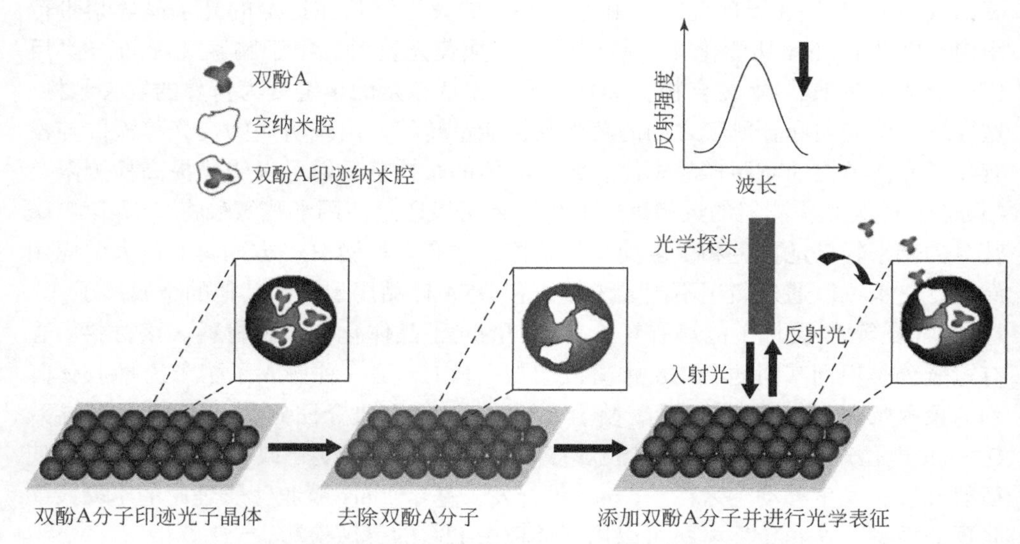


图 11.4　使用蛋白石光子晶体传感器检测双酚 A 的示意图[7]

检测，从而减少食品中毒事故，这在食品测试中具有广阔的应用前景。

朱德荣等[45]制备了一种分子印迹反蛋白石光子晶体凝胶传感器用于水果罐头中痕量防腐剂尼泊金乙酯的检测。该传感器对尼泊金乙酯具有特异性识别能力，其反射峰位移值与尼泊金乙酯浓度呈线性相关，检测限为 83mg/L，且可重复使用。该检测平台无需对样品进行前处理，可准确、灵敏、快捷地检测复杂样品中的防腐剂成分，且便携、易操作、适于现场快速筛查和检测。

邻氨基苯甲酸甲酯（methyl anthranilate，MA）是一种已经禁止使用的葡萄酒香料。赖家平等[46]设计了一种新型的反蛋白石结构 MIPC 凝胶（MIPH）膜用于检测葡萄酒中 MA。该 MIPC 以 MA 为模板分子、甲基丙烯酸（MAA）为功能单体制备而成，对 MA 分子具有较好的选择性。MIPH 膜的衍射峰波长随着 MA 浓度的增大而发生红移，偏移值与 MA 浓度在 0.1 ~ 10.0mmol/L 范围内有良好的线性关系，检测限为 31 μmol/L，可实现重复循环检测使用。

三聚氰胺（melamine，MEL）[47]是一种三嗪类含氮杂环有机化合物，常作为化工原料被用于生产三聚氰胺甲醛树脂（MF）。有些不法商家将其用作提升食品检测中蛋白质含量的食品添加剂，它曾因在奶粉中滥用而引起婴儿肾结石引发社会的广泛关注。三聚氰胺人体无法分解，如果长期摄入会对生殖、泌尿系统造成损害，引发肾结石，甚至进一步诱发膀胱癌[48]。Cao 等[49]基于胶体磁性组装的 MIPC，构建了一种可视觉感知、具有高度选择性且结构简单的三聚氰胺比色传感器。MIPC 可将识别信号直接转化为光学信号，实现对 MEL 分子的肉眼可见定性或半定量检测。随着 MEL 浓度的增加，MIPC 的结构色产生红移，最大红移可达 200nm，MEL 的检出限为 $10^{-5}$ mg/mL。该传感器还需进一步提高其对 MEL 的选择性以及传感器结构的稳定性以便于其应用于实际的样品分析中。

香兰素被誉为“食品香料之王”，是食品行业中广泛使用的一种增味剂，也可作为食品防腐添加剂。Xiong Hua 等[50]提出了一种用于香兰素的快速无标记检测的新型比色传感器。他们以香草醛为模板分子，通过非共价自组装方法制备了 MIPH。MIPH 对目标物的识别会引起晶格常数的改变，从而将其直接转换为可读的光信号。当香兰素的浓度在 60s 内从 $10^{-12}$ mol/L 增加到 $10^{-3}$ mol/L 时，MIPH 衍射峰会从 451nm 红移至 486nm，而甲基香兰素和乙基香兰素没有明显的峰移，表明 MIPH 对香兰素具有高的选择性和快速响应。这种具有高选择性、高灵敏度、高稳定性和易于操作的无标记传感器的应用可能为快速实时检测痕量香兰素提供一种潜在的方法。

## 11.3　总结与展望

与传统的操作复杂且耗时耗力的食品安全检测方法相比，光子晶体传感器具有低成本、响应迅速、便携易操作等优点，可以实现定性或半定量分析的现场检测，从而促进食品安全监管工作的推进，保障人民饮食健康。但是，目前用于食品安全检测的光子晶体传感器也存在一些问题需要改进。首先，与高灵敏度、低检出限的液相等方法相比，光子晶体检测法的准确性不是很高，检测限不够低，因此要寻找设计更加灵敏、特异性更强的光子晶体传感器。其次，很多光子晶体传感器需要结合光谱仪器才能测出响应信号，没有充分利用光子晶体结构色可以“裸眼检测”的优势。在设计新型光子晶体传感器时，要设法加强响应信号，增大衍射峰的红移或蓝移量以产生肉眼可见的颜色变化。最后，由胶体粒子组装而成的光子晶体材料较脆弱，使用寿命较短，重复利用性也比较差。因此，寻找新的更加稳定可靠的光子晶体有序阵列制备工艺也是十分必要的。总之，未来用于食品安全检测的光子晶体传感器将朝着可实现“裸眼检测”、响应快速灵敏、使用寿命长、便携易操作的方向发展。

## 参考文献

[1] Wu B，Dahlberg K，Gao X，et al. A rapid method based on fluorescence spectroscopy for meat spoilage detection. International Journal of High Speed Electronics and Systems，2018，27：1840025.

[2] Li X J，Zhao Z H，Yang Y，et al. Research progress on detection of fatty acids in food by gas chromatography. Journal of Food Safety & Quality，2016，7（8）：3114-3120.

[3] Nicolich R S，Werneck-Barroso E，Marques M A S. Food safety evaluation：Detection and confirmation of chloramphenicol in milk by high performance liquid chromatography-tandem mass

spectrometry. Analytica Chimica Acta，2006，565：97-102.

[4] Recknagel R O，Glende Jr E A. Spectrophotometric detection of lipid-conjugated dienes. Methods in Enzymology，1984，105：331-337.

[5] Garber E A E，Walker J L，O'Brien T W. Detection of abrin in food using enzyme-linked immunosorbent assay and electrochemiluminescence technologies. Journal of Food Protection，2008，71：1868-1874.

[6] Sun H，Liu N，Wang L，et al. Effective separation and simultaneous detection of cyromazine and melamine in food by capillary electrophoresis. Electrophoresis，2010，31：2236-2241.

[7] Guo C，Zhou C H，Sai N，et al. Detection of bisphenol a using an opal photonic crystal sensor. Sensors & Actuators B，2011，166：17-23.

[8] Asher S A，Peteu S F，Reese C E，et al. Polymerized crystalline colloidal array chemical-sensing materials for detection of lead in body fluids. Analytical & Bioanalyt Chemistry，2002，373：632-638.

[9] Nallusamy N，Raja R V J，Raj G J. Highly sensitive nonlinear temperature sensor based on modulational instability technique in liquid infiltrated photonic crystal fiber. IEEE Sensors Journal，2017，17：3720-3727.

[10] Tan E V，Lowe C R. Holographic enzyme inhibition assays for drug discovery. Analytical Chemistry，2009，81：7579-7589.

[11] Escudero P，Yeste J，Pascual-Izarra C，et al. Color tunable pressure sensors based on polymer nanostructured membranes for optofluidic applications. Scientific Reports，2019，9（1）：3259.

[12] Naydenova I，Jallapuram R，Toal V，et al. A visual indication of environmental humidity using a color changing hologram recorded in a self-developing photopolymer. Applied Physics Letters，2008，92：031109.

[13] Gao Z W，Gao D S，Chao H，et al. Dual-responsive SPMA-modified polymer photonic crystals and their dynamic display patterns. Macromolecular Rapid Communications，2018，39（20）：1800134.

[14] 宋艳秋，彭媛，高志贤，等．光子晶体在食品有害物检测中的应用及展望．食品研究与开发，2018，039：190-197.

[15] 顾静静．我国食品检测技术发展现状与展望．食品安全导刊，2015，（36）：111.

[16] 农业大词典编辑委员会．农业大词典．北京：中国农业出版社，1998.

[17] 马梦戈，吕佼，杨柳，等．食品中黄曲霉毒素检测方法研究进展．粮食与油脂，2020，（1）：26-28.

[18] 何厚罗，乌恩琦，宋艳秋，等．适配体光子晶体传感材料的制备及初步应用．解放军预防医学杂志，2018，（2）：163-167.

[19] Deng G Z，Xu K，Sun Y，et al. High sensitive immunoassay for multiplex mycotoxin detection with photonic crystal microsphere suspension array. Analytical Chemistry，2013，85（3）：2833-2840.

[20] Yang Y，Li W，Shen P，et al. Aptamer fluorescence signal recovery screening for multiplex mycotoxins in cereal samples based on photonic crystal microsphere suspension array. Sensors &

Actuators B Chemical，2017，248：351-358.

[21] 严春晓，徐佳煜，李树广，等．分子印迹与光子晶体及其在有机磷化合物检测中的应用．第二届全国危险物质与安全应急技术研讨会论文集，2013：379-387.

[22] 谭天伟．分子印迹技术及应用．北京：化学工业出版社，2010.

[23] 刘烽，黄舒悦，薛飞，等．乙基膦酸分子印迹光子晶体传感器的研究．分析化学，2012，40（8）：1153-1158.

[24] Zhang X H，Cui Y G，Bai J L，et al. A novel biomimic crystalline colloidal array for fast detection of trace parathion. Acs Sensors，2017，2：1013-1019.

[25] Wang X，Mu Z D，Shangguan F Q，et al. Rapid and sensitive suspension array for multiplex detection of organophosphorus pesticides and carbamate pesticides based on silica- hydrogel hybrid microbeads. Journal of Hazardous Materials，2014，273：287-292.

[26] Walker J P，Kimble K W，Asher S A. Photonic crystal sensor for organophosphate nerve agents utilizing the organophosphorus hydrolase enzyme. Analytical & Bioanalytical Chemistry，2007，389：2115-2124.

[27] Liu F，Huang S Y，Xue F，et al. Detection of organophosphorus compounds using a molecularly imprinted photonic crystal. Biosens Bioelectron，2012，32：273-277.

[28] 禤开智，纪少凡，符灵梅．超高效液相色谱测定鱼体中的苯佐卡因残留量研究．食品工业，2018，39（1）：308-311.

[29] Moore T J，Walsh C S，Cohen M R. Reported adverse event cases of methemoglobinemia associated with benzocaine products. Archives of Internal Medicine，2004，164：1192.

[30] Chen S L，Sun H，Huang Z J，et al. Molecular imprinted photonic crystal sensor for the rapid and visual detection of benzocaine in fish. Key Engineering Materials，2019，803：129-133.

[31] 秦立彦，施冬健，陈明清，等．高灵敏比色检测药物分子四环素的分子印迹凝胶光子晶体膜．功能材料，2018，49：144-149.

[32] Hou J，Zhang H C，Yang Q，et al. Hydrophilic- hydrophobic patterned molecularly imprinted photonic crystal sensors for high- sensitive colorimetric detection of tetracycline. Small，2015，11（23）：2738-2742.

[33] Wang Y F，Fan J，Meng Z H，et al. Fabrication of an antibiotic- sensitive 2D-molecularly imprinted photonic crystal. Analytical Methods，2019，11（22）：2875-2879.

[34] 周彩虹，郭纯，刘建青，等．基于分子印迹光子晶体技术的氯霉素无标记检测．天津市生物医学工程学会第三十二届学术年会论文集，2012.

[35] You A M，Ni X J，Cao Y H，et al. Colorimetric chemosensor for chloramphenicol based on colloidal magnetically assembled molecularly imprinted photonic crystals. Journal of the Chinese Chemical Society，2017，64：1700126.

[36] Sai N，Wu Y T，Sun Z，et al. A novel photonic sensor for the detection of chloramphenicol. Arabian Journal of Chemistry，2016，12（8）：4398-4406.

[37] Zhang R，Wang Y，Yu L P. Specific and ultrasensitive ciprofloxacin detection by responsive photonic crystal sensor. Journal of Hazardous Materials，2014，280：46-54.

[38] 高敏君，刘根起，薛亚峰，等．红霉素分子印迹二维光子晶体水凝胶传感器的研究．分析化学，2017，45（5）：727-733.
[39] 孙冬梅．浅谈食品中重金属的危害及应对措施．食品安全导刊，2015，（15）：39.
[40] Ye B F, Zhao Y J, Cheng Y, et al. Colorimetric photonic hydrogel aptasensor for the screening of heavy metal ions. Nanoscale, 2012, 4: 5998.
[41] Zhang Y, Gao L, Wen L, et al. Highly sensitive, selective and reusable mercury (Ⅱ) ion sensor based on a ssDNA-functionalized photonic crystal film. Physical Chemistry Chemical Physics, 2013, 15: 11943.
[42] Goponenko Alexander V, Asher Sanford A. Modeling of stimulated hydrogel volume changes in photonic crystal $Pb^{2+}$ sensing materials. Journal of the American Chemical Society, 2005, 127: 10753-10759.
[43] Griffete N, Frederich H, Maitre A, et al. Introduction of a planar defect in a molecularly imprinted photonic crystal sensor for the detection of bisphenol A. Journal of Colloid & Interface Sience, 2011, 364 (1): 18-23.
[44] Huang C, Cheng Y, Gao Z, et al. Portable label-free inverse opal photonic hydrogel particles serve as facile pesticides colorimetric monitoring. Sensors and Actuators B: Chemical, 2018, 273: 1705-1712.
[45] 顾航，潘彦光，黄振坚，等．分子印迹光子晶体凝胶传感器检测食品中的防腐剂．分析测试学报，2017，036：1023-1028.
[46] 吴伟珍，黄梦霞，黄庆达，等．分子印迹光子晶体凝胶膜可视化检测葡萄酒中邻氨基苯甲酸甲酯．分析化学，2019，47（9）：1330-1336.
[47] 朱瑾娜，李方实．食品和饲料中三聚氰胺检测方法研究进展．食品科学，2009，30（11）：273-276.
[48] Hau K C, Kwan T H, Li K T. Melamine toxicity and the kidney. Journal of the American Society of Nephrology, 2009, 20: 245-250.
[49] You A M, Cao Y H, Cao G Q. Colorimetric sensing of melamine using colloidal magnetically assembled molecularly imprinted photonic crystals. RSC Advances, 2016, 6 (87): 83663-83667.
[50] Peng H, Wang S, Zhang Z, et al. Molecularly imprinted photonic hydrogels as colorimetric sensors for rapid and label-free detection of vanillin. Journal of Agricultural & Food Chemistry, 2010, 60: 1921-1928.

（张 峰 孟子晖）

# 第12章　仿生光子晶体

## 12.1　引　言

### 12.1.1　光子晶体概述

PC或光子带隙材料的概念是1987年由Yablonovitch[1]和John[2]提出的。由于其独特的结构和折射率反差，光子纳米复合材料能够选择性地与电磁辐射相互作用，使一定的波长范围不能在光子带隙材料中传播，并得到充分的反射。与严格理解的光子晶体相比，光子带隙材料是一个略显宽泛的类别，因为它们可能包含的材料只对组件进行适度的空间排序。综上所述，光子晶体和光子带隙材料是一种复合材料，由于组成材料的性质相配合以及特殊的纳米结构，其获得了新的物理性能。结构和材料的改变都会改变复合材料的光学性能（颜色）。

由于光子晶体独特的光子带隙特性，其在全向反射器[3]、半导体激光器[4,5]、光子信息技术[6]、可调光泵浦激光器[7]、光纤[5,8]等领域有重要的应用。功能材料（如水凝胶）在光子晶体可调谐性上起着关键作用，因为这些材料在外界刺激（如离子强度[9]、电场[10]、机械力[11]或pH[12]）下能够改变光子带隙，形成刺激-响应型传感器[13]。Asher[14]的一项开创性工作基于将聚苯乙烯球的晶体胶体阵列嵌入聚（*N*-异丙基丙烯酰胺）水凝胶中，产生了一种热响应光子晶体。此外，基于光子晶体的生物测定技术在灵敏的生物分子筛选、无标记检测、酶活性实时监测、细胞形态研究等方面同样具有许多优势[15]。响应式光子晶体结构领域的最新发展，包括设计和制造原理以及许多应用策略，如光开关或化学和生物传感器[16]。

然而，由于缺乏光子结构设计和三维纳米结构的高效生成技术，即使借助强大的计算机和先进的纳米技术，人工光子材料的发展仍然是缓慢的。相比之下，在45亿年的进化以及自然选择过程中，大自然在温和的生物体中创造了各种优秀的光子晶体材料。

### 12.1.2　天然光子晶体

1. 海洋生物

折射率为1.83的鸟嘌呤是无脊椎动物反射器中的常见组分，是少数几种具有高折射率的生物材料之一[17,18]。几丁质是节肢动物（包括昆虫、甲壳类动物和蜘蛛）中大多数生物微观结构的基础，其折射率约为1.56[19]，与空气的折射率相比较低，这是实现光子带隙的关键。

某些鱼类的虹膜含有规则的鸟嘌呤和细胞质交替层，它们的间隔也会随着光照而变化并导致结构色的变化[20]。例如，天堂凤尾鱼（*Pentapodus paradiseus*）的头部和身体都有明显的反光条纹。反光条纹包含致密的生理活性虹膜层，可充当多层反射器。这些条纹的颜色可以在0.25s内从蓝色变为红色。当将虹膜层放入低浓度生理盐水中时，反射光的峰值波长发生红移，引起结构色由蓝变红。高浓度生理盐水逆转了这一过程，并将峰值波长移动到较短的（蓝色/UV）波长[21]。霓虹四对伞虾（*Myers*）的皮肤虹膜和虾虎鱼（*Pomatoschistus minutus*，*Pallas*）的角膜中虹膜对光的反射同样会发生变化。在这两种情况下，对光的反射都来自高折射率材料和低折射率材料交替层的干涉。在*Myers*中，高折射率材料主要是鸟嘌呤，而低折射率材料是细胞质。虾虎鱼角膜中，高折射率材料是由细胞间基质和细胞质制成的。*Myers*对光的响应是向更高波长反射的转变，而不会增加反射幅度。虾虎鱼角膜中，光可以引起反射幅度的增加而波长没有变化。波长偏移是由材料流入虹膜产生的，而振幅的变化（没有波长偏移）是由材料（如水）在高折射率层和低折射率层之间转移而产生的[22]。

如图12.1所示，海鼠（*Aphroditidae*，Polychaeta）是在海床上觅食的海洋蠕虫。其特征是沿着身体下侧有绚丽虹彩，虹彩是由高度规则的亚微米结构形成类似光子晶体的结构引起的。实际上，海鼠利用了部分光子带隙来实现其卓越的着色效果[24]。

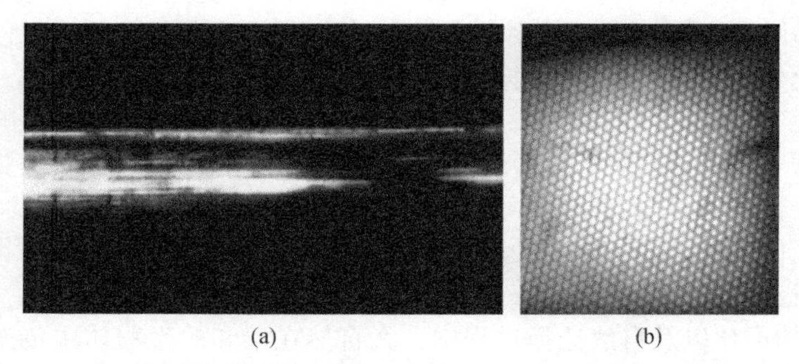

(a) (b)

图12.1 （a）一只海鼠的脊柱被白炽灯斜照的图像；（b）脊柱切片的电子显微照片（黑色区域为几丁质）[23]

Welch等研究了从水母（*Cutenophore Bcuëcucumis*）中得到的虹彩。结果表明，动物游泳的颜色变化可以用运动纤毛的相干堆积引起的折射率的弱对比度结构来解释。窄带隙反射产生的颜色被证明是高度饱和的，并且作为入射角的函数，覆盖了广泛的可见光谱和紫外光谱[25]。

2. 鸟类

鸟类的羽毛色彩会因神经控制、激素水平、生殖状态或非生物因素而异。但是通常认为羽毛颜色是相对静态的，仅在几个月内少量变化。它们由于磨损、细菌降解而只能不可逆地变化。但是，Eliason 等的研究表明虹彩羽毛的颜色会随着环境湿度的变化而迅速且可逆地变化。根据光学模型和吸附实验，这些变化似乎是由吸水后外角质皮质的膨胀引起的。这是描述角蛋白生物光子纳米结构中动态颜色变化的第一项研究[26,27]。

Shawkey 等探索了鸽子的虹彩羽毛如何对水的浸入与蒸发做出响应。经过三轮润湿和蒸发后，虹彩羽毛的颜色改变了色调，变得更加绚丽明亮，并且总反射率提高了近 50%。水蒸气引起了彩色羽小枝小管的扭曲，使更多表面积暴露出来，提高了反射强度，从而导致了观察到的亮度增加。这表明某些羽毛颜色可能比以前认为的更具稳定性，从而为动态羽毛颜色的研究开辟了新途径[28]。

虹彩结构色在许多动物类群的视觉交流系统中起着重要作用。众所周知，虹彩结构色是由折射率不同的材料层产生的，这些材料在羽毛中通常是角蛋白、黑色素和空气。通常认为黑色素层透光性较差，其主要作用是勾勒出最外面的角蛋白层并吸收非相干散射光。Maia 等发现雄性蓝黑色草雀（*Volatinia jacarina*）的羽毛反射虹彩色，其结构特征是一个角蛋白层覆盖一个黑色素层。角蛋白层和黑色素层可以影响光的相干散射，这对结构色的产生必不可少[29]。孔雀羽毛皮质中的二维光子晶体结构，是造成其羽毛着色的原因（图 12.2）。孔雀羽毛的着色策略非常巧妙和简单：控制晶格常数和光子晶体结构中的周期数。改变晶格常数会产生多种颜色，周期数的减少带来了更多的颜色，从而导致混合的颜色[30,31]。

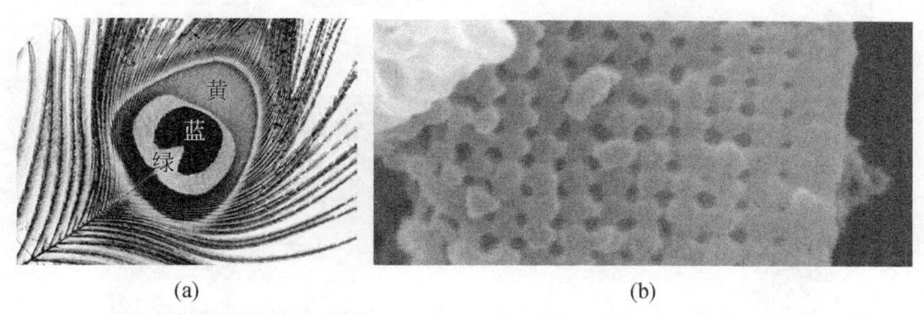


图 12.2 （a）黄色、绿色和蓝色的彩虹色形成眼睛图案的孔雀羽毛；（b）羽毛绿色区域的一部分被放大的横截面，周期阵列包括由角蛋白包裹的黑色素球（浅灰色），并与空气孔洞（深灰色）穿插，左上角的白色三角形区域是羽小枝中心核心的一部分

黑嘴喜鹊（*Corvidae*）的一些深色羽毛上的弱虹彩结构起源于带状羽小枝。

这些羽小枝的皮层含有圆柱形孔，它们分布在硬层截面上，形成了近似光子晶体的结构。鸟尾的黄绿色可以通过与光子晶体最低处带隙相关的反射带的出现来解释。翅膀发出的蓝色反射是由更复杂的机制产生的，涉及皮层第二间隙的存在[32,33]。

通常而言，鸟类单根羽毛仅包含一种结构颜色，但铜翅鸠（*Phaps chalcoptera*）的羽毛在单个倒钩的近端长度上显示出从蓝色到红色（462～647nm）的一致的颜色梯度。Xiao 等的研究证实了彩虹般的虹彩是由角蛋白基质中黑素体棒的有组织阵列的多层干涉引起的，并且颜色梯度是由黑素体棒的直径和间距的细微变化引起的[34]。

3. 哺乳动物

一个多世纪以来，通常认为哺乳动物皮肤的蓝色结构颜色是由不连贯的瑞利散射或丁锋尔散射产生的。Prum 等调查了两种灵长类动物——山魈（*Mandrillus sphinx*）和黑长尾猴（*Cercopithecus aethiops*），以及两种有袋动物——小鼠负鼠（*Marmosa mexicana*）和羊毛负鼠（*Caluromys*）的结构色皮肤的颜色，并对其进行了解剖、纳米结构和生物物理学研究（图 12.3）。结果表明，臀部、面部以及

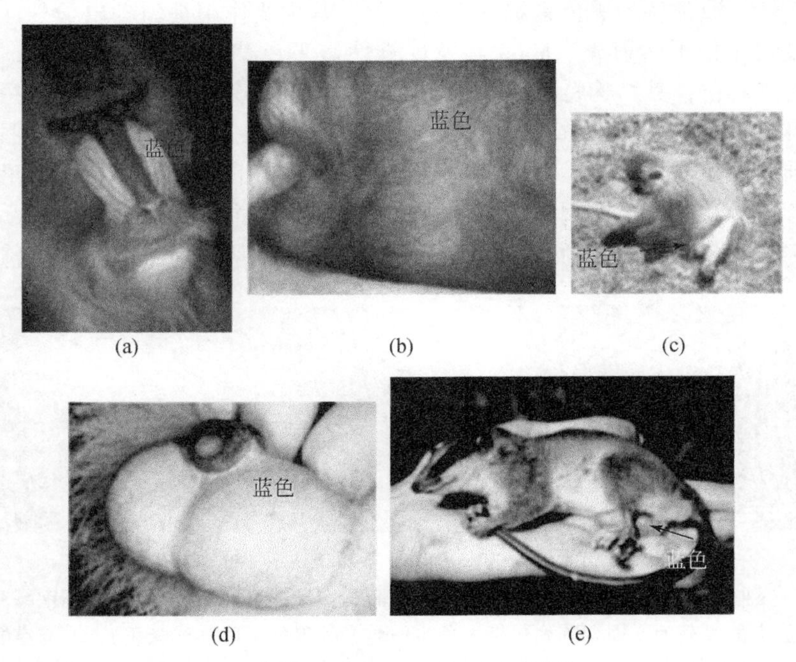


图 12.3　哺乳动物的皮肤结构[35]

（a）雄性山魈蓝色面部皮肤；（b）雄性山魈蓝色臀部皮肤；（c）雄性长尾猴（*Cercopithecus aethiops pygerythrus*）的亮蓝色阴囊；（d）雄性长尾猴的蓝色阴囊特写；（e）雄性负鼠的蓝色阴囊

阴囊皮肤结构颜色是通过平行真皮胶原纤维的准序排列相干散射而产生的。哺乳动物产生颜色的胶原蛋白阵列在解剖学和力学上与许多鸟类的真皮相似，某些哺乳动物的绒毡层和某些鱼类的角膜中的结构相同。这些胶原蛋白阵列构成准有序的二维光子晶体[35]。

4. 昆虫及贝类

许多物种依靠各种有机化合物光子结构来操纵光和显示醒目的颜色。在具有半透明外壳的发蓝光帽贝（*Patella pellucida*）中发现了一种嵌入的矿化分层光子晶体结构。在其周期性层状锯齿状结构中，亮色条纹来源于光干涉。在光子多层膜下面，无序的光吸收粒子阵列为蓝色提供了对比。这种独特的矿化表现，以及两个不同的光学元件在特定位置的协同作用，确保了明亮的蓝色条纹(图 12.4)[36]。鹦鹉螺（*Buprestidae Chrysochroa vittata*）身体表面的金属色是因为其特殊的硬甲壳结构，该甲壳是不规则气隙隔开的甲壳质层的堆叠。Vigneron 等通过光子晶体模型阐明了颜色随观察角度变化的机制。这一机制可用于开发生物启发的人造多层系统，有助于重现鹦鹉螺表面提供的视觉效果[37]。

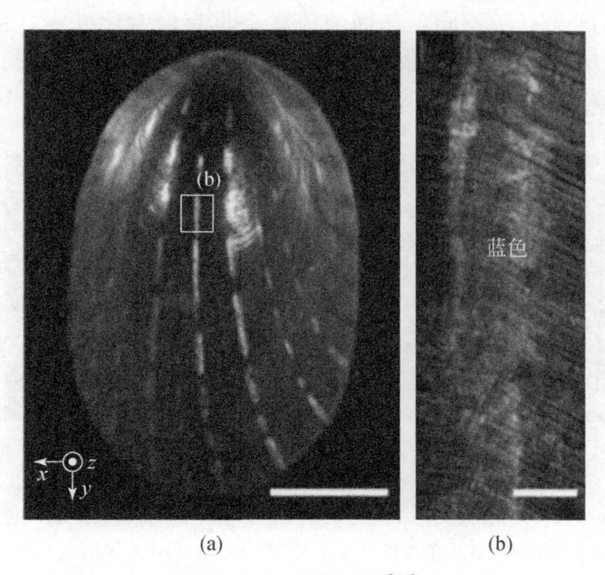


图 12.4　蓝色帽贝[36]

（a）帽贝外壳的光学图像，显示来自外壳外部的光的反射，比例尺为 2mm；
（b）单个条纹的光学显微照片，比例尺为 100mm

甲虫中，*Coptocyclia*、、*Aspidomorpha* 和 *Cassidinae* 可以通过改变表皮中的水量以及由此引起干涉色的薄膜厚度来改变其鞘翅的颜色。其中 *Dynastes Hercules L.*

可以在几分钟内将其鞘翅（角质前翅）的颜色从黑色变为绿黄色，然后又变回黑色[38]。

Vigneron 等使用扫描电子显微镜研究了金龟子甲壳虫（*Hoplia coerulea*）的硬质外部部分的微观结构。结果表明，蓝色虹彩源自鳞片内部层层堆叠的纳米片状结构，这种结构属于逐层光子晶体。由所观察到的三维结构推导出的平面多层近似模型完整地解释了蓝色彩虹的来源[39]。

5. 植物

芙蓉和郁金香品种的花朵中的虹彩可能是通过在开花植物中广泛分布的衍射光栅产生的。尽管预期虹彩会增加吸引力，但由于对象的外观会随观察者的视角变化而有所不同，因此可能还会干扰目标识别。但是大黄蜂（*Bombus terrestris*）学会了分辨具有虹彩色的花朵，并正确识别这些植物[40]。

植物 *Pollia condensata* 的果实具有强烈的虹彩色（图 12.5）。颜色是由螺旋状堆积的纤维素微纤维的布拉格反射引起的。这种水果的亮蓝色比任何已有报道的生物材料都更加强烈。自然界中，反射的颜色在各个单元之间都是独特的，多层堆栈中的层厚度会有所不同，从而使该水果具有像素化外观。由于多层膜具有两种螺旋结构，因此每个表皮细胞的反射光都向左或向右圆偏振，这是以前在单个组织中从未观察到的特征[41]。

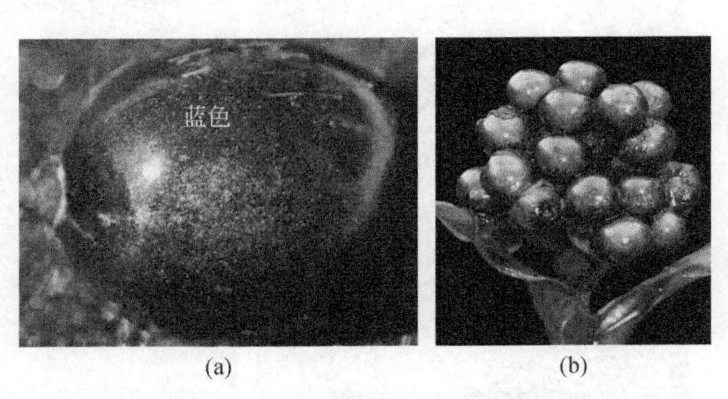


图 12.5 *Pollia condensata* 果实的照片

（a）加纳采集的干燥果实，果实的蓝色不均匀，具有明亮的像素化虹彩外观以及绿色、紫色、红色斑点；（b）来自埃塞俄比亚采集的果序（果实簇）标本，每个水果的直径约为 5mm

热带雨林植物 *Mapania caudata* 的蓝绿色虹彩是通过一种新颖的光子机制在其叶片中产生结构性着色。上表皮细胞壁中含有的螺旋状片层结构产生了左圆极化蓝色虹彩。二氧化硅颗粒被螺旋面微纤层夹带并均匀积累，这有助于产生蓝色虹彩。去除二氧化硅可消除蓝色。在现有的纤维素层上添加二氧化硅纳米粒子是增加生物体结构颜色的一种新机制[42]（图 12.6）。

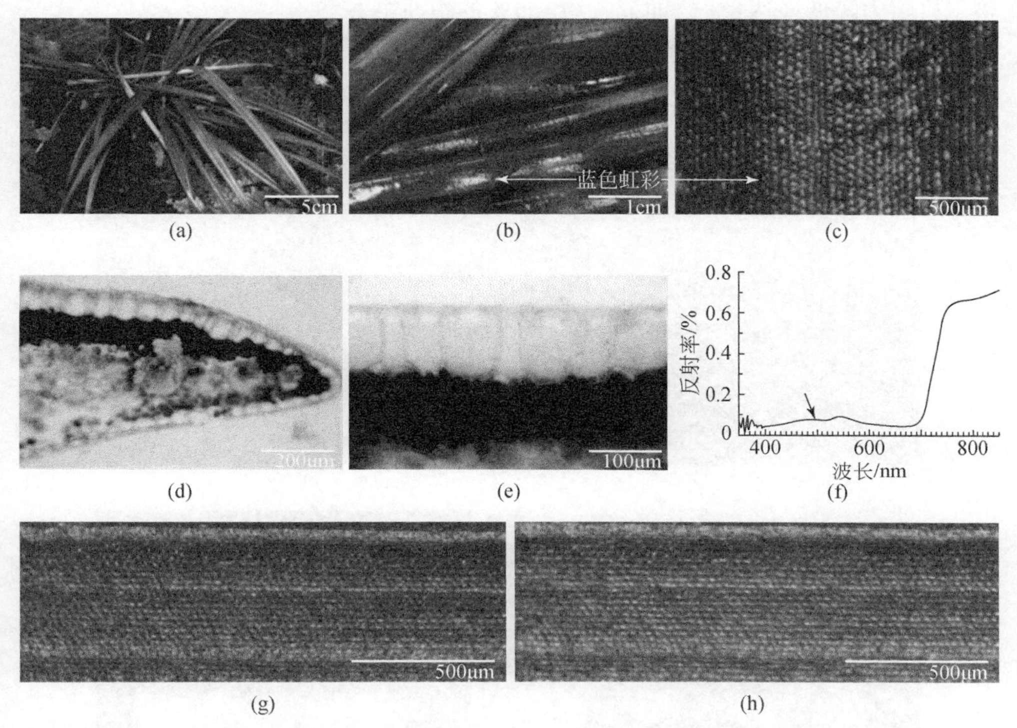


图 12.6　用光学显微镜观察热带植物 *Mapania caudata* 尾状茎叶的结构和光学性质[42]

(a) 在阴凉处生长的幼苗；(b) 从叶片边缘到中脉具有强烈的蓝绿色虹彩；(c) 叶片表面的反射光显示出单个表皮细胞的彩虹色；(d) 新鲜的叶片横切面显示栅栏状叶肉和菱形表皮细胞中有密集的叶绿体；(e) 表皮细胞横切面显示增厚的细胞壁；(f) 蓝色虹彩叶片的漫反射光谱反射率，箭头表示蓝色峰；(g) 用右圆偏振（RCP）滤波器观察叶片表面反射率；(h) 对应左圆偏振（LCP）滤波器观察叶片表面反射率

### 12.1.3　仿生学

仿生学是指把自然界好的设计转化为工程应用。“仿生学”一词最早由 Otto Schmitt 在 1957 年[46]创造，“biomimicry”、“bioinspired”、“bioinspired”等词汇来源于“biomi”。自然界经数百万年的进化与调整已经形成了一个庞大的数据库，提供了众多生命体生存技术问题的优化解决方案。天然设计与人工材料的结合，如鲨鱼皮、壁虎脚掌、莲花效应、飞蛾眼等仿生范式，为人类社会的生产生活提供了众多灵感。光学仿生在对自然界中光子晶体有了深刻认识后，引起了学界广泛的研究兴趣。

在扫描电子显微镜下观察鲨鱼鳞片，可以发现其表面具有的规则的肋状纹理［图 12.7（a）］。这一纹理可以影响水的边界层，减小了鲨鱼的运动阻力。将具有类似微观结构的透明塑料薄膜用于飞机表面，其肋条平行于飞行方向，有助于将飞机阻力降低多达8%，即节省约1.5%的燃油[44]。

图 12.7 典型的仿生材料[43]

(a) 在鲨鱼皮肤上的肋骨启发了在减阻涂层在飞机上的试验，飞机上覆盖了一层具有相同微观结构的塑料薄膜 (b)。[44]壁虎 (c) 使用脚上的纳米结构（背景）进行附着，并启发了微加工的模拟材料（插图）[45]。经“莲花喷雾”处理的木材表面上的水滴，类似于从荷叶表面滚下的水滴（插图），表现出表面的超疏水性 (d)。*Calliphora* 的复眼 (e) 中，通过亚波长结构在 (f) 表面表现出减反射效应。通过溶胶-凝胶法将蛾眼的表面几何图案应用于玻璃，导致 (g) 中的手持玻璃窗格在其下部有多孔溶胶-凝胶抗反射涂层，而在靠近上边缘的部分没有这样的涂层

几个世纪以来，壁虎惊人的攀爬能力广泛引起了科学家的兴趣。然而，在过去的几年中，人们才逐渐理解这种能力背后的机制，这种机制依赖于亚微米级的角蛋白毛覆盖在壁虎的脚底。每根头发产生的微小力约为$10^{-7}$N（由于范德瓦耳斯力和/或毛细血管相互作用），但数百万根头发共同作用会产生约10N/$cm^2$的强大附着力：足以使壁虎牢牢固定，即便倒置在玻璃天花板上也是如此。通过模仿壁虎足部的黏附机制来创建新型黏合剂非常诱人。Geim 等报告了这种“壁虎胶

带”的原型，该原型是通过将柔性塑料柱的密集阵列进行微加工而制成的，其几何形状经过优化以确保它们的整体附着力。这一方法显示了一种制造自清洁、可重新连接的干胶的方法，但是与它们的耐久性和批量生产有关的问题尚未解决[45]。

仿生学的本质是将自然界的优良设计转化为技术应用。仿生光子晶体材料的制备与结构设计的结合始于光学微结构的结构表征。然后进行光学表征，以识别潜在的光学机制。最后一步，通过精心开发的制造路线，将大自然的设计应用到人工材料上[43]。

### 12.1.4　仿生光子晶体

自然界中大多数的颜色是由色素色和结构色构成的。颜料的颜色主要依靠化学色团对光线的选择性吸收来实现着色。而结构颜色通常是由几何微纳结构产生，它依赖于生物皮肤或其表层的周期性的光子纳米结构单元来控制光的传输。与颜料颜色相比，结构颜色在能源消耗和光能利用方面更有效。它是自然界中最生动、最明亮的色彩来源[47]。

与自然相比，人类有许多具有不同性能的材料可供选择。自然界通过限制于有限种类的生物高分子材料，主要包括几丁质、角蛋白、弹性蛋白和胶原蛋白等具有较低折射率的微结构，实现了多种光学效应。折射率为1.83的鸟嘌呤是无脊椎动物反射器中的常见组分，是少数几种具有高折射率的生物材料之一。几丁质是节肢动物（包括昆虫、甲壳类动物和蜘蛛）中大多数生物微观结构的基础，其折射率约为1.56，与空气的折射率较低，这是实现光子带隙的关键[43]。在此，作者依据仿生光子晶体模仿对象的不同对当前研究进行了简要分类，并根据其不同领域的开发应用进行了简要综述。

## 12.2　蝴　　蝶

### 12.2.1　概述

蝴蝶属于鳞翅目的日间飞行昆虫，在世界各地分布广泛，约有2万个不同种类，因此，蝴蝶翅膀上颜色和图案的丰富性和多样性是自然界中绝大部分其他生物难以比拟的。蝴蝶是大自然中色彩最丰富的动物之一，并生动地展示了复杂的光学机制如何能够产生极其明亮、彩色和虹彩的色彩。相关研究结果表明，蝴蝶翅膀的结构色在其生存、繁衍和日常行为活动中具有多种不同的作用：①警戒作用，许多蝴蝶的翅膀表面分布着诡异的眼睛状的图案，其主要作用在于恐吓对其具有威胁性的天敌和捕食者；②拟态隐身作用，枯叶蝶等的翅膀颜色或翅面的图案与周围的环境如枯萎腐败的落叶等极其类似，从而达到隐身的效果；③体温调节作用，蝴蝶属于典型的变温动物，其体温可以随着周围环境的变化而发生改变，蝴蝶可以通过翅鳞中的微纳结构快速吸收外界环境中的热量，以维持其所必需的代谢活动；④求偶作用，在繁殖期，蝴蝶尤其是雄性蝴蝶翅膀的颜色会变得格外鲜艳亮丽，颜色图案的特征通常被认为对物种、性别的识别具有重要作用，也是蝴蝶夸张的虹彩和图案背后的驱动力[48]。

Berthier 等研究了 14 种 *Morphidae*（闪蝶）科蝴蝶（*M. Adonis*、*M. Aega*、*M. Portis*、*M. Sulkowskyi*、*M. Aurora*、*M. Cisseis*、*M. Cypris*、*M. Rhetenor*、*M. Helenor*、*M. Godarti asarpaï*、*M. Menelaus*、*M. Didius*、*M. Amathonte*、*M. Zephiritis*）翅膀的形态结构和光学性质。*Morphidae* 科蝴蝶翅膀鳞片具有特殊的微纳结构。微观下，鳞片覆盖着由多层薄片叠加组成的纵向纳米脊，薄片与纳米脊都呈现出高度周期有序排布，这一特殊形态会导致光的干涉和衍射。干涉效应为雄性蝴蝶提供了美丽的亮蓝色，衍射效应负责将这种彩色光以很大的角度衍射。这两种效应的叠加为蝴蝶提供了高效的远程通信能力[49]。

Kertesz 等研究了蝴蝶 *Cyanophrys remus* 鳞片内的光子晶体型纳米结构。发现背部的金属蓝色背色来源于 $50\mu m\times120\mu m$ 的光子晶体鳞片，而腹侧的绿色则是由随机排列的、明亮的光子晶体（蓝色、绿色和黄色）的累积效应引起的[50]。Biro 等对比了 *Cyanophrys remus* 和 *Albulina metallica* 两种蝴蝶雄性个体中的光子晶体纳米结构。两种蝴蝶的纳米结构均基于几丁质（$n=1.58$）和空气之间的中等折射率差异。*Cyanophrys remus* 的颜色来自具有严格长程有序（背部）或短程有序（腹部）的纳米结构，与之形成对比的是 *Albulinec metallica* 的颜色是由准有序的层状结构产生的。出乎意料的是，准有序结构形成了最有效的光子带隙，使 *Albulinec metallica* 的腹后翅呈现明亮的淡黄绿色[51]。

Han 等研究了热带蝴蝶 *Trogonoptera brookiana* 鳞翅的精细光学结构。发现蝴蝶翅膀的前后两侧具有不同的捕光结构，但两者都能显著增加光吸收，从而导致几乎全部吸收所有入射光[52]。*Troides magellanus* 是一种生活在菲律宾禁区的鸟翅蝴蝶，其后翅至少集中了两个不同的光学过程来形成其独特的视觉效果。一方面是由颜料引起的非常明亮的均匀黄色着色，该颜料产生黄绿色荧光，另一方面是蓝绿色虹彩，这是由在特定照明下掠射出时的光衍射而产生的[53]。

凤蝶（*Papilio peranthus*）呈出绿色虹彩。这一效果实际上是绿色和蓝色的混合，其源于翅膀内鳞片的内部多层“凹坑”结构。绿色和蓝色之间的色差归因于蝴蝶翅膀中纳米结构对光的调制。类似“凹坑”的纳米结构的形态和尺度上接近“理想”的多层结构，引起的更宽的角度扩展反射可能有利于特定识别[54]。Diao 等对比了两种凤蝶蝴蝶（*Papilio ulysses* 和 *Papilio blumei*）着色机理的结构起源和光学特性（图 12.8、图 12.9）。结果表明，这两类蝴蝶都利用了颜色混合策略：*Papilio ulysses* 的蓝色被凹面和山脊反射的颜色所混合；*Papilio blumei* 的绿色是由凹面的生物色反射产生的。其着色混合机理和光学性能的差异源自纳米结构的变化。对这些生物光子纳米结构的颜色混合机制的研究将会为制造仿生光学器件提供新思路[55]。

图 12.8　*Papilio ulysses*（a）和 *Papilio blumei*（b）的照片，显示它们的蓝色和绿色[55]

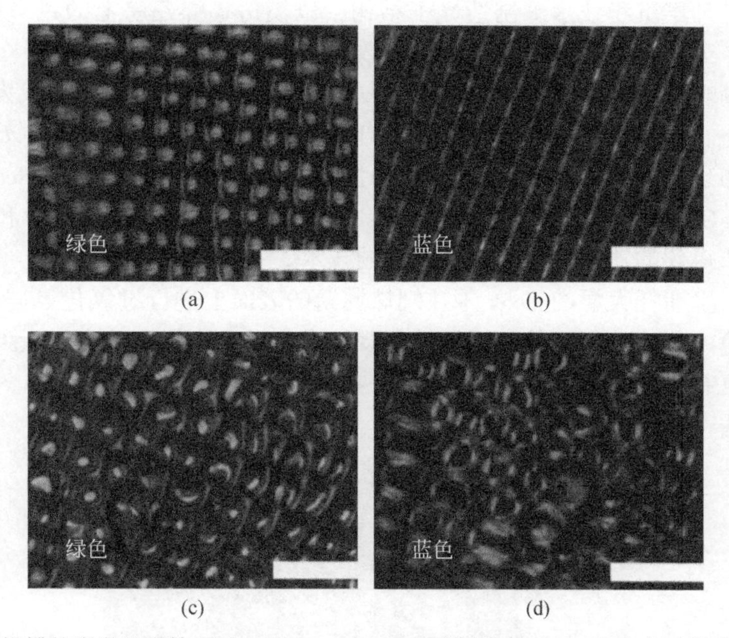


图 12.9　蝴蝶的光学显微镜照片：*Papilio ulysses* 的亮场照片（a）和在交叉偏振镜下拍摄的照片（b）；*Papilio blumei* 的亮场照片（c）和在交叉偏振光下拍摄的照片（d）[55]
比例尺为 20μm

绚丽的结构色除了对蝴蝶的物种识别与求偶繁殖有着重要意义，某些蝴蝶的翼鳞上的光子晶体结构对于维持体温、保证蝴蝶生存有着重大影响。Biro 等对两种起源于不同高度的雄性蝴蝶的研究表明，在相同的光照条件下，高空蝴蝶达到的温度是低空蝴蝶达到的温度的 1.3 ~ 1.5 倍。这是由于其翼鳞上类似“胡椒瓶”结构的光子晶体结构大大减少了紫外和蓝色波段内光的透射，有利于蝴蝶维持体温。这种适应性有效提高了蝴蝶在充满蓝色和紫外线辐射的寒冷环境中的生存机会[56]。

### 12.2.2　复制

自然界中最明亮、最鲜艳的色彩是光与在微米级和纳米级呈周期性结构的表面相互作用产生的。在蝴蝶的翅膀中，多层干涉、光栅、光子晶体和其他光学结构的结合会导致复杂的色彩混合。尽管结构色的物理原理已广为人知，但创建天然光子结构的人工复制品仍然是一个挑战。随着光子学和光学工业中技术的不断进步，对诸如光子晶体等越来越复杂的光学器件产生了巨大的需求。越来越多的研究人员转向天然光子结构以寻求灵感，并且已经尝试各种技术来复制或利用生物过程来制造人造光子结构。目前已有结合了包括胶体自组装、溅射和原子层沉积在内的各种层沉积技术来制造光子结构，以模仿蝴蝶翅膀上的色彩混合效果。研究表明，天然结构的介质变化往往导致增强的光学性能。

在对蝴蝶翅膀光子晶体结构的仿生复制过程中，生物模板法是最为常见的技术手段之一。生物模板法是以生物原型自身或者其部分器官组织为原始模板，再结合各种物理化学方法如湿化学法、高温烧结、化学气相沉积（chemical vapor deposition，CVD）、物理气相沉积（physical vapor deposition，PVD）和原子层沉积等，制造得到的功能性的人工类似物的技术。

英国布里斯托大学的 Cook 等在蝴蝶翼鳞的表面上进行过氧化氢硅烷的氧化，生成一层薄的 $SiO_2$ 涂层，使底层结构不受损害。通过煅烧可除去模板留下原始样品的精确复制品（图 12.10）。这一方法在未来可作为敏感考古标本的一种新颖的保存方法[57]。

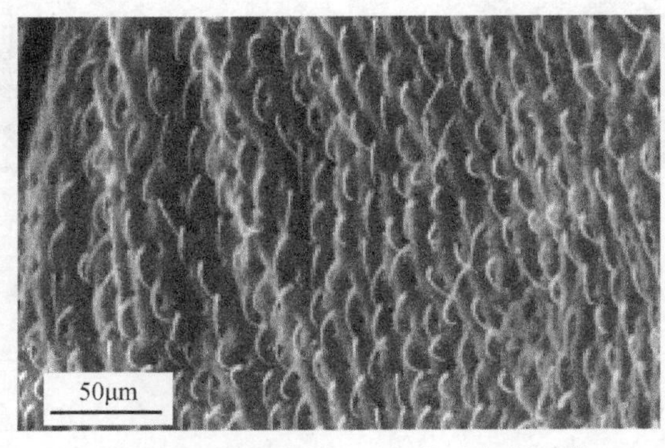


图 12.10　从蝴蝶翼鳞片获得的二氧化硅复制品的 SEM 照片

东南大学的Xu等采用气相传输法，以锌粉为原料制备了一种类似于蝴蝶翅膀三维结构的ZnO仿生网络纳米结构。这些仿生纳米结构具有类似于蝴蝶翅膀的光学效应。这一研究基于多孔径衍射的物理模型，解释了仿生纳米结构的光学效应[58]。Zhang等以巴黎翠凤蝶（*Papilio paris*）的暗黑（DB）色翼鳞为模板，成功制作了具有光子结构的ZnO复制品。复制的样品在可见光区域显示PBG，与ZnO的可见光发射范围重叠。DB鳞片中存在光子晶体产生的PBG，导致ZnO复制品显示出改善的光致发光（PL）光谱，可见光发射减少，紫外发射增强[59]。Zhang等用蝴蝶翼鳞片作为天然生物模板，制备了管壁上具有可调纳米孔的ZnO微管。在煅烧过程中，将用作模板的扁平蝴蝶翼鳞卷成管，鳞片上的所有孔洞都被保留在了ZnO的管壁中。此外还研究了ZnO微管的室温($T=300$K)阴极发光。光谱显示出陡峭的近带边缘发射和宽的深能级发射，类似于先前报道的ZnO复制品的发射光谱[60]。

研究表明，一片蝴蝶翅膀可以提供超过10万个鳞片，这为以蝴蝶的原始个体单翅鳞片（SWS）为模板大规模生产小型复杂的光子器件开辟了潜在的技术路线。Chen等使用这些SWS作为生物模板合成了他们的$ZrO_2$（标称反射指数2.12）SWS复制品，观察到了新的光学性质——红色结构色。这表明位于*M. didius's*翼上的鳞片是一种高度各向异性的光子晶体[61]，光入射角偏离20°可能会使反射强度大大降低十倍[62]。Chen等以天然蝴蝶翅膀作为模板合成了完整的大尺寸［约（3×4）$cm^2$］$ZrO_2$（折射率为2.12）复制品。复制品成功保持了原始蝴蝶翼鳞的微观结构特征，并且具有肉眼可见的虹彩。其色彩不仅取决于材料的折射率、观察角度以及纳米结构，还与鳞片的堆叠数量与结构有关。随着堆叠程度的改变，颜色发生红移或蓝移，这也证明了光子结构形成了其结构色[63]。

Zhu等通过选择合适的前体，在各种透明金属氧化物（如$TiO_2$、$SnO_2$和$SiO_2$）中实现了光子结构的精确复制。通过调整复制品的材质可以调节反射光的颜色。从$SnO_2$复制品制备了基于$SnO_2$的超灵敏化学传感器，实现了300℃下8～15s内对35.3～50ppm乙醇的检测。以该方法来生产光子结构陶瓷对于生产高性能光学组件和传感器具有潜在的意义[64]。

Huang等通过低温ALD工艺，用均匀的$Al_2O_3$涂层完整复制了*Morpho Peleides*蝴蝶翼鳞的结构。高温下去除鳞片模板，以获得具有PBG光学性能的厚度可调反模板$Al_2O_3$壳结构。由于周期性和折射率的变化，$Al_2O_3$复制品的反射峰移至更长的波长。与传统的光刻技术相比，ALD技术具有较低的成本以及高重复性的优势[65]。Liu等采用ALD技术将$Al_2O_3$涂层沉积在蝴蝶*Morpho*鳞片上。如图12.11所示，用不同厚度涂层包封的“Al-鳞片”杂化结构表现出不同的颜色变化。这一研究提供了一种替代途径，用生物模板生产特定纳米结构以实现其光学效应用于生产纳米线和人造光子设备[66]。蝴蝶*Papilio palinurus*翅膀上的绿色源自平铺在机翼上的单个翼鳞的分级微观结构。分层结构会产生可见光的两种彩色反射，即蓝色和黄色，当它们相加混合时，会在翼鳞上产生绿色。Crne 等将呼吸图模板组装与 ALD 技术相结合，完整地复制了 *Papilio palinurus* 蝴蝶翅膀结构上的结构和光学效果[67]。

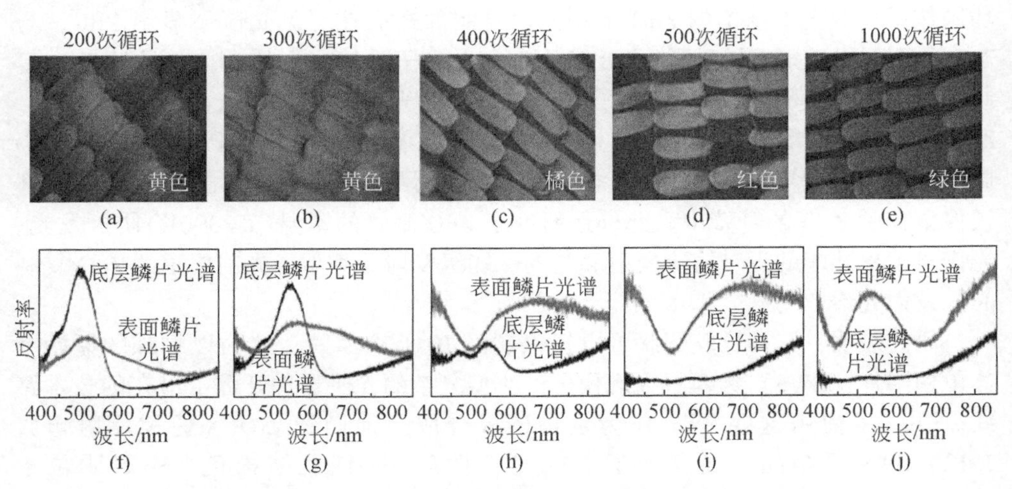


图 12.11 在不同 ALD 循环次数下的混合氧化皮的光学性质

(a)～(e) 分别为经 200 次、300 次、400 次、500 次和 1000 次循环的涂层的光学图像。在具有薄涂层的混合鳞片中观察到着色的连续红移，而在厚涂层的条件下表现出不同的颜色变化。混合刻度的法向入射镜面反射光谱显示在（f）～(j) 中，分别对应于（a）～(e)

Zhang 等通过使用纳米粒子渗透方法用 $TiO_2$ 纳米粒子复制 *Mopho* 蝴蝶的翅膀，得到具有独特结构的光子晶体[68]。Liu 等通过超声处理和煅烧的方法制备了蝴蝶翼鳞在 $TiO_2$ 中的复制，在 400～500nm 的可见光范围内具有出色的吸光度以及在 2.94 eV 处的最窄带隙。该方法有望实现蝴蝶翅膀上的 $TiO_2$ 复制品的批量生产，并应用于染料敏化太阳能电池[69]。Gaillot 等以凤蝶 *Papilio blumei* 翅膀上的天然结构作为模板，并用 $TiO_2$ 进行低温 ALD 复制该结构。发现 ALD 技术可以完整复制结构的内外表面以及更复杂的微纳结构，上述结构都引起了不同的多色光学行为[70]。

除了明亮的结构色，蝴蝶翅膀所具有的超疏水性同样吸引了学界的众多关注。Liu 等通过用低温 ALD 方法对翅膀中的鳞片进行模板化，成功地制造了人工纳米结构。通过结构表征和光学测量，发现杂化结构不仅继承了具有高保真度的鳞片形态，而且还继承了包括虹彩和衍射在内的同源光学特征。此外，在未涂覆和涂覆的机翼上的水接触角测量都显示出疏水性结果。生物模板和 ALD 方法的集成为制造具有多功能的纳米结构提供了一条潜在途径，这在创新功能光学设备的应用中可能尤其重要[71]。Saison 等提出了一种新颖且低成本的方法，用于制造从蝴蝶的翅膀和荷叶中汲取灵感的图案化表面。从弹性体模具热压印 $SiO_2$ 基溶胶-凝胶膜，以产生具有高达160°水接触角的超疏水性的稳定结构。已证明通过在200～500℃之间进行退火，仿生表面可从超疏水性转变为超亲水性[72]。

蝴蝶 *Albulina metallica* 的蓝色（背侧）-绿色（腹侧）源自翅膀表面鳞片具有不同的层状有序结构。Kertesz 等使用标准的薄膜沉积技术将生物结构复制为多层的准有序复合材料［SiO/(In&SiO)］。通过控制 In 掺杂物的大小来调整此人造结构的最大反射率的位置。生物起源的 PBG 材料将为人造结构提供宝贵的蓝图[73]。

光刻技术作为最早发展的微纳光子结构制备技术，学界对其的关注一直经久不衰。Kang 等采用软光刻技术制备了 *Morpho* 蝴蝶翅膀上表面多层鳞片的聚二甲基硅氧烷复制品。复制品的微观结构和光学特性与生物模板基本一致，生物模板和复制品的接触角分别为143°和120°。证明光刻技术是大规模生产用于商用人工光子晶体结构的可行方法，包括用于计算和通信的光学元件、光子集成电路以及防伪材料等[74]。Saito 等对紫外线可固化聚合物应用了纳米浇铸光刻（NCL），以复制阶梯状纳米结构并为随后的沉积工艺提高耐热性。在通过 NCL 制造阶梯状聚合物结构之后，使用真空电子束沉积来沉积 $TiO_2$ 和 $SiO_2$ 层实现对原始结构的完整复制。发现复制结构的反射特性几乎与天然 *Morpho* 蝴蝶的蓝色相同[75]。Siddique 等通过电子束光刻制造了模拟结构。所得样品复刻了原始 *Morpho* 蝴蝶鳞片的所有重要光学特征，并具有强烈的蓝色虹彩和宽反射角范围[76]。Siddique 等开发了一种利用双光束干涉光刻技术复制 *Morpho* 鳞片纳米结构的方法。最终的人造 *Morpho* 复制品显示出明亮的非虹彩蓝色，入射角高达40°。因为聚合物的折射率接近甲壳质，所以其光学性能接近原始 *Morpho* 结构。此外，仿生表面是疏水的，具有110°的接触角[77]。Aryal 等使用化学气相沉积、UV 光刻和化学蚀刻在大面积上创建超微结构，从而开发出一种人工制造蝴蝶翼鳞片的复杂3D 超微结构的简单方法。此外，还可以使用纳米压印方法将制造的3D 超结构复制到软聚合物材料中。经过测量表明，聚合物复制品和生物模板的选择性 UV 反射相一致[78]。

溶胶-凝胶过程是将含高化学活性组分的化合物经过溶液、溶胶、凝胶而固化，再经热处理而成氧化物或其他化合物固体的方法。由于其初始的溶胶状态可以完美填充蝴蝶鳞片的纳米孔洞，有利于结构复制，所以近年来得到长足发展。Peng 等提出了一种将溶胶-凝胶路线与还原步骤相结合的简单合成方法，用于由 *Morpho* 蝶翼制备磁光晶体（MPC）材料。采用溶胶-凝胶路线从生物模板中复制具有光子晶体结构（PC-$\alpha$-$Fe_2O_3$）的赤铁矿，随后在 $H_2$/Ar 气氛下还原得到所需的磁光子晶体 MPC-$Fe_3O_4$（图12.12）。随着外磁场强度的增加，MPC-$Fe_3O_4$ 的光子带隙可以红移。这一仿生技术为磁敏光子晶体器件的制造和理论研究打开了新思路[79]。Weatherspoon 等使用自动表面溶胶-凝胶工艺，通过烷氧基锡掺杂的烷氧基钛前体溶液，在 450℃形成基于金红石的 $TiO_2$ 结构，保留了 *Morpho* 蝴蝶的翼鳞形态（图 12.13）。该方法可用于在其他有机模板上施加金红石涂层[80]。Lu 等将各种蝴蝶翅膀作为生物模板开发压印溶胶-凝胶工艺构筑了微纳周期有序的锆钛酸铅钛酸盐（PLZT）结构。实现了简单、廉价且无需光刻的二维有序结构制造，可用于研究功能陶瓷的周期性亚微米尺寸效应和光子带隙性能[81]。

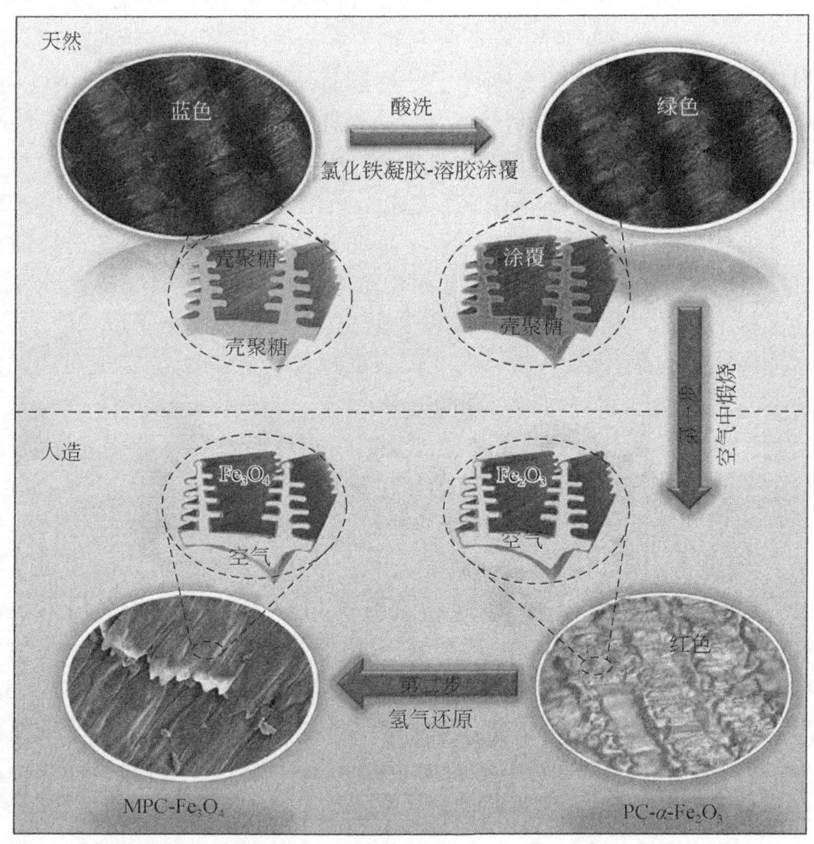


图 12.12　利用 *Morpho* 翅膀复制三维网络磁光子晶体的过程示意图[79]

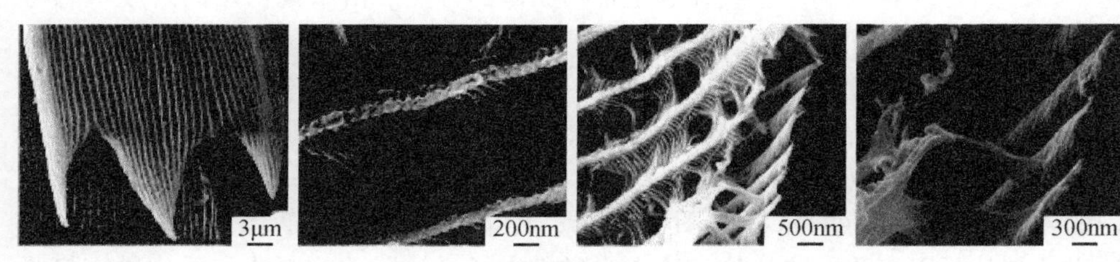


图 12.13　*Morpho* 蝴蝶翼鳞的金红石复制品[80]

保形旋转蒸发膜（CEFR）技术是热蒸发过程与基板即时倾斜旋转过程的结合，其特征在于分布在平面和曲面上的微尺度和纳米尺度上，在生物模板的高精度复制中表现出了很大潜力。Martin-Palma 等通过 CEFR 技术，使用硫族化物玻璃在微米和纳米尺度上复制了蝴蝶的翅膀。形态学表征和光学测量表明复制品对生物模板具有高保真度[82]。Lakhtakia 等通过 CEFR 技术，以蝴蝶翅膀作为生物模板获得了完整的 GeSeSb 硫属化合物玻璃复制品，证明了这种新颖的方法对于仿生光子结构的复制有着潜在的重要意义[83]。

超声化学由于其独特的反应特性，目前受到广泛关注，已应用于纳米材料制备、生物化学、高分子材料、表面加工等方面。Zhu 等使用天然生物标本（如蝴蝶翅膀、棉花和木头）作为模板，发展出用氧化锰复制生物模板中纳米级层次结构的方法。生物模板预处理后与 $KMnO_4$ 水溶液混合，然后对生物材料进行超声辐照，最后煅烧去除生物模板得到复制的纳米结构。表征后发现其完整地复制了生物模板纳米级的精细层次结构，保留了原始光学等性能。这一声化学方法可以扩展为在大范围的金属氧化物中复制其他生物形式的复杂层次结构[84]。

### 12.2.3　基于复制开发的应用

Qing 等通过将含偶氮苯的线性液晶聚合物（LLCP）沉积到 *Morpho* 蝴蝶翅膀（MBW）模板上，制备 LLCP 涂层的 *Morpho* 蝴蝶翅膀（图 12.14）。由于 LLCP 优异的力学性能和变形能力，生成的三维双层微结构在紫外光照射下呈现出分层变形，导致反射峰（70nm）发生蓝移，反射率变化显著（40%）。这种可光调谐 PC 可能在色素、化妆品和传感器方面有潜在的应用[85]。

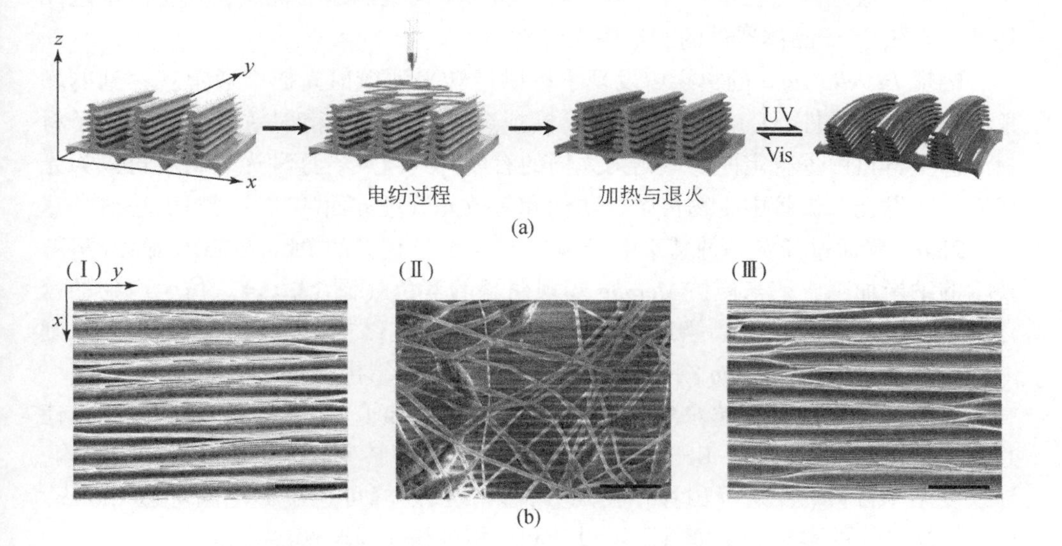

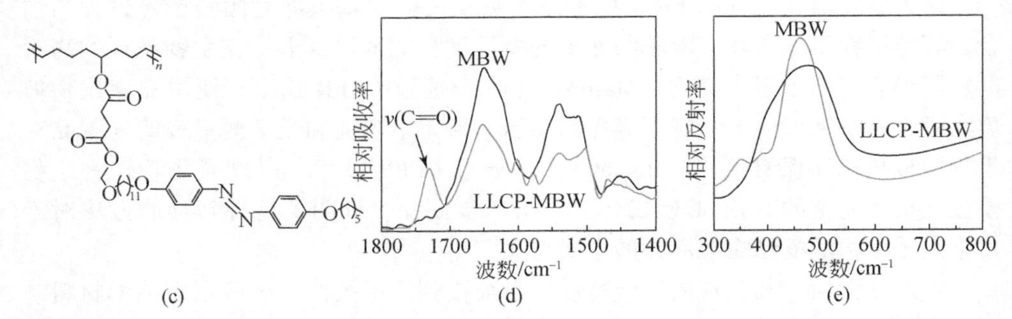


图 12.14 (a) 制备 LLCP 涂层的 *Morpho* 蝴蝶翅膀（LLCP-MBW）和可逆光致变形的示意图，为了更好地理解图中 MBW 的位置，在图中设置了一个坐标系，$y$ 轴平行于脊线，$x$ 轴垂直于脊线，$z$ 轴垂直于面；(b) 电纺丝前 MBW 微观结构俯视图（Ⅰ）、电纺丝后微观结构俯视图（Ⅱ）、加热退火后微观结构俯视图（Ⅲ）的 SEM 照片，比例尺为 5μm；(c) 含偶氮苯中间体的光响应性 LLCP 的化学结构；(d) 位于 1800～1400cm$^{-1}$ 区域的 MBW 和 LLCP-MBW 的 ATR-FTIR 光谱；(e) MBW 和 LLCP-MBW 的反射光谱[85]

Zhao 等利用真空烧结工艺从 *Ornithoptera goliath* 的黑翅中借用了逆 V 型抗反射纳米结构，从而制得了超薄超黑非晶碳（a-C）薄膜。仿生 a-C 薄膜在可见光（380～795nm）的低反射率（<1%）下显示出良好的光吸收（99%），与先前制造的最暗材料相当，而厚度（5 pm）仅为这些材料的 15%[86]。

Burgess 等结合自上而下和自下而上制造的优点，将 2D 光刻图案的平面层沉积在反蛋白 3D 光子晶体的顶部，创造出类似 *Parides Sesostris* 蝴蝶亮绿色翼鳞的层次结构。这一制造程序结合了自上而下和自下而上制造的优点，在全向着色元件和 3D-2D 光子晶体器件的制造中大有潜力[87]。

蝴蝶 *Pierella luna* 的翼鳞中发现了可以逆转平面衍射光栅中通常观察到的颜色序列的衍射元件。England 等制备了模拟这种反向色阶衍射效应的人工光子材料。仿生材料由垂直定向的微衍射光栅的有序阵列组成。这种光子材料可以为光伏系统和发光二极管中生物传感、防伪和有效光管理方面的新发展提供基础[88]。

Zhang 等通过开发一种基于电子束光刻技术与交替的 PMMA/LOR 显影/溶解技术的纳米加工工艺来模仿 *Morpho* 蝴蝶翅膀的蓝色（图 12.15）。仿生产物的蓝色结构色由制造的蝴蝶翼鳞反射，进一步调整工艺结构色可转变为绿色。原则上，此方法为模仿 *Morpho* 蝴蝶翅膀中的蓝色以外的结构颜色建立了起点[89]。

Zang 等使用电场敏感水凝胶（EFSH）来嵌入和填充日落蛾的翅膀鳞片，使其具有丰富的结构色彩。EFSH 膨胀和反膨胀的体积转变改变了翅膀鳞片的结构，导致可见光材料的反射峰位移。在几分钟内，反射峰可逆位移范围可达 150nm。这为根据具体的实际需求提供了可设计和可控的仿生材料解决方案[90]。

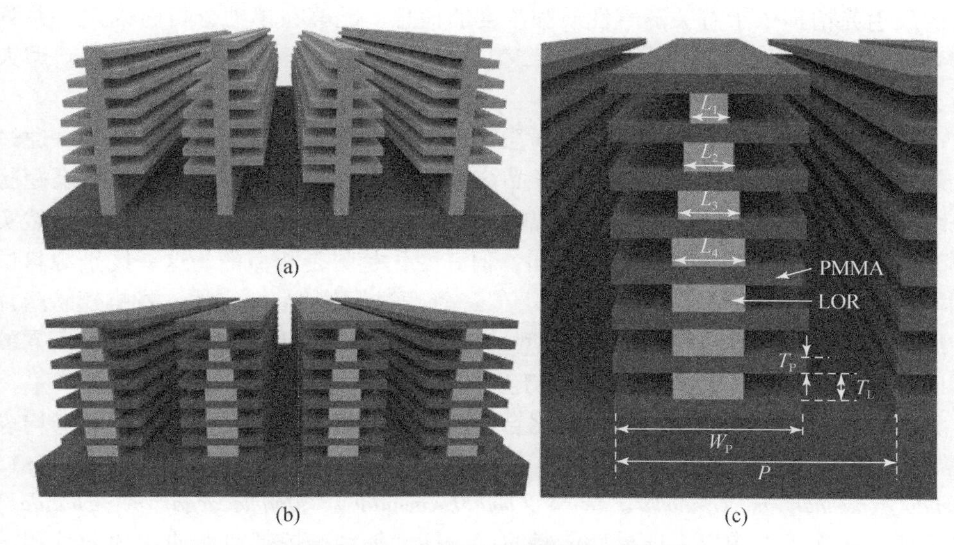


图 12.15　*Morpho* 蝴蝶翼鳞的示意图[89]

(a) 具有类圣诞树形状和不同宽度薄片层的真实蝴蝶翼鳞；(b) 使用 PMMA / LOR 交替层的对齐薄片结构制造的设计翼鳞；(c) 文中使用的尺寸及符号的定义

### 12.2.4　超浸润性

在自然界中天然光子晶体时常可以应激地调整其结构颜色，例如，在雀鲷表面可以看到的颜色变化。为了模仿这种颜色变化，Sato 等使用光响应性偶氮苯衍生物成功制备了光可调光子晶体，开发了结构色可调的光子晶体膜。除结构色外，*Morpho* 蝴蝶的翅膀还具有超疏水特性。根据 Wenzel 方程，当疏水性和亲水性表面的粗糙度分别增加时，疏水性和亲水性会增强。基于这种机理，Sato 等进一步赋予了结构色膜超疏水性和超亲水性。开发了一种利用润湿性将薄膜结构色图案化的技术，未来有望用于自清洁颜料和可调谐光子晶体[91]。

### 12.2.5　传感

蝴蝶鳞片中出现的光子纳米结构是其具有翅膀结构色的原因。这些纳米结构是准顺序的纳米复合材料，由具有嵌入气孔的几丁质基质构成。因此，由于它们在周围大气中混合通过毛细管而冷凝成纳米结构的挥发性蒸气时会发生颜色变化，因此它们可以用作化学选择性传感器。例如，当大气成分改变时，大闪蝶的颜色就会改变。基于这种效应，依据结构色的改变就可以识别出密切相关的气体/蒸气。Potyrailo 等的研究表明，*Morpho sulkowskyi* 蝴蝶的虹彩鳞片对不同的蒸气具有不同的光学响应，并且这种光学响应显著优于现有的光子晶体传感器。鳞片的反射光谱提供了有关蒸气性质和浓度的信息，能够在单独分析时确定一系列密切相关的蒸气-水、甲醇、乙醇和二氯乙烯的异构体。这一性能可指导新型人造光学气体传感器的设计[92]。

*Papilio Ulysses* 蝴蝶的翅膀由角质层和空隙组成近似一维光子晶体结构。通过蝴蝶翅膀的反射光谱可以表征几种样品液体的折射率。Isnaeni 等模拟了蝴蝶翅膀一维光子晶体结构的反射光谱，发现峰值随着样品折射率的变化而变化。虽然实测光谱和模拟光谱的反射峰略有不同，但其变化趋势是相似的。这一区别源自试剂样品的空隙由于液体压力而膨胀[93]。Gao 等通过模仿 *Morph didius* 蝴蝶翅膀鳞片的纳米结构，构建了一个仿生光栅模型。通过调整光栅的形状参数可以获得所需的反射光谱和灵敏度，可将其应用于基于生物启发折射率的气体传感器的设计[94]。

Biro 等发现将各种挥发性有机化合物作为外界刺激，选择的 20 种蝴蝶均表现出选择性响应。从中选择了四种蝴蝶：*Chrysiridia ripheus*（*Geometridae*）、*Pseudolycena marsyas*、*Cyanophrys remus*（*both Lycaenidae*）、*Morpho aega*（*Nymphalidae*）以论证天然光子结构提供选择性传感的可能性。每种蝴蝶都对所使用的七种测试蒸气给出特征响应，证明将蝴蝶鳞片作为传感器所具备的迅捷性、复现性和浓度线性[95]。基于这一特性开发的仿生智能变色材料有望用于湿度控制、吹气式乙醇浓度检测仪、食品安全以及呼吸分析等领域[96]。

Piszter 等建立了一个模型，可以有效表征不同气体氛围中的蝴蝶翅膀的光谱变化。光谱偏移不仅与蒸气种类相关，而且与蒸气浓度成比例。通过沉积5nm 的 $Al_2O_3$来改变鳞片表面的化学性质，会显著改变光学响应的特性[97]。随后通过原子层沉积和乙醇预处理对鳞片表面进行共形修饰，可以显著改变光学响应和化学选择性。这证明此类传感器的选择性有可能调整，并生产高选择性传感器阵列[98]。Poncelet 等通过开发 ALD 的干湿蚀刻配方，制备了两种结构：一种是 $Al_2O_3$和 $TiO_2$ 的结合，另一种是 $Al_2O_3$和 $HfO_2$的结合（图 12.16）。首次报道了这种结构在控制乙醇或异丙醇（IPA）蒸气流动下的光学响应。尽管影响的幅度很小，但是结果表明了其对蒸气的选择性[99]。

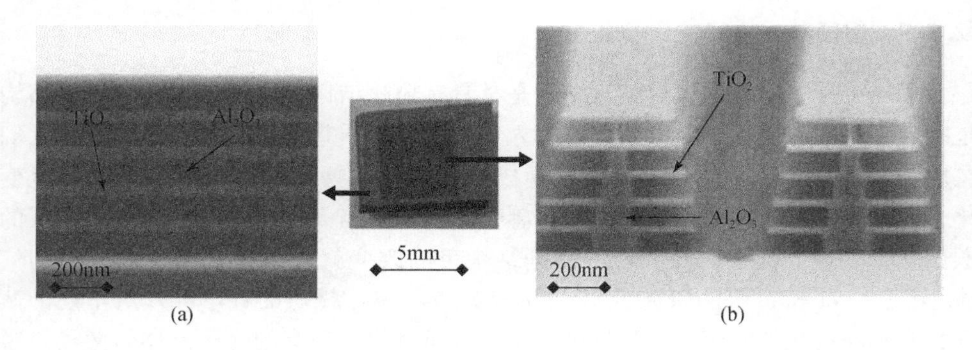

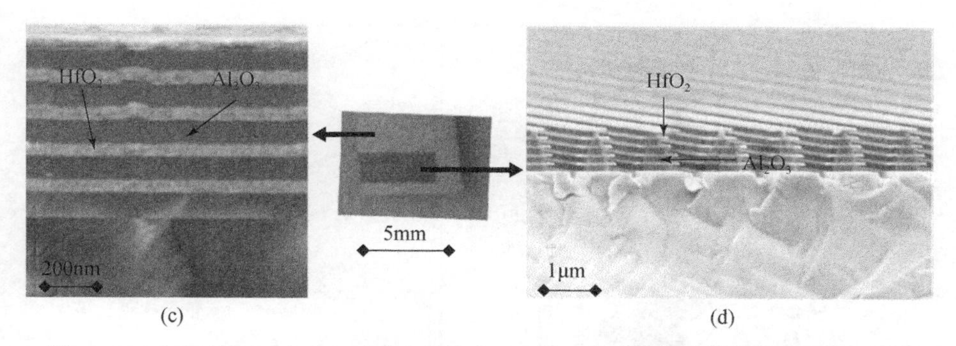


图12.16　加工前（a）、（c）和加工后（b）、（d）的两种布拉格镜的SEM照片[97]
样品照片插图显示了选择性蚀刻后布拉格镜的颜色和结构

Song等使用超疏水蝴蝶翅膀作为模板，开发了一种水溶胶–凝胶策略，从蝴蝶翅膀的轻质骨架中复制出了完整的$SnO_2$分层结构体系。得益于较小的粒度和独特的层次结构，即使在相对较低的温度下工作（170℃），作为乙醇传感器的生物形态$SnO_2$表现出高灵敏度（49.8～50ppm乙醇），并且响应/恢复时间短（11/31s）[100]。Rasson等报道了模拟蝴蝶*Papilio blumei*纳米结构的凹面多层周期性阵列的制备及其作为光学蒸气传感器的应用。比较发现，仿生凹形多孔硅多层结构中由乙醇蒸气吸附和冷凝而引起的反射率谱的变化比标准的平板多孔硅大很多。这表明仿生凹面结构的响应速率得到了显著提高[101]。

Jiang等建立了一个反射光学系统以检测特定气体环境中*Morph didius*蝴蝶鳞片的反射光谱。根据投影点的分布，采用主成分分析法对氮气、甲醇和乙醇蒸气进行鉴别和鉴定。同时使用Rsoft软件构建了蝴蝶鳞片的二维光学模型，将结构暴露于蒸气中被建模为蒸气吸附，进而在表面形成了纳米级的液膜，其中膜的厚度随蒸气浓度的增加而增加。实验和仿真结果吻合得很好，证实了蝴蝶鳞片对蒸气感测具有灵敏度和选择性[102]。

Potyrailo等发现蝶翼鳞片中纳米脊结构的表面极性从其极性顶部延伸到其极性较小的底部（图12.17）。这一发现揭示了*Morpho*蝴蝶翼鳞对蒸气的选择性是在单个化学梯度的纳米结构传感单元内实现的，而非通过一系列独立的传感器。这将启发从光子安全标签到自清洁表面、气体分离器、防护服、传感器等的许多技术应用[103]。

Zhu等通过使用溶胶–凝胶模板化和煅烧方法相结合，制备了来自*Morpho*蝴蝶翅膀的Cu掺杂PC $WO_3$复制品。测试了Cu掺杂的PC $WO_3$和常规PC $WO_3$制成的化学传感器对三甲胺（TMA）、$NH_3$、$C_2H_5OH$、HCHO、$CH_3OH$、丙酮、$H_2$、CO和$NO_2$的检测。结果表明其对TMA具有很高的选择性。在290℃下，对于低至0.5ppm的TMA浓度，Cu掺杂的PC $WO_3$复制传感器的灵敏度可以达到2.0，

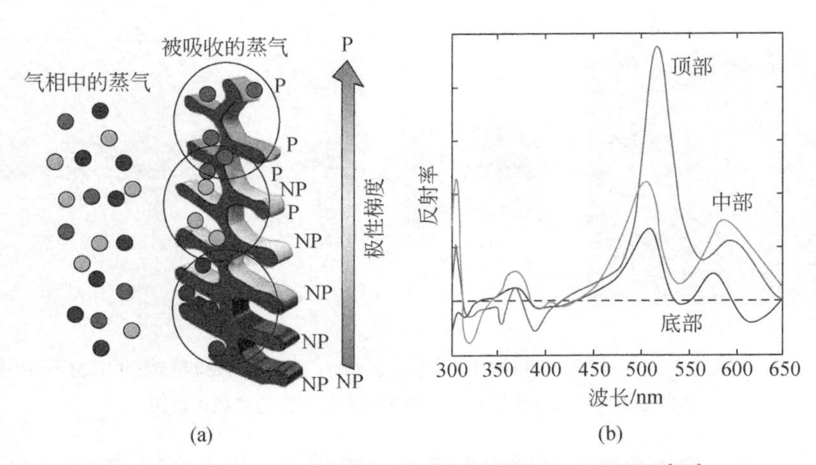


图 12.17 *Morpho* 鳞片对不同气体的选择性反应机制[103]

(a) 脊线的表面极性梯度从最极性脊线顶部向下延伸至较极性脊线底部，有利于不同极性的蒸气优先吸附到纳米结构脊线的各个区域，P 为极性的；NP 为非极性的；(b) 蒸气的吸附在脊的某些位置对应的光谱

这一高灵敏度归因于 Cu 在测试气体和氧化物表面之间的反应[104]。

将蒸气传感器组合成阵列是解决常规传感器选择性较差这一缺陷的公认折中方案。Potyrailo 等受到 *Morpho* 蝴蝶的纳米结构和梯度表面化学的启发，通过一定的物理设计和化学设计制备了可用于选择性检测蒸气的独立光子晶体传感器。物理设计利用周期性纳米结构上的光学干涉和衍射来提高反射率的光谱多样性。化学设计使得纳米结构功能化。最终使用单个多变量传感器实现了在可变背景下定量检测分析物。这些比色传感器可以针对密闭区域中的多种蒸气感测场景进行调整，也可以针对分布式监控的单个节点进行调整[105]。

如图 12.18 所示，Potyrailo 等报道了一个用于检测典型的不凝性气体（如 $H_2$、CO 和 CO）的多变量光子传感器，其灵感来自于一种已知的 *Morpho* 蝴蝶鳞片。利用传统的光刻技术和化学蚀刻技术制备了仿生纳米结构，并检测了天然纳米结构难以检测的气体。这种仿生气体传感器是开发新型传感器的关键步骤，可以提高各种操作场景的准确性[106]。

响应性胶体光子晶体（CPC）的快速、简便、经济的图形化技术对其实际应用具有重要意义。Bai 等受蝴蝶 *Tmesisternus isabellae* 的启发，提出了一种新型的 CPC 模式。在刚性和柔软的基材上喷墨打印介孔胶体纳米颗粒油墨，通过调整纳米颗粒的尺寸和介孔的比例，可以精确地控制 CPC 的颜色和气敏变色程度。CPC 图形复杂且可逆的多色变化有利于肉眼即时识别，但难以复制。该方法实现了 CPC 与其光学性能可控集成。因此，对于开发响应式 CPC 器件，如多功能微芯片、传感器阵列或防伪材料等有广阔的应用前景[107]。

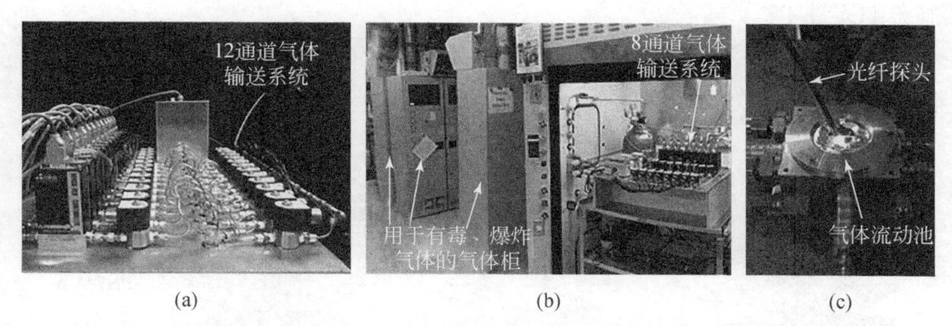


图 12.18　室内检测装置，用于气体的稀释和混合以及气体传感器的光谱测量

（a）用于非危险气体混合物的系统；（b）用于放置在几个气体柜旁边的可移动罩中的爆炸性和剧毒气体的系统；（c）基于光纤的反射度测量装置，用于测量制备的光子结构的气体响应

通过将 *Morpho* 蝶形翼模板与 PNIPAm 结合构筑具有分层结构的热响应光子材料。戊二醛在生物模板（壳聚糖）和 PNIPAm 之间充当桥梁建立化学键（图 12.19）。温度升高时 PNIPAm 的体积发生变化引起折射率变化，最终导致反射峰发生红移。这项工作建立了用于制造仿生刺激响应光子材料的一种有效策略[108]。

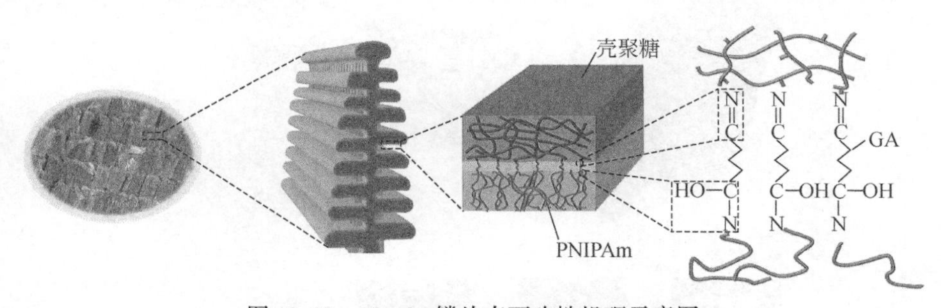


图 12.19　*Morpho* 鳞片表面改性机理示意图

如图 12.20 所示，Fei 等首次报道了通过在原位形成纳米 Ag-PNIPAm 包覆蝶翼鳞片来制备光学诱导的温敏 PC。作为光-热变换器，Ag 纳米粒子由于其表面等离子体共振特性，可以将光转化为热能。温度的升高导致 PNIPAm 涂层在机翼尺度上的相变，导致 PC 结构的变化，进而引起反射波长的蓝移[109]。

Fei 等通过将丙烯酸和丙烯酰胺（AAm）通过原位共聚反应涂覆到层状结构的 *Papilio paris* 翅膀上，开发了新的 PC（图 12.21）。通过反射光谱和肉眼观察，PC 表现出对环境 pH 的高灵敏性。将 AAm 引入系统可产生共价键，该键将聚合物牢固地连接在机翼上，从而导致反射波长的准确而宽泛的变化，从而可测量环境 pH。值得注意的是，共价键为基于 PC 的 pH 传感器提供了高循环性能，这意味着在实际应用中具有巨大潜力。这一简单的制造过程适用于利用其他聚合物开发刺激响应性 PC[110]。

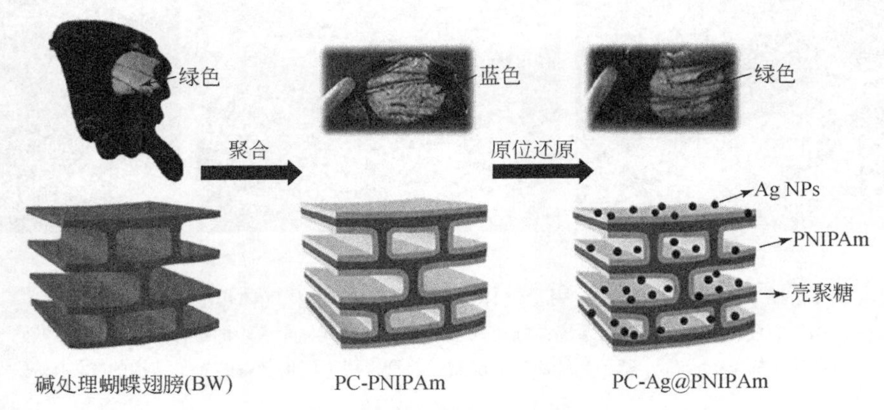


图 12.20　合成路线示意图[109]

*Papilio paris* 翅膀经碱化处理，浸在前驱体溶液中 10h，然后聚合。复合材料在 $AgNO_3$ 溶液中浸泡 12h，原位还原得到最终样品 PC-Ag@ PNIPAm

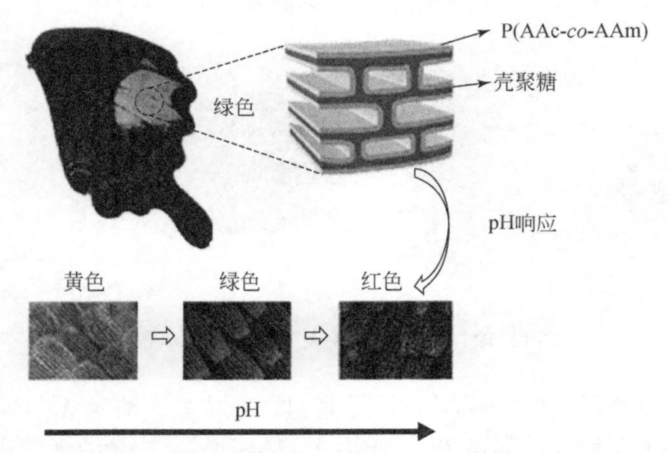


图 12.21　*Papilio paris* 蝴蝶翼鳞的表面改性以及其对 pH 的响应[110]

Yang 等通过表面聚合的方法将 PMAA 均匀沉积到蝴蝶翼模板上。可以观察到 pH 诱导的颜色变化，并且其呈现出明显与 pH 相关的 U 型跃迁。U 型跃迁的出现是由于酸碱环境中壳聚糖的—$NH_3$基团与 PMAA 的—COO 基团呈现出不同的电离行为，导致红移。这一工作为可调谐光子晶体的设计和制造提出新策略，也为功能聚合物与生物模板的结合提供了一条路线[111]。为指导蝴蝶翼鳞的工程设计，使其作为仿生化学传感器的新平台。Yang 等构建了具有三种不同几何设计的二维光学模型。采用严格的耦合波分析技术对模型进行分析。通过比较建模结果与实验结果，确定了与化学传感应用相关的蝴蝶鳞片的关键特性。在设计和制造用于高灵敏度检测化合物的仿生传感器时，应着重实现和优化这些特性[112]。

Garrett 等的研究表明，在 *Graphium* 蝴蝶翅膀上发现的光子纳米结构可用作 SERS 的基底。使用抗生物素蛋白-生物素结合的分析表明，该结构可用于从 SERS 光谱的变化中定量蛋白质结合，并且在 ELISA 适用浓度范围内具有高灵敏性。仿生蝴蝶翼鳞结构出色的生物相容性是其他途径制备的基质所无法比拟的，这可以为基于超敏 SERS 的生物测定法的广泛应用铺平道路[113]。

### 12.2.6　物种识别

Bálint 等在西南秘鲁 Apurímac 省对两种近缘属的蝴蝶翅膀光谱图进行了研究和比较。结果表明，这两个属的光谱特征是不同的，所研究的代表这两个属的分类群（*Penaincisalia*：*Thecloxurina*=53：5）在正常入射光下会出现依赖于物种特性的特征反射峰[114]。Piszter 等用反射率测量和自动数据处理的方法，研究了 9 种蝴蝶的翅膀鳞片上的自组装光子结构。用人工神经网络软件分析的 9 个物种的光谱特征表明，尽管它们都具有相似的“胡椒瓶”型结构，但光谱特征有足够的特征差异，可以清楚地识别同种个体。光谱识别方法可用于博物馆样本的无损检测。这种纳米结构可能在纺织工业到环境友好着色剂等广泛领域得到实际应用[115]。

### 12.2.7　太阳能电池

Zhang 等开发了一种受蝴蝶翼鳞启发的新型光阳极结构，并将其应用于染料敏化太阳能电池。以蝴蝶翅膀鳞片为生物模板，将类蜂窝状结构（QHS）、浅凹形结构（SCS）和交叉肋结构（CRS）合成到了掺氟氧化锡涂层的玻璃基板上。结果表明，带有蝴蝶翼鳞结构的光阳极煅烧后已完全结晶，该光阳极由纵向排列的脊和由纳米颗粒组成的肋骨组成。对可见光波长下的吸收光谱测量结果的分析表明，由于特殊的微观结构，QHS 光阳极的光收集效率要高于没有生物模板的普通二氧化钛光阳极，基于此可以提高整个太阳能电池的效率[116]。

### 12.2.8　催化

Guo 等通过使用化学沉积-去模板法将精细的蝴蝶翼鳞结构与铂电催化剂结合，可以提高甲醇的氧化性能。具有纳米脊结构的 Pt 相比于非结构化的 Pt，甲醇氧化的电化学活性表面积和正向峰值电流密度分别显著增加了 5 倍和 5.2 倍。有限元模拟进一步证明了优异的传质性能和有效的催化表面可达性[117]。

### 12.2.9　热管理

在自然界中，新奇的颜色和图案已经在各种生物中进化用于生存、识别或交配。对各种蝴蝶翅膀形态的研究表明，除了色素沉着外，翅膀内的微纳米结构也是更好的通信系统和信息素产生器官，它们是蝴蝶翅膀内温度的主要调节因子。Heilman 等研究了蝴蝶翅膀中的微尺度辐射效应，结果揭示了这些多层薄膜的新功能：热调节。对于约 0.10μm 的膜厚度，太阳吸收水平的变化幅度最大为 25%，而膜厚度的变化很小。对于某些现有结构，吸收率达到96%。这归因于反射辐射的光谱分布，该分布由太阳光谱内的单个反射峰组成[118]。

在蓝色光谱（450 ~ 495nm）中，*MorphoDidius* 蝴蝶在其基于结构的翅膀颜色中表现出虹彩色。Didari 等提出了一种具有近场辐射冷却应用潜力的超材料系统。这种仿生设计将类圣诞树状结构（即蝴蝶翅膀的微观结构）置于由纳米尺度的缝隙分隔的真空环境中的薄膜附近。近场能量交换通过减小树的尺寸和将独立结构顺时针旋转 90°并使其接近第二薄膜而显著增强。这种光谱选择性增强与几何变化、激励源的空间位置和材料特性有关，可以调谐以定制强辐射冷却机制[119]。

现有的红外探测器依靠复杂的微细加工和热管理方法。Pris 等报告了一种新型低热质量谐振器平台，该平台受到了虹彩 *Morpho* 蝴蝶翼鳞的启发。在这些谐振器中，光腔通过其热膨胀和折射率变化进行调制，从而将中波红外（3 ~ 8μm）辐射“波长转换”为可见的虹彩变化。通过用碳纳米管掺杂 *Morpho* 蝴蝶翼鳞实现了中波红外检测，具有 18 ~ 62mK 的温度灵敏度。计算分析解释了这种热响应的起源，并指导了未来新型仿生热成像传感器设计[120]。

### 12.2.10 防伪

许多鳞翅目昆虫的鳞片和鞘翅目昆虫的鞘翅具有特殊的微纳结构，从而产生特殊的极化效应。它们由多层凹腔构成，这导致两种不同的效果：①在腔中部的正常入射附近进行反射的干涉非极化着色；②在腔外围的 Brewster 入射附近进行双反射后，在较低波长处进行偏振干涉着色。宏观外观类似于“二元效应”，其中一个成分极化，而另一个成分不极化。第一个可以用线性偏振片破坏，以便颜色被修改。在大多数昆虫中，结构是局部对称的，因此，看不到宏观效应。在某些物种中，这种对称性被部分破坏，可以观察到轻微的影响。在热带蝴蝶属的翅膀背表面，有两种不同大小的垂直结构使反射光极化。这一多层结构可以在钞票上设计新型防伪模式。这种结构可以产生不同的影响。①光度的变化：一个特定的模式由两个不同的区域组成：一个具有水平凹多层结构，另一个具有垂直结构。在非极化光下，这些不同区域的反射光谱是相同的，没有出现图案。在偏光下，即通过线性偏光镜，根据偏光镜的方向，某个部分被熄灭，并出现图案。②颜色的变化：平面和沟槽表面的并列可以产生复合颜色。由于入射光的入射变化，这两个区域的颜色是不同的，但由第一个区域产生的颜色是非极化的，而第二个区域是部分极化的，可以用线性偏振器进行修改[121]。

# 12.3　甲　虫

## 12.3.1　概述

象鼻虫（*Metapocyrtus* sp.）具有直径约为 0.1mm 的鳞片，出现在“半球形”身体顶部和侧面的斑块中。鳞片内部是直径为 250nm 的透明球组成的实心阵列，具有精确的六边形密堆积顺序。这一结构可以在宽范围的入射角上反射窄范围的波长。光线昏暗的热带森林中的甲虫通常会显示出结构色，但是在阳光直射下，从任何方向都只能看到昆虫的一部分，这使它看起来像是一个光斑。Parker 等描述了甲虫 *Pachyrhynchus argus*，该甲虫在澳大利亚昆士兰州东北部的森林中被发现，由于其类似于蛋白石的光子晶体结构，其金属色泽可以从任何方向看到。这是动物中首次报道蛋白石型结构[122]。

Welch 等研究了导致热带象鼻虫 *Pachyrrhynchus congestus pavonius* 着色的三维结构。甲虫身上的橙色鳞片内部呈现出面心立方对称的三维光子晶体结构。测得的晶格参数和该结构的填充率解释了形成红橙色结构色的机理。由晶体学引入的长程无序现象解释了自相矛盾的现象，即尽管反射率是由光子晶体产生的，但对视角的变化不敏感[123]。

雄性鞘翅目甲壳虫 *Coleoptera* 的鞘翅显示出不显眼的虹彩蓝绿色。Liu 等研究发现最表层的鞘翅表面包括精密的光子晶体纳米结构，这是结构着色的起源。显微镜下观察的绿色和青色是施加在多层结构上的调制而产生的，通过混色而产生蓝绿色[124]。甲虫 *Chrysochroa fulgidissima* 的鞘翅为带紫色条纹的金属绿色。Stavenga 等研究发现，在正常照明下，相应的镜面绿色和紫色区域具有 100 ~ 150nm 的宽反射带，在约 530nm 和 700nm 处达到峰值。随着入射光倾斜程度的增加，波段逐渐移向较短的波长，然后反射变得高度偏振。甲壳虫鞘翅展现出的极端偏振虹彩可能具有种内识别的功能[125]。

巴西钻石象甲在其鞘翅上具有明亮的绿色斑点。Mouchet 等研究表明象鼻虫结构色是由一组长程无序、短程有序的光子晶体产生的。每个晶体独立地反射光线，产生单一的明亮颜色，从蓝色到橙色（光学显微镜观察到的）。光在不同长度尺度的光子晶体上的不同取向的相互作用改变了这些颜色，使它们呈现出非虹彩的亚光绿色[126]。Galusha 等研究了象鼻虫 *Lamprocyphus augustus* 虹彩鳞片内的光子晶体结构。光学微反射率测量与光子能带结构计算获得的结果的比较表明，基于金刚石晶格的精密微装配体使 *Lamprocyphus augustus* 宏观上具有与角度无关的绿色[127]。

覆盖在甲虫 *Entimus imperialis* 上的鳞片被细分为形状不规则的区域，大部分区域呈现出醒目的颜色，但也有一些区域呈现出无色。这种颜色来自于由角质层材料和空气组成的光子晶体。Wu 等对光子晶体的结构和取向进行了研究。结果表明，在彩色领域，进化压力导致了空气相的最佳体积分数，以呈现最为明亮的色彩，而在无色领域，通过将空气相替换为 $SiO_2$ 相，其折射率接近角质材料的折射率而削弱色彩。无色区域提供了一个通过改变组成成分之间的折射率对比度来改变光学外观的生物学例子[128]。

Vigneron 等报道甲虫 *Charidotella egregia* 在外界湿度变化时能够可逆地改变其表皮的结构颜色。研究表明，甲虫静止时显示的金色是由多层反射器所致。该反射器干燥状态下各层多孔膜保持了完美的相干状态。湿度上升时，反射器将液体从多孔斑块中排出，多层结构变成半透明的平板，呈现出下方的深色红色组织。这种机制不仅可以解释色调的变化，而且可以解释散射模式从镜面反射到漫反射的变化[129]。

大力神甲虫 *Dynastes* 的鞘翅在干燥的空气中呈绿色，在高湿度下变为黑色(图 12.22)。Rassart 等研究表明，干燥状态呈绿色是由位于表皮下方 3μm 处的大面积开放的多孔层引起的。当水渗入结构并减弱折射率差时，由该层引起的反向散射消失[130]。长角甲虫 *Tmesisternus isabellae* 的鞘翅的金色虹彩源于密集地分布在翼面上长而平坦的鳞片。鳞片能够通过吸水将颜色从干态的金色变为湿态的红色。对水接触角的测量表明鳞片是亲水的。湿态下鳞片的颜色变为红色是由于多层周期性结构的溶胀和水的渗透。完整的结构变色及其策略不仅可以有助于深入了解结构变色的生物学功能，而且可以启发人造光子设备的设计[131]。

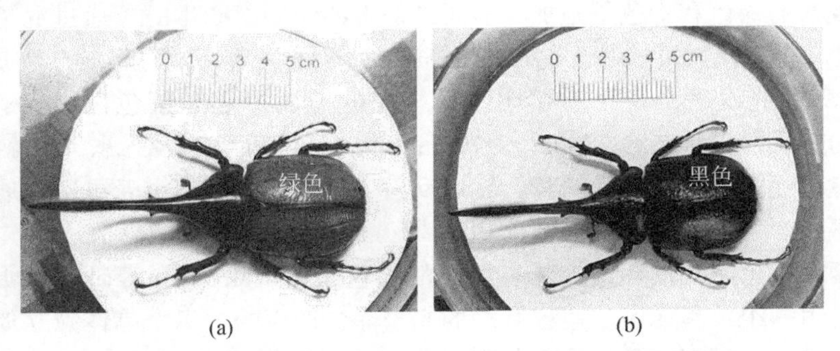


图 12.22　(a) *Dynastes Hercules* 呈绿色，最终在正常湿度条件下出现黑点；
(b) 在大量水中（为了使湿度超过 80%），甲虫全身呈现黑色

雄性 *Hoplia coerulea* 的鞘翅和胸廓上覆盖的鳞片是一种天然光子晶体结构，该结构被一个可渗透液体的薄膜包裹着。虽然光子晶体结构不直接暴露于环境中，但其结构色转变是由液体和蒸气引起的[132]（图 12.23）。Rassart 等[133]的研

究表明这些鳞片已被证明与甲虫的亮蓝色有关，随着水含量的增加，可逆地变成祖母绿。这一机理为仿生功能性光子材料和智能涂层提供了新的可能性。

图 12.23　水胁迫下雄性 *Hoplia coerulea* 甲虫鞘翅和胸廓的颜色和荧光变化[132]
在可见的白光照射下，甲虫鞘翅在干燥状态下呈现蓝紫色（a），在湿润状态下呈现绿色（b）；在紫外线照射下，甲虫鞘翅在干燥状态下呈现蓝绿色（c），在湿润状态下呈现海军蓝（d）

### 12.3.2　复制

Biro 等在中国台湾省的 *Trigonophorus rothschildi varians* 甲虫鞘翅中发现了一种插层式光子纳米结构（图 12.24）。它由多层结构组成，该结构中随机插入了

图 12.24　*Trigonophorus rothschildi varians* 甲虫在其自然栖息地
三种颜色变化可以清楚地区分开来。在某些角度下看到的一些绿色和橙色个体可能表现出明显的深棕色，随着观察角度的变化而消失

垂直于多层平面的圆柱形孔。通过在多层结构中钻出亚微米尺寸的孔，实现了具有相似结构和相似特性仿生纳米结构。这种仿生光子纳米体系结构为人造光子材料提供了的宝贵蓝图[134]。

Deparis 等提出了一种用于设计人造反射器的半无限一维光子晶体方法，该方法旨在重现生物周期性多层模板中随入射角变化的颜色变化。通过对生物模板（在金龟子甲壳虫的表皮中发现）进行建模并设计出可仿制模板视觉效果的受生物启发的人工反射器，证明了这一方法的有效性[135]。

在自然界中，人们可以找到虹彩鞘翅目的示例，其色相随角度而变化很大或很小。由于这些物种通常是由单一生物材料（通常是几丁质）和空气或水作为低折射率成分来构成这些结构的，因此它们通过调整层厚度而演化出来，以显示出完全不同的虹彩色泽。受这一灵感启发，Depari 等设计并制造了周期性的 $TiO_2$/ $SiO_2$多层膜，分别使用直流反应或射频磁控溅射技术在玻璃基板上沉积钛层或硅层。设计了两种多层结构，其中周期和 $TiO_2$/ $SiO_2$层厚度比的变化方式使薄膜显示出不同的虹彩：从红色到绿色的颜色变化和稳定的蓝色[136]。

Galusha 等通过生物模板化双印迹途径，将来自象鼻虫 *Lamprocyphus augustus* 的具有菱形晶格的光子晶体鳞片转变为高介电 $TiO_2$复制品（图 12.25）。根据沿不同晶轴的角度相关的光反射率测量结果，光子能带结构计算揭示了可见波长下

图 12.25 凝胶-溶胶双印迹复制生物模板，将象鼻虫的光子晶体鳞片转化为高介电 $TiO_2$复制品

（a）*Lamprocyphus augustus* 的照片和绿色鳞片的光学图像（插图）；（b）甲虫体内天然光子结构 SEM 照片的横截面视图；（c）$SiO_2$凝胶-溶胶复制后的光子晶体结构；（d）$TiO_2$凝胶-溶胶过程复制后的光子晶体结构

的完整 PBG。复制结构的多向光学反射光谱法在可见光谱中给出了与光子能带结构计算相一致的无角度相关反射带。该计算揭示了在可见频率下完整的光子能隙的形成[137]。Michael Bartl 及其同事报告了关于凝胶-溶胶模板法的进一步发展，该方法可以将这些独特的生物聚合物结构转化为高介电的复制品。相关结果表明，这些生物衍生的光子晶体在可见频率上具有完整的带隙[138]。

Wu 等研制了一种具有夹层结构的纤维素纳米晶体（CNCs）基纳米复合光子膜（图 12.26），以模拟金龟子属的外骨骼结构。通过在 CNCs 层/聚乙二醇双丙烯酸酯（PEGDA）层之间嵌入一个单轴取向的聚酰胺-6（PA-6）作为半波缓速层，制备了具有左手性向列相光子结构的纳米复合膜。结果得到的纳米复合膜在一定波长下的反射率强度超过 50%（超反射）。纳米复合膜可以同时发生可逆的三维形变以及在潮湿环境下结构色的变化。这一仿生光子晶体在光学防伪膜、可调谐带通滤波器、反射器或极化器以及湿度响应制动器等方面具有广阔的应用前景[139]。

Yabu 等模仿金龟子表面结构的聚（1,2-丁二烯）（PB）和 Os 多层组成的结构彩色膜。由于 Os 的折射率比 PB 高很多，光在两种材料之间的界面有很强的反射，进而形成强烈结构色。通过用溶剂溶胀 PB 层实现对反射峰的主动控制，并对复合膜进行光催化。结果表明，通过这种仿生方法可以实现一维光子晶体的简单、低成本制备[140]。

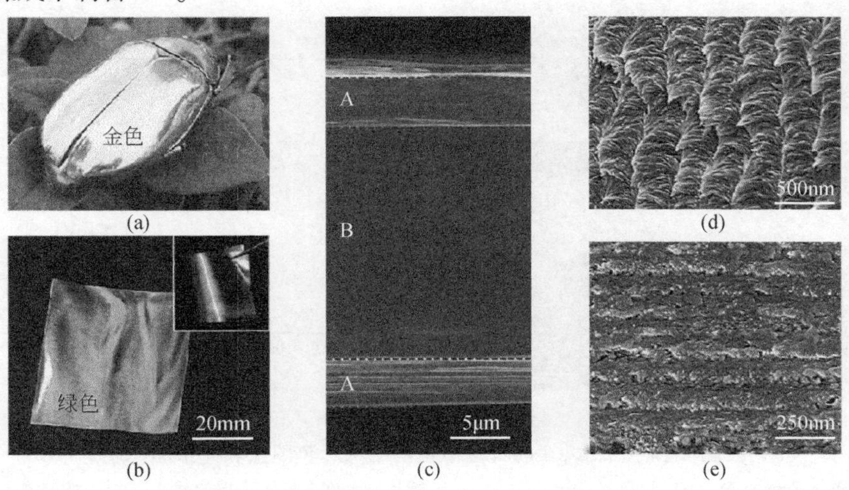


图 12.26　（a）金龟子的照片；（b）具有夹层结构的超反射 CNCs 基纳米复合膜的照片，插图显示了纳米复合膜良好的柔韧性；（c）薄膜的横截面 SEM 照片显示了包含两个手性向列相层 A 和一个相位延迟层 B 的夹心结构；（d）手性向列相层在纳米复合膜中的 SEM 照片的表面形貌；（e）手性向列相层在纳米复合膜中的横截面 SEM 照片[139]

### 12.3.3 传感

甲虫 *Charidotella egregia* 的角质层中具有湿致变色的生物光子晶体结构。受此启发，Ghazzal 等提出了一种由介孔混合氧化物多层膜构建的功能 1D 光子晶体系统。通过将具有高、低折射率的两种氧化物混合，可以调节相邻层之间的折射率对比度。当体系的孔隙是空的时，由于层间的指数匹配，光通过没有反射的介质，材料为透明状态。当孔隙充满水时，因为增加了折射率对比度之间的层数，所以具有了结构色。这种功能多层体系为无机介孔一维光子晶体的应用开辟了一个新的领域，如作为隐私玻璃窗的智能涂层。

深褐色的 *Tmesisternus Isabellae* 甲虫鞘翅在干燥状态下呈现出绿色虹彩，在潮湿环境下呈现出红色（图 12.27）[141]。基于这一特性，Seo 等采用一种新的自组装方法，研制出厘米级比色蛋白石薄膜。当暴露在水蒸气中时，这种大型光子膜的结构

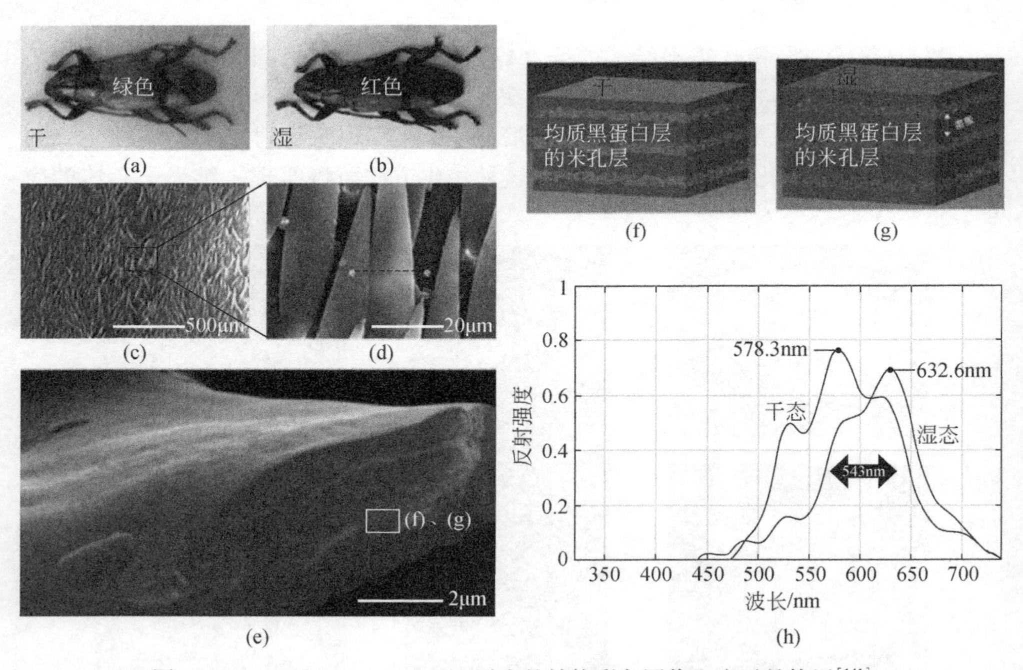


图 12.27 *Tmesisternus Isabellae* 甲虫的结构彩色图像和光子晶体层[141]

(a) 绿色（干燥）至 (b) 红色（潮湿）；(c) SEM 照片显示许多长而平坦的鳞片；(d) 特写镜头的鳞片近似大小为 150μm×15μm×4μm（长×宽×厚度）；(e) 干燥状态下鳞片横截面的 SEM 照片；(f)，(g) 描述了甲虫鳞片的比色光子结构，它由两层交替组成：均质黑蛋白层和纳米孔混合层，在湿润状态下，只有黑蛋白层吸水膨胀，混合层中的空隙被水填充；(h) 在干湿两种状态下，正常入射下测得的鞘翅虫彩色区域的反射光谱分别为 578.3nm 和 632.6nm，峰位移为 54.3nm

颜色从绿色变为红色，这与长角甲虫的比色特征相似。根据实验结果，蛋白石薄膜随湿度变化的颜色是可逆的，并且在500多次的润湿和干燥过程中保持稳定[142]。

Kim等报道了一种仿生湿度传感器，其灵感来自于大力士甲虫表皮中观察到的与湿度有关的颜色变化。使用胶体模板方法和表面处理设计制造了一种基于3D光子晶体的具有纳米孔结构的薄膜型湿度传感器。随着环境湿度的增加，所制造的湿度传感器的可见颜色从蓝绿色变为红色。使用布拉格方程考虑了吸水效果预测的反射光的波长与实验结果吻合良好[143]。

Hou等在*Stenocara*甲虫背上的捕雾结构的启发下，采用喷墨打印技术制备了一种具有亲水性-疏水性微图案的光子晶体微芯片，用于实现荧光分析物的高灵敏度超痕量检测和基于荧光团的检测（图12.28）。结合光子晶体的荧光增强效应，检测限低至$10^{-16}$mol/L。这种设计可以与生物光子装置相结合，用于检测药物、疾病和生态系统的污染[144]。

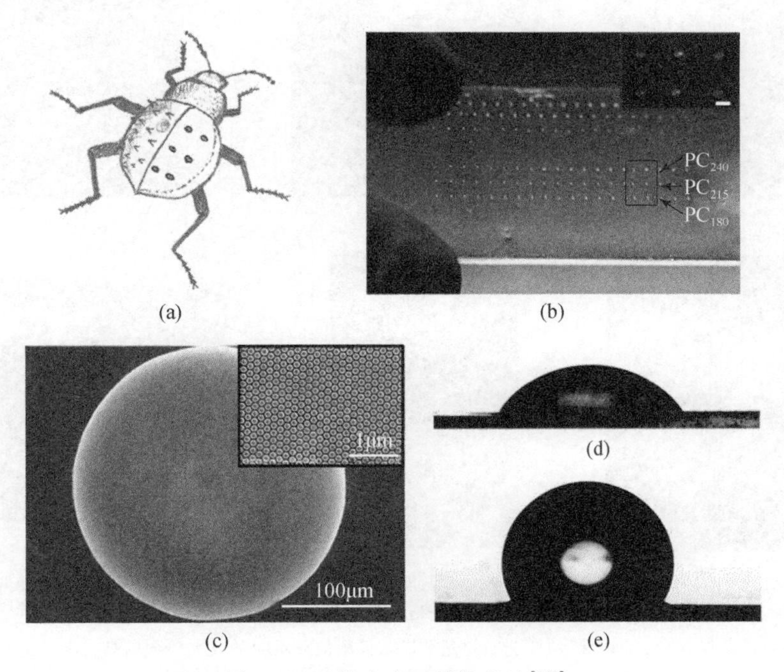


图12.28　仿生光子晶体芯片[144]

（a）背部有亲水-疏水结构的甲虫，用于在雾中收集水分，圆点区域代表仿生PC微芯片；（b）在疏水性衬底上用亲水PC点拍摄仿生PC微芯片的照片，插图为放大后的图像，对应不同阻带的PC点，比例尺为200mm；（c）扫描电镜下的一个PC点，插图为PC点处组装胶体球的放大SEM照片；（d）、（e）浸润性区别：PC点［（d），CA=（46.4±3.48）°］和PDMS衬底［（e）CA=115.0±3.18°］[144]

# 12.4 源自其他生物的仿生光子晶体制备及应用

## 12.4.1 鸟类

Khudiyev 等研究了 *Anas Platyrhynchos* 鸭颈部的虹彩羽毛（图 12.29），表明它们具有 2D PC 结构，并具有超疏水表面。利用自上而下的迭代尺寸还原方法制备的纳米结构复合材料模拟了这种多功能结构，提供了宏观控制，并通过表面结构增强了疏水性。制备的 2D PC 纤维在结构和聚合材料组成上非常类似于绿头鸭颈部羽毛，并且可以通过尺寸的微小改变而产生广泛的颜色[145]。

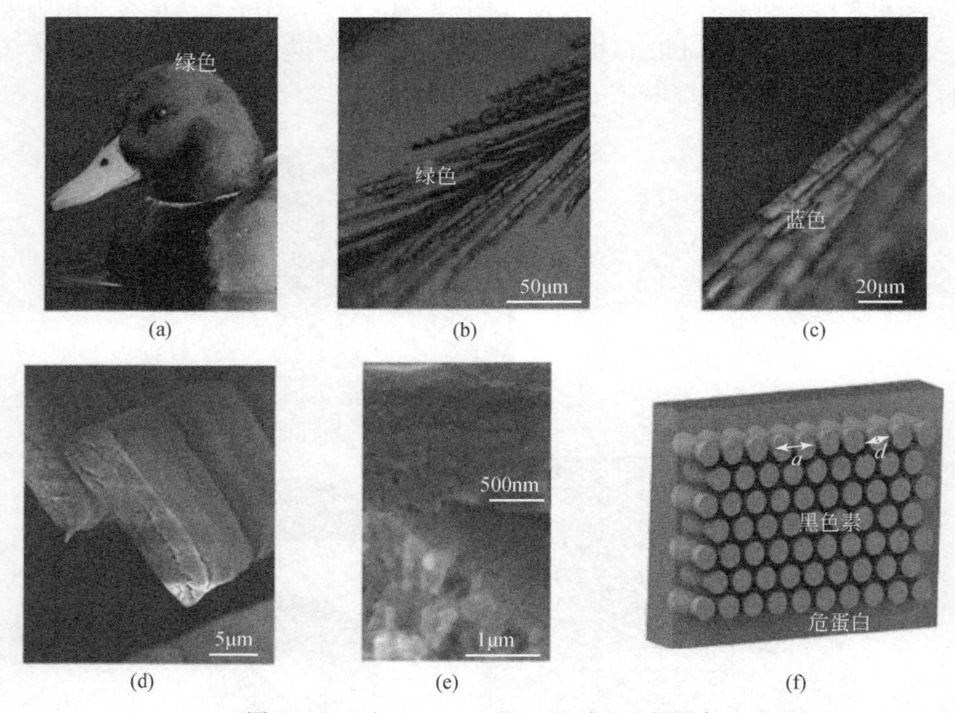


图 12.29 对 *Anas Platyrhynchos* 鸭羽毛的研究

(a) 绿头鸭颈羽的结构色，绿头鸭颈部羽毛的光学显微镜图像显示，随放大倍数增高，羽毛的颜色从绿色 (b) 变成蓝色 (c)；从纵向 (d) 和横断面 (e) SEM 照片中可以观察到六角形的棒排列；(f) 嵌在角蛋白基质中的黑色素棒的分布

短程有序的 3D 大孔 PC 具有重要的科研和技术价值。受鹦鹉羽毛倒钩显示出明亮的蓝色结构颜色的启发，Shi 等以倒钩为模板成功地制造了 $SiO_2$ 和 $TiO_2$ 的人工 3D 大孔结构。结构和光学表征表明，所制造的结构是具有短程有序的 3D

双连续大孔结构，并显示明亮的结构颜色[146]。

在自然界中，许多材料在受到刺激后会改变颜色，这使得它们可以发展成为传感器平台。然而，天然材料和直接复制品通常对特定的化合物缺乏选择性，而引入这种选择性仍然是一个挑战。Oh 等报道了基因工程病毒（M13 噬菌体）自组装成的目标特异性的比色生物传感器（图 12.30）。传感器由噬菌体束纳米结构组成，具有无角度依赖性的颜色，启发自火鸡皮肤中的胶原结构。当暴露于各种挥发性有机化学物质时，其结构迅速膨胀并发生明显的颜色变化。此外，由噬菌体组成的传感器以肽链结合三硝基甲苯（TNT），可以特异性检测浓度低至300ppb 的结构类似物。这一可调色传感器可用于检测各种有害毒物和病原体，以保护人类健康和国家安全[147]。

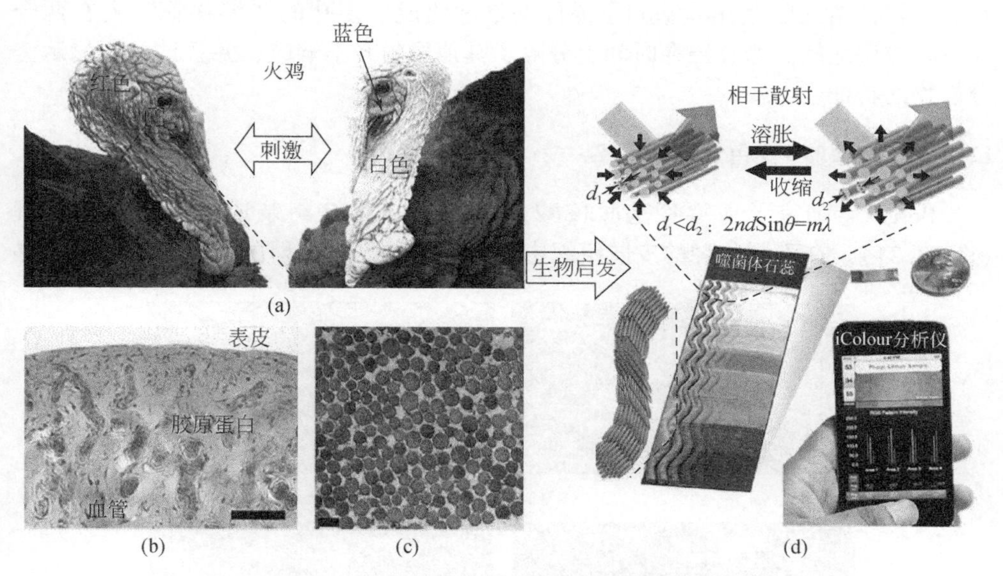


图 12.30 仿生比色传感器系统示意图[147]

(a) 当火鸡受到刺激时，它们的红色皮肤会自动变成白色和/或蓝色。蓝色与胶原纳米结构的结构着色有关，尽管其颜色变化机制尚不清楚分子机理；(b) 火鸡皮肤组织切片染色后的纤维图片，主要由胶原蛋白和高度血管化的组织组成（比例尺为 50mm）；(c) 真皮中垂直排列的胶原束纤维的 TEM 照片（比例尺为 200nm）；(d) 受生物启发的噬菌体为基础的比色传感器，称为“噬菌体石蕊”，由类似火鸡皮肤中的胶原纤维那样的层次束组成，目标分子的应用（化学刺激）由于结构的变化，如束间距（$d_1$ 和 $d_2$）和相干散射，引起颜色的变化，使用手持设备的摄像头（iPhone）和自制软件（iColour 分析仪），可以选择性、高灵敏地识别目标分子

## 12.4.2 光子鼻

光子鼻是一种基于多孔布拉格堆叠阵列的颜色变化来鉴定挥发性化学物的新

颖平台，它通过使用结构色来“闻”化学物和细菌，具有在化学传感和细菌鉴定中的应用潜力[148]。Lim 等开发了一种简单的比色传感器阵列，它可以检测多种挥发性分析物，并将其应用于有毒气体的检测。该传感器由一组一次性使用的纳米孔光子晶体组成，其颜色可通过与分析物的不同化学反应而改变。虽然没有一种刺激响应性的光子晶体是特定于某一种分析物的，但阵列的颜色变化模式是一种独特的分子指纹。在暴露于危险浓度后 2min 内，19 种不同的有毒工业化学品（TICs）被明确区分。根据阵列的颜色变化，可以很容易地对每一种分析物进行定量，并达到通常低于浓度安全上限的检测限。使用标准的化学计量学方法可以很容易地识别出不同的刺激，在 140 多个试验中没有出现分类错误[149]。Kelly 等开发了一种单组分光学传感器，该传感器能够识别百万分之一浓度的化学化合物。该器件由三层介孔硅基光子晶体的堆叠组成。多孔的“漂移管”夹在两个光学响应层之间。漂移层在时间上分隔了其他层的光学响应，并且该差异显示为分析物的特征[150]。

### 12.4.3　鸟嘌呤-变色龙

Berger 等研究了鸟嘌呤基肽核酸（PNAs）单体自组装成光子晶体的过程（图 12.31）。在不同物种的皮肤组织中发现了一种高度反射的鸟嘌呤纳米晶体晶

图 12.31　受生物启发的可调谐光子晶体[151]

(a) 豹纹变色龙（左）和处于放松状态的豹纹变色龙的鸟嘌呤纳米晶体晶格的 TEM 显微照片；(b) 沉积的 PNA 光子晶体（左）和 PNA 球的 SEM 照片，与变色龙中生物源鸟嘌呤纳米晶的排列方式相似；(c)，(d) 无机盐添加前后 PNA 球晶格的模型表示，高度组织的阵列被几何改变，导致反射波长的可见偏移

格提供了生动的结构色。人工合成的鸟嘌呤基超分子结构对渗透压的变化做出反应，实现了类似变色龙使用的主动光谱变化。作者提出的廉价、商用的鸟嘌呤基 PNAs 可以作为光子结构形成中常用材料的适当替代品，包括金属和半导体或聚合物，如聚苯乙烯和聚甲基丙烯酸甲酯。这种新型仿生光子结构有望成为 SERS、衍射光栅、传感器和光学涂层等应用的一个有前途的平台。该系统的环保性也使得它作为各种产品的添加剂，为油漆和化妆品工业提供明亮的颜色[151]。

### 12.4.4　光纤

*Margaritaria nobilis* 果实种皮的颜色是由多层光子晶体结构干涉而形成的，这直接启发了新的光子晶体纤维的开发（图 12.32）。Kolle 等提出了一种替代的方法，在室温下从柔软的有机和无机材料制造纤维，使其具有不同的光学和力学性能。最终制备的纤维包括两种廉价弹性介质，PDMS 和聚异戊二烯-聚苯乙烯三嵌段共聚物（PSPI），这两种材料提供了足够高的折射率对比度[$n$(PDMS) = 1.41 ± 0.02，$n$(PSPI) = 1.54 ± 0.02]。多层纤维是通过最初形成两种组成材料的双层结构来产生的，这两种材料随后被卷到一种薄的玻璃纤维上（直径≈10～20μm），形成多层光子晶体纤维[152]。

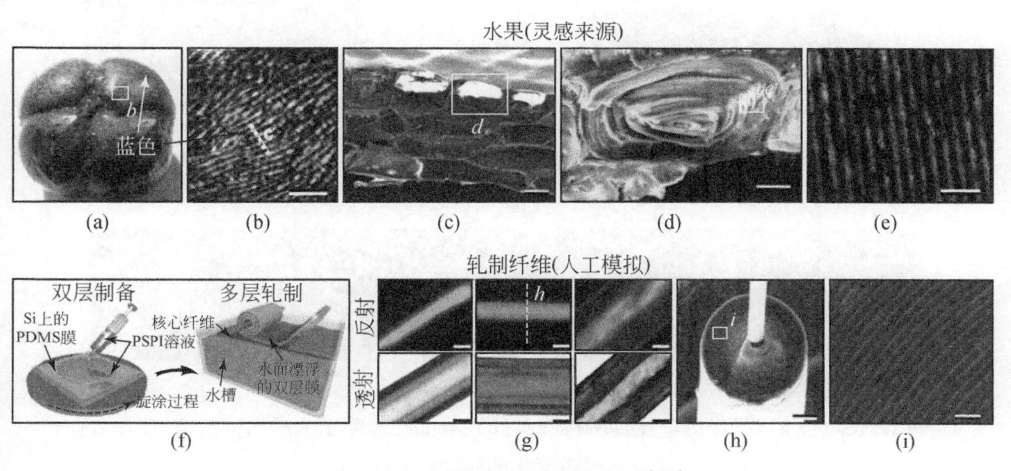


图 12.32　天然水果和人造光纤[152]

（a）一种没有荚（直径约 10mm）的 *Margaritaria nobilis* 果实；（b）水果表面的光学显微照片，显示拉长的蓝色细胞；（c）果皮外层横截面的 SEM 照片显示了几组细胞；（d）通过单个组织细胞的横截面揭示了内部结构：一个同心、扁平的圆柱形层状结构；（e）用透射电子显微镜在单个细胞内观察到的分层结构的一部分；（f）人造光子晶体制造的示意图；（g）三种不同层厚和颜色的卷起来的多层纤维在反射（上）和透射（下）的光学显微照片；（h）光纤截面的 SEM 照片，显示光纤玻璃芯周围包裹的多层包层；（i）包层中各层的扫描电子显微镜照片。比例尺为 200μm（b），20μm（c），10μm（d），500μm（e），20μm（g），20μm（h）和 1μm（i）

相邻反射薄膜的间距变化是造成猪笼草颜色变化的原因。基于该现象，由单分散聚（苯乙烯-甲基丙烯酸甲酯-丙烯酸）胶体制备了具有不同结构的胶体晶体薄膜。根据光干涉原理研究并讨论了薄膜的颜色与结构之间的关系。研究了具有均匀颜色的两层胶体膜，该膜在被苯乙烯溶胀之前和之后显示出多种颜色，成功模仿了猪笼草的刺激变色行为[153]。

### 12.4.5 湿度响应

Colusso 等报道了一种由蚕丝材料制成的彩色多层膜，其灵感来自于 *Hoplia coulea* 甲虫的角质层，这种甲虫能够在有水分的情况下改变颜色。为了产生干涉色，将折射率为 1.55 的再生丝素蛋白与具有高折射率的钛酸盐纳米片相结合。通过在各自的水基溶液中逐层沉积自旋涂层，制备了多层膜。最终的结构在以 400nm 为中心的透射光谱中出现了干涉峰，其位置随环境相对湿度的变化而变化。具体来说，当暴露在不同的相对湿度下时，丝基多层膜呈现出可逆的颜色变化，并具有良好的再现性和稳定性[154]（图 12.33）。

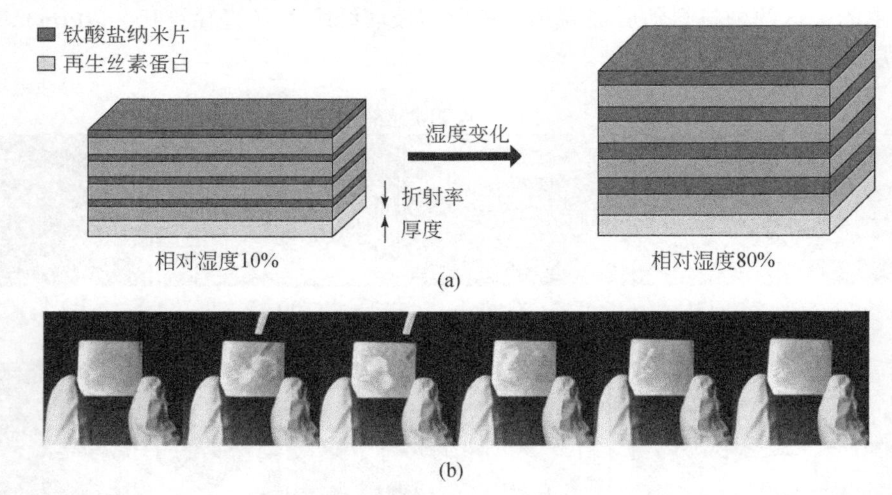


图 12.33 （a）提出的湿度传感机制；（b）样品在暴露于人呼出的水蒸气时颜色可逆变化的照片[154]

### 12.4.6 防伪

受到自然界中存在的条纹颜色的伪装和个体识别功能的启发，Zhao 等提出了一种具有非均匀条纹图案和刺激响应性的智能结构彩色材料，该材料由一定直径范围内的胶态纳米颗粒快速自组装而成（图 12.34）。通过调整自组装参数，可以对结构彩条图案的宽度、间距、颜色甚至组合进行精确裁剪。有人将近红外响应光的石墨烯水凝胶集成到结构彩色条纹图案中，使材料具有光控制的可逆弯曲行为，并具有自我报告的颜色指示。结果表明，该条纹结构彩色材料可作为近红外光触发的动态条形码标签用于不同产品的防伪。生物启发结构彩色条纹材料的这些特性表明了它们在模拟结构彩色生物方面的潜在价值，这将在构造智能传感器、防伪装置等方面具有重要的应用价值[155]。

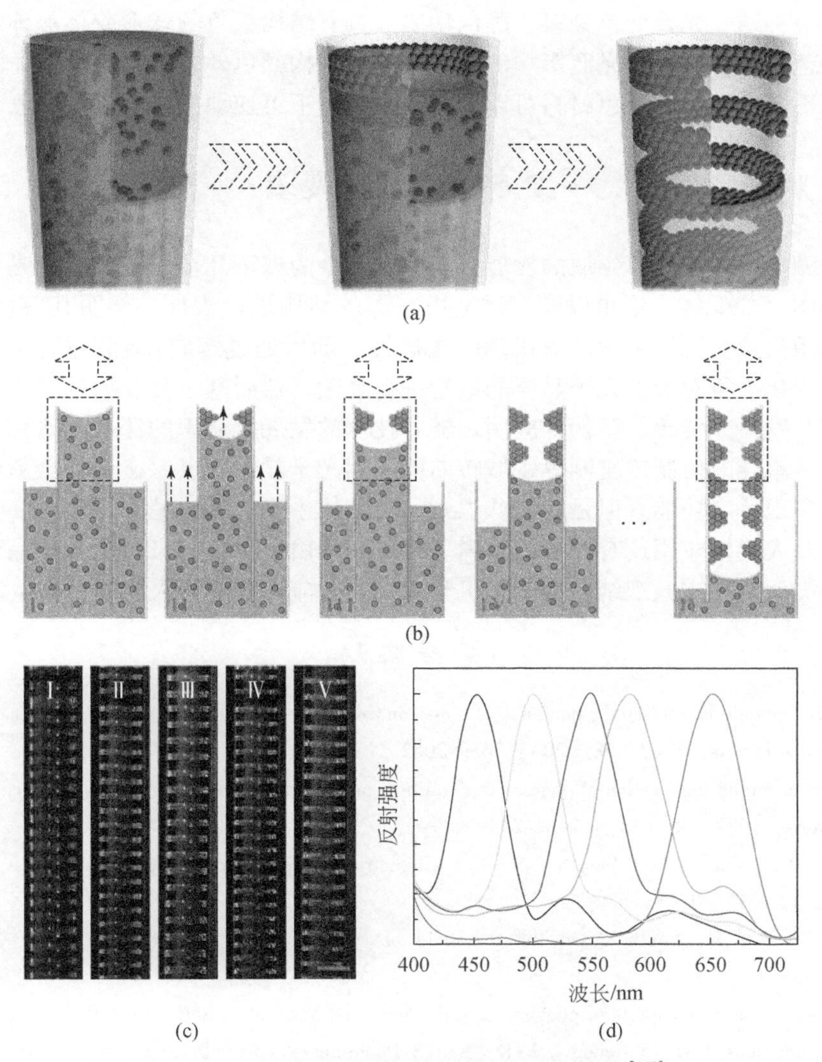


图 12.34　毛细管中条纹结构彩色材料的形成[155]

(a)，(b) 毛细管中带条纹图案的胶体晶体自组装示意图；光学图像 (c) 和五种不同结构颜色条纹 (d) 的特征反射峰，比例尺为 500μm (c)

### 12.4.7 结构色材料

人类开发了许多染料和颜料，并将它们用于印刷和展示材料，以共享信息。一些生物利用身体颜色进行信息交换和保护，巧妙地结合染料、结构和背景颜色，以实现基于环境的身体颜色变化。Sakai 等以生物异常的体色变化为灵感，制备了一种结合光致变色染料、黑色物质、具有结构颜色的球形胶体晶体和底色的复合色材料。除了受光照影响的染料颜色和结构颜色外，背景颜色对每种颜色的不同影响使得一种颜色材料可以在不同的条件下可逆地变化为各种颜色[156]。

## 12.5 总结与展望

回顾仿生光子晶体领域的发展，大体可以分为以下几个阶段。首先是对天然光子晶体（如蝴蝶、甲虫以及海洋生物）等的结构进行表征，阐明其着色机理，并且利用模拟仿真等手段验证机理的正确性。随后通过溶胶-凝胶过程、氧化物浇筑等理化手段对天然光子晶体的结构进行复刻。然后基于复制后的仿生光子晶体结构开发诸如传感、防伪等应用。随着技术的发展及认识的深入，研究者逐渐将目光从单纯的仿制、复制等领域转向以天然光子晶体为灵感，设计全新的人造结构来实现特定功能。但是应该认识到，目前仿生光子晶体基本还停留在实验室中，距离大规模应用还有较远的距离。但也有理由期待，未来仿生光子晶体将逐步实现类似鲨鱼皮微观结构用于飞机蒙皮的实际应用，助力人类的生产生活。

## 参考文献


[1] Yablonovitch E. Inhibited spontaneous emission in solid-state physics and electronics. Physical Review Letters，1987，58（20）：2059-2062.

[2] John S. Strong localization of photons in certain disordered dielectric superlattices. Physical Review Letters，1987，58（23）：2486-2489.

[3] Fink Y，Winn J N，Fan S，et al. A dielectric omnidirectional reflector. Science，1998，282（5394）：1679-1682.

[4] De La Rue R，Smith C. On the threshold of success. Nature，2000，408（6813）：653，655-656.

[5] López C. Materials aspects of photonic crystals. Advanced Materials，2003，15（20）：1679-1704.

[6] Joannopoulos J D，Villeneuve P R，Fan S. Photonic crystals：Putting a new twist on light. Nature，1997，386（6621）：143-149.

[7] John S，Quang T. Collective switching and inversion without fluctuation of two-level atoms in confined photonic systems. Physical Review Letters，1997，78（10）：1888-1891.

[8] Cregan R F，Mangan B J，Knight J C，et al. Single-mode photonic band gap guidance of light in

air. Science, 1999, 285 (5433): 1537-1539.

[9] Lee K, Asher S A. Photonic crystal chemical sensors: pH and ionic strength. Journal of the American Chemical Society, 2000, 122 (39): 9534-9537.

[10] Busch K, John S. Liquid-crystal photonic-band-gap materials: The tunable electromagnetic vacuum. Physical Review Letters, 1999, 83 (5): 967-970.

[11] Foulger S H, Jiang P, Lattam A C, et al. Mechanochromic response of poly (ethylene glycol) methacrylate hydrogel encapsulated crystalline colloidal arrays. Langmuir, 2001, 17 (19): 6023-6026.

[12] Lee Y J, Braun P V. Tunable inverse opal hydrogel pH sensors. Advanced Materials, 2003, 15 (78):563-566.

[13] Moon J H, Yang S. Chemical aspects of three-dimensional photonic crystals. Chemical Reviews, 2010, 110 (1): 547-574.

[14] Weissman J M, Sunkara H B, Tse A S, et al. Thermally switchable periodicities and diffraction from mesoscopically ordered materials. Science, 1996, 274 (5289): 959-960.

[15] Zhao Y, Zhao X, Gu Z. Photonic crystals in bioassays. Advanced Functional Materials, 2010, 20 (18): 2970-2988.

[16] Ge J, Yin Y. Responsive photonic crystals. Angewandte Chemie. International Edtion in English, 2011, 50 (7): 1492-1522.

[17] Parker A R. 515 million years of structural colour. Journal of Optics A: Pure and Applied Optics, 2000, 2 (6): R15-R28.

[18] Parker A R. A geological history of reflecting optics. Journal of the Royal Society Interface, 2005, 2 (2): 1-17.

[19] Noyes J A, Vukusic P, Hooper I R. Experimental method for reliably establishing the refractive index of buprestid beetle exocuticle. Optics Express, 2007, 15 (7): 4351-4358.

[20] Lythgoe J N, Shand J, Foster R G. Visual pigment in fish iridocytes. Nature, 1984, 308 (5954): 83-84.

[21] Mathger L M, Land M F, Siebeck U E, et al. Rapid colour changes in multilayer reflecting stripes in the paradise whiptail, pentapodus paradiseus. Journal of Experimental Biology, 2003, 206 (Pt 20): 3607-3613.

[22] Lythgoe J N, Shand J. The structural basis for iridescent color changes in dermal and corneal iridophores in fish. Journal of Experimental Biology, 1989, 141: 313-325.

[23] Parker A R, McPhedran R C, McKenzie D R, et al. Photonic engineering. Aphrodite's iridescence. Nature, 2001, 409 (6816): 36-37.

[24] McPhedran R C, Nicorovici N A, McKenzie D R, et al. The sea mouse and the photonic crystal. Australian Journal of Chemistry, 2001, 54 (4): 241-244.

[25] Welch V, Vigneron J P, Lousse V, et al. Optical properties of the iridescent organ of the comb-jellyfish beroe cucumis (ctenophora). Physical Review E: Statistical, Nonlinear, and Soft Matter Physics, 2006, 73: 041916.

[26] Eliason C M, Shawkey M D. Rapid, reversible response of iridescent feather color to ambient humidity. Optics Express, 2010, 18 (20): 21284-21292.

[27] Eliason C M, Shawkey M D. Rapid, reversible response of iridescent feather color to ambient humidity. Integrative and Comparative Biology, 2011, 51: E39.

[28] Shawkey M D, D'Alba L, Wozny J, et al. Structural color change following hydration and dehydration of iridescent mourning dove ( *Zenaida macroura* ) feathers. Zoology ( Jena, Germany), 2011, 114 (2): 59-68.

[29] Maia R, Caetano J V, Bao S N, et al. Iridescent structural colour production in male blue-black grassquit feather barbules: The role of keratin and melanin. Journal of the Royal Society Interface, 2009, 6: 203-211.

[30] Zi J, Yu X D, Li Y Z, et al. Coloration strategies in peacock feathers. Proceedings of the National Academy of Sciences of the United States of America, 2003, 100 (22): 12576-12578.

[31] Li Y Z, Lu Z H, Yin H W, et al. Structural origin of the brown color of barbules in male peacock tail feathers. Physical Review E: Statistical, Nonlinear, and Soft Matter Physics, 2005, 72: 010902.

[32] Vigneron J P, Colomer J F, Rassart M, et al. Structural origin of the colored reflections from the black-billed magpie feathers. Physical Review E: Statistical, Nonlinear, and Soft Matter Physics, 2006, 73: 021914.

[33] Vigneron J P, Lousse V. Colored reflections from the black-billed magpie feathers // Creath K. Nature of light: Light in nature. Proceedings of SPIE. 6285. Bellingham: Spie-Int Soc Optical Engineering, 2006.

[34] Xiao M, Dhinojwala A, Shawkey M. Nanostructural basis of rainbow-like iridescence in common bronzewing phaps chalcoptera feathers. Optics Express, 2014, 22 (12): 14625-14636.

[35] Prum R O, Torres R H. Structural colouration of mammalian skin: Convergent evolution of coherently scattering dermal collagen arrays. Journal of Experimental Biology, 2004, 207: 2157-2172.

[36] Li L, Kolle S, Weaver J C, et al. A highly conspicuous mineralized composite photonic architecture in the translucent shell of the blue-rayed limpet. Nature Communications, 2015, 6: 6322.

[37] Vigneron J P, Rassart M, Vandenbem C, et al. Spectral filtering of visible light by the cuticle of metallic woodboring beetles and microfabrication of a matching bioinspired material. Physical Review E: Statistical, Nonlinear, and Soft Matter Physics, 2006, 73 (4 Pt 1): 041905.

[38] Hinton H E, Jarman G M. Physiological colour change in the hercules beetle. Nature, 1972, 238 (5360): 160-161.

[39] Vigneron J P, Colomer J F, Vigneron N, et al. Natural layer-by-layer photonic structure in the squamae of hoplia coerulea (coleoptera) . Physical Review E: Statistical, Nonlinear, and Soft Matter Physics, 2005, 72 (6 Pt 1): 061904.

[40] Whitney H M, Kolle M, Andrew P, et al. Floral iridescence, produced by diffractive optics,

acts as a cue for animal pollinators. Science, 2009, 323 (5910): 130-133.

[41] Vignolini S, Rudall P J, Rowland A V, et al. Pointillist structural color in pollia fruit. Proceedings of the National Academy of Sciences of the United States of America, 2012, 109 (39): 15712-15715.

[42] Strout G, Russell S D, Pulsifer D P, et al. Silica nanoparticles aid in structural leaf coloration in the malaysian tropical rainforest understorey herb mapania caudata. Annals of Botany, 2013, 112 (6): 1141-1148.

[43] Yu K, Fan T, Lou S, et al. Biomimetic optical materials: Integration of nature's design for manipulation of light. Progress in Materials Science, 2013, 58 (6): 825-873.

[44] Ball P. Engineering shark skin and other solutions. Nature, 1999, 400 (6744): 507-509.

[45] Geim A K, Dubonos S V, Grigorieva I V, et al. Microfabricated adhesive mimicking gecko foot-hair. Nature Materials, 2003, 2 (7): 461-463.

[46] Bhushan B. Biomimetics: Lessons from nature—an overview. Philosophical Transactions A: Mathematical, Physical and Engineering Sciences, 2009, 367 (1893): 1445-1486.

[47] Zhao Y, Xie Z, Gu H, et al. Bio-inspired variable structural color materials. Chemical Society Reviews, 2012, 41 (8): 3297-3317.

[48] Kemp D J. Female butterflies prefer males bearing bright iridescent ornamentation. Proceedings of the Royal Society B: Biological Sciences, 2007, 274 (1613): 1043-1047.

[49] Berthier S, Charron E, Boulenguez J. Morphological structure and optical properties of the wings of morphidae. Insect Science, 2006, 13 (2): 145-158.

[50] Kertesz K, Balint Z, Vertesy Z, et al. Gleaming and dull surface textures from photonic-crystal-type nanostructures in the butterfly cyanophrys remus. Physical Review E: Statistical, Nonlinear, and Soft Matter Physics, 2006, 74 (2 Pt 1): 021922.

[51] Biró L P, Kertész K, Vértesy Z, et al. Living photonic crystals: Butterfly scales-nanostructure and optical properties. Materials Science and Engineering: C, 2007, 27 (5-8): 941-946.

[52] Han Z, Niu S, Shang C, et al. Light trapping structures in wing scales of butterfly *Trogonoptera brookiana*. Nanoscale, 2012, 4 (9): 2879-2883.

[53] Vigneron J P, Kertesz K, Vertesy Z, et al. Correlated diffraction and fluorescence in the back-scattering iridescence of the male butterfly *Troides magellanus* (Papilionidae). Physical Review E: Statistical, Nonlinear, and Soft Matter Physics, 2008, 78 (2 Pt 1): 021903.

[54] Liu F, Wang G, Jiang L, et al. Structural colouration and optical effects in the wings of *Papilio peranthus*. Journal of Optics, 2010, 12 (6): 6.

[55] Diao Y Y, Liu X Y. Mysterious coloring: Structural origin of color mixing for two breeds of *Papilio* butterflies. Optics express, 2011, 19 (10): 9232-9241.

[56] Biro L P, Balint Z, Kertesz K, et al. Role of photonic-crystal-type structures in the thermal regulation of a lycaenid butterfly sister species pair. Physical Review E: Statistical, Nonlinear, and Soft Matter Physics, 2003, 67 (2 Pt 1): 021907.

[57] Cook G, Timms P L, Goltner-Spickermann C. Exact replication of biological structures by

chemical vapor deposition of silica. Angewandte Chemie, International Edtion in English, 2003, 42 (5): 557-559.

[58] Xu C X, Zhu G P, Liu Y J, et al. Optical function of bionic nanostructure of ZnO. New Journal of Physics, 2007, 9 (10): 381.

[59] Zhang Z L, Yu K, Lou L, et al. Morphology-controlled synthesis of ZnO replicas with photonic structures from butterfly (*Papilio paris*) wing scales for tunable optical properties. Nanoscale, 2012, 4 (8): 2606-2612.

[60] Zhang W, Zhang D, Fan T, et al. Fabrication of ZnO microtubes with adjustable nanopores on the walls by the templating of butterfly wing scales. Nanotechnology, 2006, 17 (3): 840-844.

[61] Chen Y, Gu J, Zhang D, et al. Tunable three-dimensional $ZrO_2$ photonic crystals replicated from single butterfly wing scales. Journal of Materials Chemistry, 2011, 21 (39): 15237-15243.

[62] Chen Y, Zang X, Gu J, et al. Zno single butterfly wing scales: Synthesis and spatial optical anisotropy. Journal of Materials Chemistry, 2011, 21 (17): 6140-6143.

[63] Chen Y, Gu J, Zhu S, et al. Iridescent large-area $ZrO_2$ photonic crystals using butterfly as templates. Applied Physics Letters, 2009, 94 (5): 3.

[64] Zhu S, Zhang D, Chen Z, et al. A simple and effective approach towards biomimetic replication of photonic structures from butterfly wings. Nanotechnology, 2009: 10.1088/0957-4484/20/31/315303.

[65] Huang J, Wang X, Wang Z L. Controlled replication of butterfly wings for achieving tunable photonic properties. Nano Letters, 2006, 6 (10): 2325-2331.

[66] Liu F, Shi W, Hu X, et al. Hybrid structures and optical effects in morpho scales with thin and thick coatings using an atomic layer deposition method. Optics Communications, 2013, 291: 416-423.

[67] Crne M, Sharma V, Blair J, et al. Biomimicry of optical microstructures of *Papilio palinurus*. EPL (Europhysics Letters), 2011, 93 (1): 4.

[68] Zhang J Z, Gu Z Z, Chen H H, et al. Inverse mopho butterfly: A new approach to photonic crystal. Journal of Nanoscience and Nanotechnology, 2006, 6 (4): 1173-1176.

[69] Liu X, Zhu S, Zhang D, et al. Replication of butterfly wing in $TiO_2$ with ordered mesopores assembled inside for light harvesting. Materials Letters, 2010, 64 (24): 2745-2747.

[70] Gaillot D P, Deparis O, Welch V, et al. Composite organic-inorganic butterfly scales: Production of photonic structures with atomic layer deposition. Physical Review E: Statistical, Nonlinear, and Soft Matter Physics, 2008, 78 (3 Pt 1): 031922.

[71] Liu F, Liu Y, Huang L, et al. Replication of homologous optical and hydrophobic features by templating wings of butterflies *Morpho menelaus*. Optics Communications, 2011, 284 (9): 2376-2381.

[72] Saison T, Peroz C, Chauveau V, et al. Replication of butterfly wing and natural lotus leaf structures by nanoimprint on silica sol-gel films. Bioinspiration & Biomimetics, 2008,

3 (4): 046004.

[73] Kertész K, Molnár G, Vértesy Z, et al. Photonic band gap materials in butterfly scales: A possible source of "blueprints". Materials Science and Engineering: B, 2008, 149 (3): 259-265.

[74] Kang S H, Tai T Y, Fang T H. Replication of butterfly wing microstructures using molding lithography. Current Applied Physics, 2010, 10 (2): 625-630.

[75] Saito A, Miyamura Y, Nakajima M, et al. Reproduction of the morpho blue by nanocasting lithography. Journal of Vacuum Science & Technology B: Microelectronics and Nanometer Structures, 2006, 24 (6): 3248-3251.

[76] Siddique R H, Diewald S, Leuthold J, et al. Theoretical and experimental analysis of the structural pattern responsible for the iridescence of *Morpho* butterflies. Optics express, 2013, 21 (12): 14351-14361.

[77] Siddique R H, Faisal A, Hunig R, et al. Utilizing laser interference lithography to fabricate hierarchical optical active nanostructures inspired by the blue *Morpho* buttery. Proceedings of SPIE-The International Society for Optical Engineering, 2014, 9187: 2066467.

[78] Aryal M, Ko D H, Tumbleston J R, et al. Large area nanofabrication of butterfly wing's three dimensional ultrastructures. Journal of Vacuum Science & Technology B, 2012, 30 (6): 7.

[79] Peng W, Zhu S, Wang W, et al. 3D network magnetophotonic crystals fabricated on *Morpho* butterfly wing templates. Advanced Functional Materials, 2012, 22 (10): 2072-2080.

[80] Weatherspoon M R, Cai Y, Crne M, et al. 3D rutile titania-based structures with *Morpho* butterfly wing scale morphologies. Angewandte Chemie, International Edtion in English, 2008, 47 (41): 7921-7923.

[81] Wu Y C, Chen C Y, Lu H Y, et al. Dislocation loops in pressureless-sintered undoped $BaTiO_3$ ceramics. Journal of the American Ceramic Society, 2006, 89 (7): 2213-2219.

[82] Martín- Palma R J, Pantano C G, Lakhtakia A. Biomimetization of butterfly wings by the conformal-evaporated-film-by-rotation technique for photonics. Applied Physics Letters, 2008, 93 (8): 3.

[83] Lakhtakia A, Martin-Palma R J, Motyka M A, et al. Fabrication of free-standing replicas of fragile, laminar, chitinous biotemplates. Bioinspir Biomim, 2009, 4 (3): 034001.

[84] Zhu S, Zhang D, Li Z, et al. Precision replication of hierarchical biological structures by metal oxides using a sonochemical method. Langmuir, 2008, 24 (12): 6292-6299.

[85] Qing X, Liu Y, Wei J, et al. Phototunable *Morpho* butterfly microstructures modified by liquid crystal polymers. Advanced Optical Materials, 2018, 7 (3): 1801494.

[86] Zhao Q, Fan T, Ding J, et al. Super black and ultrathin amorphous carbon film inspired by anti-reflection architecture in butterfly wing. Carbon, 2011, 49 (3): 877-883.

[87] Burgess I B, Aizenberg J, Loncar M. Creating bio-inspired hierarchical 3D-2D photonic stacks via planar lithography on self-assembled inverse opals. Bioinspir Biomim, 2013, 8 (4): 045004.

[88] England G, Kolle M, Kim P, et al. Bioinspired micrograting arrays mimicking the reverse color diffraction elements evolved by the butterfly *Pierella luna*. Proceedings of the National Academy of Sciences of the United States of America, 2014, 111 (44): 15630-15634.

[89] Zhang S, Chen Y. Nanofabrication and coloration study of artificial *Morpho* butterfly wings with aligned lamellae layers. Scientific Reports, 2015, 5: 16637.

[90] Zang X, Ge Y, Gu J, et al. Tunable optical photonic devices made from moth wing scales: A way to enlarge natural functional structures' pool. Journal of Materials Chemistry, 2011, 21 (36): 13913-13919.

[91] Sato O, Kubo S, Gu Z Z. Structural color films with lotus effects, superhydrophilicity, and tunable stop-bands. Accounts of Chemical Research, 2009, 42 (1): 1-10.

[92] Potyrailo R A, Ghiradella H, Vertiatchikh A, et al. *Morpho* butterfly wing scales demonstrate highly selective vapour response. Nature Photonics, 2007, 1 (2): 123-128.

[93] Isnaeni, Muslimin A N, Birowosuto M D. Refractive index dependence of *Papilio ulysses* butterfly wings reflectance spectra. International Symposium on Frontier of Applied Physics, 2016, 1711: 030001.

[94] Gao Y, Xia Q, Liao G, et al. Sensitivity analysis of a bioinspired refractive index based gas sensor. Journal of Bionic Engineering, 2011, 8 (3): 323-334.

[95] Biro L P, Kertesz K, Vertesy Z, et al. Photonic nanoarchitectures occurring in butterfly scales as selective gas/vapor sensors. Proceedings of SPIE-The International Society for Optical Engineering, 2008.

[96] Mouchet S, Deparis O, Vigneron J P. Unexplained high sensitivity of the reflectance of porous natural photonic structures to the presence of gases and vapours in the atmosphere. Proceedings of SPIE-The International Society for Optical Engineering, 2012, 8424: 1-14.

[97] Piszter G, Kertesz K, Vertesy Z, et al. Substance specific chemical sensing with pristine and modified photonic nanoarchitectures occurring in blue butterfly wing scales. Optics Express, 2014, 22 (19): 22649-22660.

[98] Piszter G, Kertesz K, Balint Z, et al. Pretreated butterfly wings for tuning the selective vapor sensing. Sensors (Basel), 2016, 16 (9): 1446.

[99] Poncelet O, Tallier G, Mouchet S R, et al. Vapour sensitivity of an ald hierarchical photonic structure inspired by morpho. Bioinspiration & Biomimetics, 2016, 11 (3): 036011.

[100] Song F, Su H, Han J, et al. Fabrication and good ethanol sensing of biomorphic $SnO_2$ with architecture hierarchy of butterfly wings. Nanotechnology, 2009, 20 (49): 495502.

[101] Rasson J, Poncelet O, Mouchet S R, et al. Vapor sensing using a bio-inspired porous silicon photonic crystal. Materials Today: Proceedings, 2017, 4 (4): 5006-5012.

[102] Jiang T, Peng Z, Wu W, et al. Gas sensing using hierarchical micro/nanostructures of *Morpho* butterfly scales. Sensors and Actuators A: Physical, 2014, 213: 63-69.

[103] Potyrailo R A, Starkey T A, Vukusic P, et al. Discovery of the surface polarity gradient on iridescent *Morpho* butterfly scales reveals a mechanism of their selective vapor response.

Proceedings of the National Academy of Sciences of the United States of America, 2013, 110 (39): 15567-15572.

[104] Zhu S, Liu X, Chen Z, et al. Synthesis of Cu-doped $WO_3$ materials with photonic structures for high performance sensors. Journal of Materials Chemistry, 2010, 20 (41): 9126-9132.

[105] Potyrailo R A, Bonam R K, Hartley J G, et al. Towards outperforming conventional sensor arrays with fabricated individual photonic vapour sensors inspired by *Morpho* butterflies. Nature Communications, 2015, 6: 7959.

[106] Potyrailo R A, Karker N, Carpenter M A, et al. Multivariable bio-inspired photonic sensors for non-condensable gases. Journal of Optics, 2018, 20 (2): 024006.

[107] Bai L, Xie Z, Wang W, et al. Bio-inspired vapor-responsive colloidal photonic crystal patterns by inkjet printing. ACS Nano, 2014, 8 (11): 11094-11100.

[108] Lu T, Zhu S, Ma J, et al. Bioinspired thermoresponsive photonic polymers with hierarchical structures and their unique properties. Macromol ecular Rapid Communications, 2015, 36 (19): 1722-1728.

[109] Fei X, Lu T, Ma J, et al. A bioinspired poly (*N*-isopropylacrylamide)/silver nanocomposite as a photonic crystal with both optical and thermal responses. Nanoscale, 2017, 9 (35): 12969-12975.

[110] Fei X, Lu T, Ma J, et al. Bioinspired polymeric photonic crystals for high cycling pH-sensing performance. ACS Applied Materials & Interfaces, 2016, 8 (40): 27091-27098.

[111] Yang Q, Zhu S, Peng W, et al. Bioinspired fabrication of hierarchically structured, pH-tunable photonic crystals with unique transition. ACS Nano, 2013, 7 (6): 4911-4918.

[112] Yang X, Peng Z, Zuo H, et al. Using hierarchy architecture of morpho butterfly scales for chemical sensing: Experiment and modeling. Sensors and Actuators A: Physical, 2011, 167 (2): 367-373.

[113] Garrett N L, Vukusic P, Ogrin F, et al. Spectroscopy on the wing: Naturally inspired SERS substrates for biochemical analysis. Journal of biophotonics, 2009, 2 (3): 157-166.

[114] Bálint Z, Boyer P, Kertész K, et al. Observations on the spectral reflectances of certain high Andean *Penaincisalia* and *Thecloxurina*, with the description of a new species (Lepidoptera: Lycaenidae: Eumaeini). Journal of Natural History, 2008, 42 (25-26): 1793-1804.

[115] Piszter G, Kertész K, Vértesy Z, et al. Color based discrimination of chitin-air nanocomposites in butterfly scales and their role in conspecific recognition. Anal ytical Methods, 2011, 3 (1): 78-83.

[116] Zhang W, Zhang D, Fan T, et al. Novel photoanode structure templated from butterfly wing scales. Chemistry of Materials, 2009, 21 (1): 33-40.

[117] Guo X, Zhou H, Zhang D, et al. Enhanced methanol oxidation performance on platinum with butterfly-scale architectures: Toward structural design of efficient electrocatalysts. RSC Advances, 2014, 4 (8): 4072-4076.

[118] Heilman B D, Miaoulis L N. Insect thin films as solar collectors. Applied Optics, 1994,

33 (28): 6642-6647.

[119] Didari A, Menguc M P. A biomimicry design for nanoscale radiative cooling applications inspired by *Morpho didius* butterfly. Scientific Reports, 2018, 8 (1): 16891.

[120] Pris A D, Utturkar Y, Surman C, et al. Towards high-speed imaging of infrared photons with bio-inspired nanoarchitectures. Nature Photonics, 2012, 6 (3): 195-200.

[121] Berthier S, Boulenguez J, Bálint Z. Multiscaled polarization effects in *Suneve coronata* (Lepidoptera) and other insects: Application to anti-counterfeiting of banknotes. Applied Physics A, 2006, 86 (1): 123-130.

[122] Parker A R, Welch V L, Driver D, et al. Structural colour: Opal analogue discovered in a weevil. Nature, 2003, 426 (6968): 786-787.

[123] Welch V, Lousse V, Deparis O, et al. Orange reflection from a three-dimensional photonic crystal in the scales of the weevil *Pachyrrhynchus congestus pavonius* (Curculionidae). Physical Review E, Statistical, Nonlinear, and Soft Matter Physics, 2007, 75 (4 Pt 1): 041919.

[124] Liu F, Yin H, Dong B, et al. Inconspicuous structural coloration in the elytra of beetles *Chlorophila obscuripennis* (Coleoptera). Physical Review E: Statistical, Nonlinear, and Soft Matter Physics, 2008, 77 (1 Pt 1): 012901.

[125] Stavenga D G, Wilts B D, Leertouwer H L, et al. Polarized iridescence of the multilayered elytra of the Japanese jewel beetle, *Chrysochroa fulgidissima*. Philosophical transactions of the Royal Society of London Series B, Biological sciences, 2011, 366 (1565): 709-723.

[126] Mouchet S, Vigneron J P, Colomer J F, et al. Additive photonic colors in the brazilian diamond weevil, *Entimus imperialis* Proceedings of SPIE-The International Society for Optical Engineering, 2012, 8480: 1-15.

[127] Galusha J W, Richey L R, Gardner J S, et al. Discovery of a diamond-based photonic crystal structure in beetle scales. Physical Review E: Statistical, Nonlinear, and Soft Matter Physics, 2008, 77 (5 Pt 1): 050904.

[128] Wu X, Erbe A, Raabe D, et al. Extreme optical properties tuned through phase substitution in a structurally optimized biological photonic polycrystal. Advanced Functional Materials, 2013, 23 (29): 3615-3620.

[129] Vigneron J P, Pasteels J M, Windsor D M, et al. Switchable reflector in the *Panamanian tortoise* beetle *Charidotella egregia* (Chrysomelidae: Cassidinae). Physical Review E: Statistical, Nonlinear, and Soft Matter Physics, 2007, 76 (3 Pt 1): 031907.

[130] Rassart M, Colomer J F, Tabarrant T, et al. Diffractive hygrochromic effect in the cuticle of the hercules beetledynastes hercules. New Journal of Physics, 2008, 10 (3): 14.

[131] Liu F, Dong B Q, Liu X H, et al. Structural color change in longhorn beetles *Tmesisternus isabellae*. Optics express, 2009, 17 (18): 16183-16191.

[132] Mouchet S R, Lobet M, Kolaric B, et al. Photonic scales of hoplia coerulea beetle: Any colour you like. Materials Today: Proceedings, 2017, 4 (4): 4979-4986.

[133] Rassart M, Simonis P, Bay A, et al. Scale coloration change following water absorption in the

*beetle Hoplia coerulea* (Coleoptera) . Physical Review E: Statistical, Nonlinear, and Soft Matter Physics, 2009, 80: 031910.

[134] Biro L P, Kertesz K, Horvath E, et al. Bioinspired artificial photonic nanoarchitecture using the elytron of the beetle *Trigonophorus rothschildi* varians as a 'blueprint' . Journal of the Royal Society Interface, 2010, 7 (47): 887-894.

[135] Deparis O, Vandenbem C, Rassart M, et al. Color-selecting reflectors inspired from biological periodic multilayer structures. Optics express, 2006, 14 (8): 3547-3555.

[136] Deparis O, Rassart M, Vandenbem C, et al. Structurally tuned iridescent surfaces inspired by nature. New Journal of Physics, 2008, 10 (1): 11.

[137] Galusha J W, Jorgensen M R, Bartl M H. Diamond-structured titania photonic-bandgap crystals from biological templates. Advanced Materials, 2010, 22 (1): 107-110.

[138] Galusha J W, Jorgensen M R, Bartl M H. Bioinspired photonic crystals: Diamond-structured titania photonic-bandgap crystals from biological templates. Advanced Materials, 2010, 22 (1): NA.

[139] Wu T, Li J, Li J, et al. A bio-inspired cellulose nanocrystal-based nanocomposite photonicfilm with hyper-reflection and humidity-responsive actuator properties. Journal of Materials Chemistry C, 2016, 4 (41): 9687-9696.

[140] Yabu H, Nakanishi T, Hirai Y, et al. Black thin layers generate strong structural colors: A biomimetic approach for creating one-dimensional (1D) photonic crystals. Journal of Materials Chemistry, 2011, 21 (39): 15154-15156.

[141] Kim J H, Moon J H, Lee S Y, et al. Biologically inspired humidity sensor based on three-dimensional photonic crystals. Applied Physics Letters, 2010, 97 (10): 103701.

[142] Seo H B, Lee S Y. Bio-inspired colorimetric film based on hygroscopic coloration of longhorn beetles (*Tmesisternus isabellae*) . Scientific Reports, 2017, 7: 44927.

[143] Kim J H, Lee S Y, Park J, et al. Humidity Sensors Mimicking Cuticle of Hercules Beetles. New York: IEEE, 2010: 805-808.

[144] Hou J, Zhang H, Yang Q, et al. Bio-inspired photonic-crystal microchip for fluorescent ultratrace detection. Angewandte Chemie, International Edtion in English, 2014, 53 (23): 5791-5795.

[145] Khudiyev T, Dogan T, Bayindir M. Biomimicry of multifunctional nanostructures in the neck feathers of mallard (*Anas platyrhynchos* I. ) drakes. Scientific Reports, 2014, 4: 4718.

[146] Shi L, Yin H, Zhang R, et al. Macroporous oxide structures with short-range order and bright structural coloration: A replication from parrot feather barbs. Journal of Materials Chemistry, 2010, 20 (1): 90-93.

[147] Oh J W, Chung W J, Heo K, et al. Biomimetic virus-based colourimetric sensors. Nature Communications, 2014, 5: 3043.

[148] Bonifacio L D, Puzzo D P, Breslav S, et al. Towards the photonic nose: A novel platform for molecule and bacteria identification. Advanced Materials, 2010, 22 (12): 1351-1354.

[149] Lim S H, Feng L, Kemling J W, et al. An optoelectronic nose for the detection of toxic gases. Nature Chemical, 2009, 1 (7): 562-567.

[150] Kelly T L, Garcia Sega A, Sailor M J. Identification and quantification of organic vapors by time- resolved diffusion in stacked mesoporous photonic crystals. Nano Letterrs, 2011, 11 (8): 3169-3173.

[151] Berger O, Yoskovitz E, Adler-Abramovich L, et al. Spectral transition in bio-inspired self-assembled peptide nucleic acid photonic crystals. Advanced Materials, 2016, 28 (11): 2195-2200.

[152] Kolle M, Lethbridge A, Kreysing M, et al. Bio-inspired band- gap tunable elastic optical multilayer fibers. Advanced Materials, 2013, 25 (15): 2239-2245.

[153] Cong H, Yu B, Zhao X S. Imitation of variable structural color in paracheirodon innesi using colloidal crystal films. Optics express, 2011, 19 (13): 12799-12808.

[154] Colusso E, Perotto G, Wang Y, et al. Bioinspired stimuli- responsive multilayer film made of silk- titanate nanocomposites. Journal of Materials Chemistry C, 2017, 5 (16): 3924-3931.

[155] Zhao Z, Wang H, Shang L, et al. Bioinspired heterogeneous structural color stripes from capillaries. Advanced Materials, 2017, 29 (46): 1704569.

[156] Sakai M, Seki T, Takeoka Y. Bioinspired color materials combining structural, dye, and background colors. Small, 2018, 14 (30): e1800817.

（张文鑫　乔　宇　孟子晖）